程序员 的 底层思维

张建飞 / 著

电子工业出版社·
Publishing House of Electronics Industry
北京·BEIJING

内 容 简 介

本书涵盖程序员应知应会的 16 种思维能力，共 18 章，分为三部分。第一部分主要介绍抽象思维、逻辑思维、结构化思维、批判性思维、维度思维、分类思维、分治思维、简单思维，以及成长型思维等解决日常问题的基础思维能力。第二部分结合软件行业的特点，主要介绍解耦思维、契约思维、模型思维、工具化思维、量化思维、数据思维，以及产品思维等专业思维能力。第三部分主要是对上述思维能力的综合运用实践。

这是一本超越具体编程技法的技术书，适合软件从业人员阅读，包括程序员、架构师和技术主管等。

这也是一本培养思维能力的通用技能书，适合非计算机专业出身的人士阅读。掌握通用的思维能力可以帮助你解决生活或工作中的问题。

未经许可，不得以任何方式复制或抄袭本书之部分或全部内容。
版权所有，侵权必究。

图书在版编目（CIP）数据

程序员的底层思维 / 张建飞著. —北京：电子工业出版社，2022.2
ISBN 978-7-121-42977-4

Ⅰ．①程… Ⅱ．①张… Ⅲ．①程序设计－工程技术人员－思维方法 Ⅳ．①TP311.1

中国版本图书馆 CIP 数据核字（2022）第 028010 号

责任编辑：张　爽
印　　刷：北京天宇星印刷厂
装　　订：北京天宇星印刷厂
出版发行：电子工业出版社
　　　　　北京市海淀区万寿路 173 信箱　　邮编 100036
开　　本：720×1000　　1/16　　印张：25.25　　字数：490 千字
版　　次：2022 年 2 月第 1 版
印　　次：2024 年 11 月第 8 次印刷
定　　价：129.00 元

凡所购买电子工业出版社图书有缺损问题，请向购买书店调换。若书店售缺，请与本社发行部联系，联系及邮购电话：（010）88254888，88258888。

质量投诉请发邮件至 zlts@phei.com.cn，盗版侵权举报请发邮件至 dbqq@phei.com.cn。

本书咨询联系方式：（010）51260888-819，faq@phei.com.cn。

推荐语

讲软件设计的书有很多，讲思维模型的书也有很多，但却很少有将这二者结合的书。本书正好填补了这个空白，让读者有机会学习如何把好的思维模型和思考方式迁移到软件设计中，从而设计出更加可靠、可信、可维护的软件产品。

某世界 500 强企业 Fellow 专家　胡子昂

好的思维模型是程序员快速成长的利器。本书深入浅出地剖析了思维模型案例，能够让读者掌握思维模型的本质，从而在面向企业的不同业务场景时都能以不变应万变，给出优雅的架构解决方案，使企业真正实现降本增效。这是一本在思维模型领域中难得一见的、具有实践意义的好书！

奈学教育创始人兼 CEO，58 集团前技术委员会主席　孙玄

这是一本讲解软件设计的佳作，介绍了具有哲学色彩的逻辑思维分析与训练内容，并将软件设计的道与术有机地融合起来，由此可见本书的别具一格与作者的别出心裁。阅读完毕，获益良多，兴奋之情无以言表，唯有力荐。

《解构领域驱动设计》作者　张逸

本书从抽象思维、逻辑思维、结构化思维开始讲起，并上升到了柏拉图、维特根斯坦的哲学体系，这着实令人眼前一亮。技术能力对于程序员在职场中晋升至关重要，但更重要的是这些在提升技术能力的过程中绕不过去的根本思想。

《Maven 实战》作者，阿里巴巴高级技术专家　许晓斌

思辨能力好比一个人的"底层操作系统"，本书可以帮助我们检视并提升自身系统的完备性。

招商银行总行首席 IT 工程师　陈曦

软件学源于科学，但编写软件却是一门逻辑抽象的艺术。和所有的工程学一样，抛开科学部分，软件学剩下的都是哲学和美学。透过这本书，我们可以领略到软件的工程之美。

阿里巴巴前资深技术专家　张群辉

建飞结合自身工作经验，用大量的实例展示了原本令人难以理解的逻辑和推理的思维过程。本书深入浅出，概念简洁，条理清晰，语言通俗易懂，既为软件从业人员提供了难得的学习机会，也为其他行业人员提供了很好的参考。

西安电子科技大学硕士生导师、副教授　何先灯

这本书不仅有独到的理论见解，也有"接地气"的案例支撑，是一本难得的软件工程艺术的佳作。如果你想在程序开发的职业生涯中持续精进，本书非常值得一读。

亿贝中国研发中心开发总监　鲁杰

前　言

写作背景

在阿里巴巴的晋升会议上，评委经常会问："你的成功可以复制吗？"我最初做评委时基本不会问这样的问题，因为我认为这样的问题很虚，工作完成就行了，不需要那么多道理。

然而随着时间的推移，我发现这的确是一个好问题。因为它可以区分出你是碰巧把事情做对了，还是你具备了一直做对事情的能力，二者是有本质区别的。碰巧做对，说明你的能力可能还不足，换一种情景，你就不一定能应付。因此，好的晋升制度不仅要考查成绩，更重要的是考查能力。对从事脑力劳动的技术人员来说，"能力"主要指的是"思维能力"。

正所谓**"有道无术，术尚可求也，有术无道，止于术"**。如果说我的第一本书《代码精进之路：从码农到工匠》主要是关于编程技艺——"术"层面的，那么**本书则主要是关于技艺背后的底层思维——"道"层面的**。

说到"道"，大家可能会想到"道可道，非常道"，觉得它"玄之又玄"。然而我这里所说的"道"更侧重于"道理"，即我们做事背后的道理、思维方式是什么。思维能力是比解决具体问题更重要的能力。问题也许各有不同，但思维方式可以复制和迁移。我们一旦掌握了正确的思维方式，便可以举一反三、触类旁通。

例如，我们都知道编程的时候命名很重要，也很难，可为什么会这样呢？如果要深挖其背后的原因，将是一个非常有趣的话题，甚至可以和哲学有关。命名工作中暗含了抽象思维能力和语言哲学，语言本身是抽象的符号，比如当你说"花"的时候，指的并不是某一朵具体的玫瑰花、郁金香，而是花的抽象概念。一朵具体的花虽然看得见、摸得着，但总会有凋零消亡的时候，而"花"这个字作为精神实体将永不会消亡。所以，抽象的花和具体的花到底哪个才是本真呢？这是一个哲学问题。

抛开哲学争论，就"花"这个字而言，它是提取了所有花的共性的抽象符号。命名之所以难，是因为你要经历一个提取共性、归纳要义，并赋予恰当名称的抽象思维过程。因此，要想真正做好命名，除了要掌握一些命名技法，还需要更深层次的修炼——提升抽象思维能力。

又如，有些人说话重点突出、易于理解，而有些人则前言不搭后语，让人不知所云；有些人写文章、写邮件思路清晰、有条理，而有些人的文章则词不达意、东拼西凑；有些人写的代码结构清晰、可读性强，而有些人写的代码则是一团乱麻、难以维护……问题的本质在于逻辑思维和结构化思维的差异，可逻辑思维和结构化思维又是什么呢？这些思维能力是可以习得和提高的吗？

维特根斯坦在《逻辑哲学论》中说，思维本身就能解决问题，我们所要做的，就是观察它是如何做到的。

认知水平有 4 个层次，从低到高依次是"不知道自己不知道、知道自己不知道、知道自己知道、不知道自己知道"。"不知道"并不糟糕，最糟糕的是"不知道自己不知道"，而因为缺少对自身思维的观察和培养，所以很多人对思维的认知尚处于"不知道自己不知道"的层次。

这种无意识会导致我们很多时候盲目地做事。虽然一些人"996"工作很辛苦，但也许大部分工作内容是无意义的重复，在工作过程中，思维能力并没有得到锻炼和提高。这样的人即使侥幸晋升成功，他的能力水平仍然停留在低层次。

就像混沌大学创始人李善友教授说的，没有好的思维模型，再多的知识积累也是低水平的重复。成人学习的目的不是获取更多的信息量，而是学习更好的思维模型。

综上，本书的首要目的就是打破"不知道自己不知道"的思维禁锢，把软件设计中会用到的各种思维能力显性化地呈现出来，**让你意识到原来有这么多思维模型在软件设计中发挥着至关重要的作用。**

一个人如果永远躺在自己的认知盲区，那么既得不到锻炼，更无法提高。只有意识到这些思维能力的存在，我们才有可能去学习、练习和提升。

　　我也是从这样的认知盲区中走过来的，自从意识到思维能力的重要性之后，便开始主动地学习各种思维方法，并努力将这些思维方法运用到软件设计中。在探索和学习的过程中，我发现讲思维能力的书有很多，讲软件设计的书也有很多，然而却没有一本将思维能力和软件设计相结合的书。**君子求诸己，既然没有现成的书，那就只能靠自己一点一点去摸索**。摸索的过程虽然要付出大量的时间和精力，但也充满乐趣，这是学习、成长和认知突破的乐趣。功夫不负有心人，你现在看到的这本书便是我"上下求索"的结果。

　　实际上，在本书出版之前，我已经在多个场合做过不少于十次的有关"程序员的底层思维"的分享和演讲，令我欣慰的是，每次分享都能得到很好的反馈。为此，我还专门在阿里巴巴内部开设了思维训练的培训课，课后有同学留言："这样的课程应该被纳入新人入职的必修课"。

　　我想，这门课程之所以能够引发大家的共鸣、使大家获得启发，是因为其中涉及的曾经困扰我的问题亦困扰着很多人。既然我有幸能从这些困惑中走出来，那么我希望这些经验同样可以帮助你。

本书内容

　　这是一本超越具体编程技法的技术书，适合软件从业人员阅读，不管你是程序员、架构师，还是技术主管，都可以从书中习得各种有用的思维能力，并运用它们提升自己的软件设计技能。

　　这也是一本培养思维能力的通用技能书，即使你不是计算机专业出身，也能在书中学会一些通用的思维能力，来解决生活或工作中的问题。

　　我记得在一次"程序员的底层思维"分享之后，有一名财务人员对我说："感觉这些思维能力不仅适用于程序员，而且适用于所有人。"的确是这样的，好的思维能力是可以被复制和迁移的，它应该是普适的，而不应该有行业的界限。

　　本书共 18 章，分为基础思维能力、专业思维能力和综合运用实践三大部分。

第一部分　基础思维能力（第 1~9 章）

　　这部分主要介绍解决日常问题的基础思维能力。这些思维能力不受行业的局限，比如我们在解决数学问题时需要动用抽象思维和逻辑思维；结构化思维更多地被用在写作和表达中；在当今信息爆炸的时代，每个人都需要有一些批判精神，这是批判性思维；化繁为简是我们要一直追寻的目标，这需要具备简单思维；面对困难，要有成长型思维；等等。

第二部分 专业思维能力（第 10~16 章）

这部分主要结合软件行业的特点介绍其特有的专业思维能力。比如，契约思维、模型思维、工具化思维、量化思维、数据思维、产品思维等都是在软件领域中非常重要且经常会用到的思维能力。

第三部分 综合运用实践（第 17、18 章）

这部分会结合我在商品技术团队的落地实践过程，以及 COLA 架构的演化过程，进一步讲解如何综合运用上述思维能力来解决工作中的问题，力求做到知行合一。

建议和反馈

思维能力是一个很宏大的话题，本书既不是集大成者，也不是完备指南，毕竟还有更多有用的思维能力等待我们去挖掘和探索。即使是书中提到的思维能力，由于我个人的认知局限，也会存在讲解不够透彻或者理解片面的问题。如果你有不同的见解或者新的发现，欢迎发送邮件至 25216348@qq.com 或在微信公众号"从码农到工匠"中与我交流，也可以致信本书编辑邮箱 zhangshuang@phei.com.cn，我将不胜感激。

致谢

感谢我的家人和朋友在本书写作过程中给予我的大力支持！

感谢提供宝贵意见和技术支持的同事、朋友们！

特别感谢编辑张爽，这是我们的第二次合作，你的敬业和高效一如既往，没有你，就没有这本书的顺利出版和面世！

张建飞

2022 年 1 月

目　录

— part one

第一部分

这部分主要介绍解决日常问题的基础思维能力。这些思维能力不受行业的局限，比如我们在解决数学问题时需要动用抽象思维和逻辑思维；结构化思维更多地被用在写作和表达中；在当今信息爆炸的时代，每个人都需要有一些批判精神，这是批判性思维；化繁为简是我们要一直追寻的目标，这需要具备简单思维；面对困难，要有成长型思维；等等。

基础思维能力

01

抽象思维

> 若想捉大鱼，就得潜入深渊。深渊里的鱼更有力，也更纯净。硕大而抽象，且非常美丽。

——大卫·林奇

抽象思维是软件工程师最重要的思维能力。因为软件设计是纯思维的创造活动，软件技术本质上就是一门抽象的艺术。

程序员的工作是一场思维的游戏。虽然我们会敲击键盘、观看显示器，有时也把主机拆开更换里面的内存、硬盘、处理器等，但程序的运行完全在我们的视野之外，我们既看不到程序如何被执行，也看不到 0101 是如何被 CPU 处理的。

软件工程师每天都要动用抽象思维，首先对问题域进行分析、归纳、综合、判断、推理，然后抽象出各种概念，挖掘概念和概念之间的关系，再对问题域进行建模，最后通过编程语言实现业务功能。所以我们大部分的时间并不是在写代码，而是在梳理需求、厘清概念，当然，也包括尝试看懂那些"该死的、别人写的"代码。

在我接触的软件工程师中，能深入理解抽象概念的并不多，能把抽象的概念和软件设计、架构进行有机结合的就更是凤毛麟角了。

对于我本人而言，每当我对抽象概念有进一步的理解和认知时，我都能切身感受到它给我在编码和设计上带来的变化，同时也不禁感慨之前对它的理解为什么如此肤浅。如果时间可以倒流，我希望在职业生涯的早期就能充分意识到抽象思维的重要性，能多花时间认真研究并深刻理解它，这样应该可以少走很多弯路。

1.1　抽象 ＝ 抽离 ＋ 具象

在《西方哲学史》中，奥古斯丁说："至于什么是时间，在没人问我时，我非常清楚；可一旦要向别人解释，我就有点糊涂了。"

对于抽象的概念也是如此，很多人都介于"懂"但是又"说不清楚"的模棱两可状态，不妨让我们先从定义开始来揭开"抽象"的神秘面纱。

关于抽象的定义，百度百科中是这样说的：

> 抽象是从众多的事物中抽取出共同的、本质性的特征，而舍弃其非本质的特征的过程。具体地说，抽象就是人们在实践的基础上，对于丰富的感性材料通过去粗取精、去伪存真、由此及彼、由表及里的加工制作，形成概念、判断、推理等思维形式，以反映事物的本质和规律的方法。

> 实际上，抽象是与具体相对应的概念，具体是事物的多种属性的总和，因而抽象亦可理解为由具体事物的多种属性中舍弃了若干属性而固定了另一些属性的思维活动。

简而言之，"抽"就是抽离，"象"就是具象。从字面上理解抽象，抽象的过程就是从"具象"事物中归纳共同特征，"抽取"得到一般化的概念的过程。英文的抽象——abstract，来自拉丁文 abstractio，它的原意是排除、抽出。

为了更直观地理解抽象，让我们先来看一幅毕加索的画。如图 1-1 所示，图的左边是一头水牛，是具象的；右边是毕加索的画，是抽象的。怎么样，是不是感觉自己一下子理解了抽象的含义？

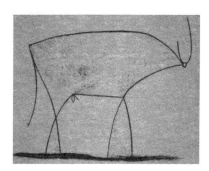

图 1-1　具象牛与抽象牛

可以看到，抽象牛只有几根线条，不过这几根线条是做了高度抽象之后的线条，过滤了水牛的绝大部分细节，只保留了牛最本质的特征，比如牛角、牛头、牛鞭、牛尾巴等。这种对细节的舍弃使得"抽象牛"具有更好的泛化（Generalization）能力。可以说，**抽象概念更接近问题的本质**。也就是说，所有的牛都逃不过这几根线条。

1.2 抽象是哲学思维的基础

抽象思维是思维的高级形式，为什么这么说呢？西方哲学诞生于古希腊，古人仰望星空，开始思索世界本源的问题，从具象的"水、火、气"到毕达哥拉斯的"数"，类似于老子所说的"道生一，一生二，二生三，三生万物"，再到德谟克利特的原子论，以及柏拉图的"理念世界"。哲学的发展史就是从形象思维到抽象思维、从感性到理性的发展史。

这种把抽象概念作为世界本真的看法，也是古希腊哲学家柏拉图的最重要的哲学思想之一。柏拉图认为，所有用我们感觉感知到的事物都源于相应的理念。

在《理想国》第七卷中，柏拉图提出了一个非常经典的比喻——洞穴之喻（Allegory of the Cave），如图 1-2 所示。

图 1-2　柏拉图的洞穴之喻

洞穴之喻的内容大致如下。

请想象一下：你从一出生就被链条绑在洞穴里，眼睛只能盯着前方的墙，墙上有一些影像可看，你可以听到从墙上反射回来的、仿佛是那些影子彼此在说话的声音。你的全世界就是这些看起来活生生的影子，除此之外，其他东西对你来说都不存在。你被囚禁在幻影的世界里。

　　现在你的链条被解开了，你转过头来——几乎无法相信自己的眼睛，你第一次看到三维空间的、立体的物体，而且你也看到那堆制造影子的火光——之前你一直以为那些影子是真实的东西。如今你发现，原来有人拿着一些无生命的雕像走来走去，制造出墙上的影子，他们彼此谈话，让你一直错以为是影子在讲话。也就是说，你过去一直把雕像的影子——也就是仿像的仿像——当成真实的人类，因此是双重的认知错误。现在你看穿了洞穴里真实的情况。

　　然而你还没理解到，你是处在洞穴里——直到你看到另一道光，那光远比洞里的火光更加明亮，你顺着那道光往洞口走去，走到日光里。一开始你因为强光什么也看不见，你的眼睛需要一些时间来适应耀眼的阳光。你感到眼睛在刺痛。然而你逐渐看到了东西，那种清晰是你从来不曾体验过的。

　　直到此刻你才恍然大悟，你先前住在幻影世界里。你想要走回山洞，对其他囚徒讲述你看到怎样的光亮，然而当你走进山洞，只看到一片漆黑，你的眼睛几乎无法辨认墙上的影子。其他的囚徒以为你精神不正常，把你当成口出狂言的疯子，醉心于旁人无法理解的世界。

这个比喻一方面在隐喻真理只掌握在少数人手里，另一方面在说我们每天可以触碰的、可见的物质世界只是表象，背后的"理念世界"才是本真的东西。

柏拉图认为具体事物的"名"要比事物本身更真实，比如具体的一头牛，有大有小，有公有母，颜色、性情、外形各自不同，因此我们不好用个体感觉加以概括。但是这些牛既然都被统称为"牛"，则说明它们必然都源于同一个"理念"，即所谓"牛的理念"或者"理念的牛"，所以它们可以用"牛"加以概括。尚且不论"理念世界"是否真的存在，这是一个哲学问题，但有一点可以确定：**我们的思考、对概念的表达都离不开"理念"，离不开语言。**

1.3　语言的抽象性

关于抽象思维，其定义如下：

　　抽象思维，又称词（概念）的思维，是指用词（概念）进行判断、推理并得出结论的过程。抽象思维以词（概念）为中介来反映现实。这是思维的最本质特征，也是人的思维和动物心理的根本区别。

之所以把抽象思维称为词思维或概念思维，是因为语言和抽象是一体的。我们只能通过语言表达抽象的概念，并进行逻辑判断和推理。

当我们说牛的时候，说的就是牛的抽象，它代表了所有牛共有的特征。我在演讲中分享抽象思维的时候，会经常给同学们下套。

我问："你见过牛吗？"

同学说："见过啊。"

我继续问："你确定你真的见过？！"

同学说："好像——见过——吧——"

我继续问："在哪里见的？"

同学说："在老家的山头上。"

我说："你没有见过牛，你能看到的是那头在老家山头上正在吃草的老黄牛。而牛作为一个抽象概念，你既看不见也摸不着，它只存在于你的思维之中。"

当你在程序中创建牛（Cow）这个类（Class）的时候，道理也是一样的，它代表了对一类牛的抽象。而每一个实例（instance）代表了一头一头具象的牛，比如那头在山上吃草的老黄牛。

因为语言的抽象性，我在团队中会要求大家使用通用语言（Ubiquitous Language）进行沟通交流，因为只有大家对概念的认知达成一致，沟通交流起来才会顺畅，而程序只是我们程序员之间的一种交流方式。

这也是我在做设计和代码审查（Code Review）的时候，会特别关注命名是否合理的原因。因为命名的好坏在很大程度上反映了我们对一个概念的思考是否清晰、抽象是否合理，反映在代码上就是代码的可读性、可理解性是否良好，以及我们的设计是否到位。

有人做过一个调查，问程序员最头疼的事情是什么。Quora 和 Ubuntu Forum 的调查结果显示，程序员最头疼的事情是命名。如果你曾经为了一个命名而绞尽脑汁，就不会对这个结果感到意外。

正如 Stack Overflow 的创始人 Joel Spolsky 所说：

"Creating good names is hard, but it should be hard, because a great name captures essential meaning in just one or two words."（起一个好名字应该很难，因为，一个好名字需要把要义浓缩在一到两个词中。）

这个浓缩的过程就是抽象的过程。我不止一次发现，当我觉得一个地方的命名有些别扭的时候，往往就意味着要么这个地方我没有思考清楚，要么是我抽象错了。

关于如何命名，我在《代码精进之路：从码农到工匠》[①]一书里已给出了比较详尽的阐述，这里就不赘述了。

我想强调的是：语言是明晰概念的基础，也是抽象思维的基础，在构建一个系统时，值得我们花很多时间去斟酌和推敲语言。我曾经做过一个项目，在过程中针对一个关键实体讨论了两天，因为那是一个新概念，我们尝试了很多名字，却始终感觉别扭、不好理解。随着讨论和对问题域理解的深入，我们最终找到了一个相对比较合适的名字，才算罢休。

这样的斟酌是有意义的，因为明晰关键概念是我们设计中的重要工作。虽然不合理的命名和不合理的抽象也能实现业务功能，但代价就是维护系统时的极高的认知负荷。随着时间的推移，也许就没人能搞懂系统为何这样设计了。

1.4 软件设计中的抽象

软件设计是单纯的思维创造活动，其中最关键的是抽象思维。可以说，抽象是软件设计的核心，特别是在面向对象设计中，如果没有好的抽象概念，就不可能设计和编写出好的面向对象（Object Oriented，OO）程序。

1.4.1 面向对象的核心是抽象

作为当今最重要的软件工程技术之一，面向对象（Object Oriented，OO）技术实际上由 3 个部分组成，分别是面向对象分析（Object Oriented Analysis，OOA）、面向对象设计（Object Oriented Design，OOD）和面向对象编程（Object Oriented Programming，OOP）。

OOA 是一种分析方法，这种方法利用从问题域的词汇表中找到的类和对象来分析需求，也就是我们日常说的"找名词"。当然，实际情况不仅仅是找名词这么简单，更多时间，我们需要使用抽象思维从复杂的需求中挖掘关键概念和实体。

OOD 是一种设计方法，包括面向对象分解的过程和表示法，这种表示法用于展现被设计系统的逻辑模型和物理模型、静态模型和动态模型。通常使用 UML 提供的那套表示法工具。

---

① 以下简称《代码精进之路》。

OOP 是我们常用并且很熟悉的，当今的编程语言基本都是面向对象的。OOP 是一种实现方法，在这种方法中，程序被组织成许多组相互协作的类，类之间会通过继承、组合、使用形成一定的层次结构。

OOA、OOD 和 OOP 之间的关系是，OOA 的结果可以帮助我们设计 OOD 的模型，而 OOD 的结果可以作为蓝图，最终利用 OOP 方法实现一个系统。

由此可见，面向对象技术与传统的结构化设计方法是不同的，它要求以一种不同的方式来思考问题。这种思考方式对我们的抽象能力提出了更高的要求，因为不管是 OOA 的问题域分析，还是 OOD 和 OOP 的对象建模，编程实现都离不开抽象思维。[1]

1.4.2 抽象设计的评判标准

类设计是一个增量迭代的过程。坦白地说，除了那些最不重要的抽象设计，我们从来没有在第一次就完全正确地定义一个类。对于最初的抽象设计，需要花一些时间来琢磨它粗糙的概念边界。当然，优化这些抽象设计是有代价的，包括系统的重新设计、系统设计的可理解性和设计结构的完整性等方面，因此我们希望在一开始就尽量正确。

怎样才能知道某个类的抽象设计是否良好呢？我们可以通过它的耦合性、内聚性、充分性和完整性 4 个指标来度量。

（1）**耦合性**：强耦合使系统变得复杂，因为如果某个模块与其他模块过度相关，它就难以独立地被理解、变化或修正，通过降低耦合性，可以降低复杂性。在耦合和继承的概念之间存在着矛盾关系，继承引入了严重的耦合。一方面，我们希望类之间弱耦合；另一方面，继承又能帮助我们处理抽象之间的共性。我们通常说"组合优于继承"，正是因为继承的耦合性比较强。鉴于此，有些编程语言（比如 Go 语言）就直接取消了继承。

（2）**内聚性**：内聚测量了单个模块（类、包、组件）内各个元素的联系程度。我们最不希望出现偶然性内聚，即完全无关的抽象被塞进同一个类或模块中。例如，考虑由狗和航天飞机的抽象组成的一个类。我们最希望出现功能性内聚，即一个类或模块的各元素一同工作，提供某种清晰界定的行为。如果 Cow 类的语义包含了一头牛的行为——完全是牛，只有牛而没有其他，那么它就是功能性内聚。

（3）**充分性**：所谓充分，是指类或模块应该记录某个抽象设计足够多的特征，从而允许有意义的交互，否则将使组件变得无用。例如，如果我们设计 Set（集合）类，应该包含从集合中添加、删除元素的操作，如果忘记设置这些操作，那么这个 Set 类的功能就是不充分的。好在只要我们构建一个必须使用这种抽象的客户，这种问题很早就会被发现。

（4）**完整性**：完整是指类或模块的接口记录了某个抽象全部有意义的特征。充分性意味着最小的接口，但一个完整的接口意味着该接口包含了某个抽象的所有反向。完整性是一种主观判断，我们有可能做过头。为某个抽象提供全部有意义的操作会让用户不知所措，通常也是不必要的，因为许多高级操作可以由低级操作组合得到。例如，向集合里添加 4 个元素的操作就是不必要的接口，因为可以通过基础的 Add 操作得到同样的效果。

1.4.3　抽象缺失之基础类型偏执

基础类型偏执（Primitive Obsession）是 Martin Fowler 在《重构：改善既有代码的设计》一书中提到的一种典型的代码"坏味道"，意思是我们使用了太多的基础类型，导致有些应该被抽象成实体类的概念，却以基础类的形式散落在代码各处，这是一种典型的抽象缺失。

由于抽象缺失，相关的数据和行为将分散在其他抽象概念中，这将导致两个问题。

（1）暴露太多的实现细节，从而违反封装原则。

（2）数据和行为分散在代码的多个地方，导致代码重复、类之间耦合度变高、代码难以维护和理解等问题。

比如在一个图书馆信息管理应用程序中，国际标准书号（International Standard Book Number，ISBN）的存储和处理非常重要。一种自然的做法是将 ISBN 设计成字符串，毕竟它在数据库中的确也是以字符串形式存储的。然而，这并不是一个好的选择，为什么呢？

ISBN 有两种表示方式，分别是 10 位和 13 位的，这两种形式之间可以转换。ISBN 的各位都有其含义。例如，13 位的 ISBN 由商品编号（图书产品代码 978 或 979）、地区代码、出版社代码、书序码和校验码组成。

比如我写的第一本书《代码精进之路》，它的 ISBN 是 978-7-115-52102-6，如图 1-3 所示。

图 1-3　ISBN 示例

ISBN 的最后一位是校验码，其计算方式如下：从第一位开始，奇数位的值保持不变，而偶数位的值乘以 3，将所有这些值相加再除以 10，用 10 减去得到的余数就是最后一位的值。因此，给定一个 ISBN，我们可以通过这种方式校验它是否有效。

对于图书馆管理系统来说，ISBN 并不是一个简单的字符串，它本身就是业务核心，包含了一系列业务逻辑，比如关于 ISBN 的创建、验证、处理和转换，以及通过 ISBN 获取地区信息、出版社信息、书号等。如果将 ISBN 设计为基础类型字符串，那么这些处理逻辑将重复分散在很多地方。这种不将 ISBN 封装为类的行为，将带来因为抽象缺失导致的一系列不良后果。

因此正确的做法是，我们要对 ISBN 建立合理的抽象（类）概念，创建一个 ISBN 的接口，其中包含通用的抽象操作：

```java
public interface ISBN {
    boolean isValid();
    Image generateBarcode();
    String getPublisher();
}
```

并创建子类 ISBN-10 和 ISBN-13，它们都扩展了超类 ISBN，如图 1-4 所示。

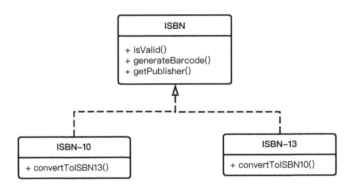

图 1-4　ISBN 设计类图

再比如，假设现在要实现一个功能，让 A 用户可以给用户 B 支付 x 元，可能的实现如下：

```java
public void pay(BigDecimal money, Long recipientId) {
    BankService.transfer(money, "CNY", recipientId);
}
```

如果这是境内转账，并且境内的货币永远不变，该方法似乎没什么问题。但如果有一天货币变更了（比如欧元区曾经出现的问题），或者我们需要做跨境转账，该方法有明显的 bug，因为 money 对应的货币不一定是 CNY。

在这里，当我们说"支付 x 元"时，除了 x 本身的数字，实际上还有一个隐含的概念，那就是货币"元"。但是在原始的入参里，之所以只用了 BigDecimal，是因为我们认为 CNY 货币是默认的，是一个隐含的条件。然而在我们写代码时，需要把所有隐性的条件显性化。

所以当我们实现支付功能时，实际上需要的一个入参是"支付金额 + 支付货币"。我们可以把这两个概念组合成为一个独立的完整概念——Money。

```java
@Value
public class Money {
    private BigDecimal amount;
    private Currency currency;
    public Money(BigDecimal amount, Currency currency) {
        this.amount = amount;
        this.currency = currency;
    }
}
```

而原有的代码则变为：

```java
public void pay(Money money, Long recipientId) {
    BankService.transfer(money, recipientId);
}
```

通过将默认货币这个隐性的概念显性化，并且和金额合并为 Money 这个抽象概念，我们可以避免很多当前看不出来但未来可能会"爆雷"的 bug。

将前面的案例升级一下，假设用户可能要做跨境转账（从 CNY 到 USD），并且货币汇率随时在波动：

```java
public void pay(Money money, Currency targetCurrency, Long recipientId) {
    if (money.getCurrency().equals(targetCurrency)) {
        BankService.transfer(money, recipientId);
    } else {
        BigDecimal rate = ExchangeService.getRate(money.getCurrency(),
targetCurrency);
        BigDecimal targetAmount = money.getAmount().multiply(new
BigDecimal(rate));
        Money targetMoney = new Money(targetAmount, targetCurrency);
        BankService.transfer(targetMoney, recipientId);
    }
}
```

现在最大的问题在于，金额的计算被包含在了支付的服务中，涉及的对象也有 2 个 Currency、2 个 Money、1 个 BigDecimal，总共 5 个对象。这种涉及多个对象的业务逻辑，需要一个新的抽象概念进行封装。

我们可以考虑将转换汇率的功能封装到一个叫作 ExchangeRate 的 DP（Domain Primitive）[2]里：

```
public class ExchangeRate {
    private BigDecimal rate;
    private Currency from;
    private Currency to;

    public ExchangeRate(BigDecimal rate, Currency from, Currency to) {
        this.rate = rate;
        this.from = from;
        this.to = to;
    }

    public Money exchange(Money fromMoney) {
        notNull(fromMoney);
        isTrue(this.from.equals(fromMoney.getCurrency()));
        BigDecimal targetAmount = fromMoney.getAmount().multiply(rate);
        return new Money(targetAmount, to);
    }
}
```

ExchangeRate 汇率对象通过封装金额计算逻辑及各种校验逻辑，使原始代码变得极其简单：

```
public void pay(Money money, Currency targetCurrency, Long recipientId) {
    ExchangeRate rate = ExchangeService.getRate(money.getCurrency(),
targetCurrency);
    Money targetMoney = rate.exchange(money);
    BankService.transfer(targetMoney, recipientId);
}
```

1.4.4　抽象缺失之重复代码

如果说抽象源于对共性的提取，那么代码中的重复代码是不是就意味着抽象缺失呢？

重复代码是典型的代码坏味道，其本质问题就是抽象缺失。使用"Ctrl+C"加"Ctrl+V"的工作习惯导致没有对共性代码进行抽取，或者虽然抽取了，但没有设置一个合适的名字，没有正确地反映这段代码所体现的抽象概念，这些都属于抽象不到位。

有一次，我在审查团队代码的时候，发现有一段组装搜索条件的代码，如图 1-5 所示，这段代码在几十个地方都有重复。

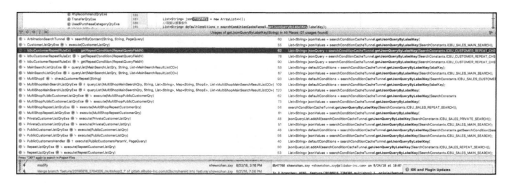

图 1-5　组装搜索条件的重复代码

这个搜索条件比较复杂，是以元数据的形式存在于数据库中的，因此组装的过程分为两步。

（1）从缓存中把搜索条件列表取出来。

（2）遍历这些条件，将搜索的值填充进去。

```
//第一步：取默认搜索条件
List<String> defaultConditions =
searchConditionCacheTunnel.getJsonQueryByLabelKey(labelKey);
for(String jsonQuery : defaultConditions){
    jsonQuery =
jsonQuery.replaceAll(SearchConstants.SEARCH_DEFAULT_PUBLICSEA_ENABLE_TIME,
String.valueOf(System.currentTimeMillis() / 1000));
    jsonQueryList.add(jsonQuery);
}

//第二步：取主搜索框的搜索条件
if(StringUtils.isNotEmpty(cmd.getContent())){
    List<String> jsonValues =
searchConditionCacheTunnel.getJsonQueryByLabelKey(SearchConstants.ICBU_SALES
_MAIN_SEARCH);
    for (String value : jsonValues) {
        String content = StringUtil.transferQuotation(cmd.getContent());
        value = StringUtil.replaceAll(value,
SearchConstants.SEARCH_DEFAULT_MAIN, content);
    jsonQueryList.add(value);
    }
}
```

简单的重构无外乎就是把这段代码提取出来，放到一个 Util 类中以便复用。然而我认为这样的重构只是完成了一半的工作——只是做了简单的归类，并没有做抽象提炼。

简单分析，不难发现，**此处我们缺失了两个概念**：一个是用来表达搜索条件的类——

SearchCondition，另一个是用来组装搜索条件的类——SearchConditionAssembler。只有配合命名，显性化地将这两个概念表达出来，才是一个完整的重构。

重构后，搜索条件的组装会变成一种非常简洁的形式，几十处的代码复用只需要引用 SearchConditionAssembler 就好了：

```java
public class SearchConditionAssembler {
    public static SearchCondition assemble(String labelKey){
        String jsonSearchCondition =
getJsonSearchConditionFromCache(labelKey);
        SearchCondition sc = assembleScarchCondition(jsonSearchCondition);
        return sc;
    }
}
```

由此可见，**提取重复代码只是重构工作的第一步。对重复代码进行概念抽象，寻找有意义的命名才是我们工作的重点。**

因此，每次遇到重复代码需要重构的时候，你都应该感到兴奋，这是一次锻炼抽象能力的绝佳机会。

1.4.5 抽象设计要完整

好的抽象设计是内聚而完整的。为了支持相关的方法，可能会影响抽象的内聚性和完整性。例如，要在数据结构中添加和删除元素，抽象该数据结构的类型必须同时支持方法 add()和 remove()；如果只支持相关方法中的一个，那么抽象设计就不是内聚和完整的。

例如，在 JDK 1.1 的接口 javax.swing.ButtonModel 中，只提供了 setGroup()方法，而没有提供 getGroup()，这是一种典型的"不完整的抽象设计"坏味道。修复它的最理想的方法是在这个接口中定义方法 getGroup()，然而由于 JDK 是公开的 API，在接口上添加方法将破坏实现了该接口的既有类。为了向后兼容，在 JDK 1.3 中，将方法 getGroup()加入了派生类 DefaultButtonModel 中。

这个例子告诉我们：修改接口是一件很难的事情，因此在最初设计 API 的时候，要尽量做到抽象完整。

有一种检查抽象设计是否完整的方法，是查看接口或类是否缺少"互补和对称"。如果缺少，则可能存在着"不完整的抽象设计"。表 1-1 列出了一些常见的互补方法对，请注意这些方法名会根据不同的情况而有差异。例如，在表示栈的类中，会使用操作名 push 和 pop；而在数据流中，同样的操作可能使用名称 source 和 sink。

表 1-1 一些常见的互补方法对

min/max	open/close	create/destroy	get/set
read/write	print/scan	first/last	begin/end
start/stop	lock/unlock	show/hide	up/down
source/taget	insert/delete	acquire/release	push/pull
enable/disable	add/remove	left/right	on/off

1.4.6 不要为了抽象而抽象

抽象的前提是共性抽取，抽象思维之所以如此重要，因为它涉及软件设计的方方面面，小到一个方法、一个类的设计，大到系统架构。**有时，不合理地抽象比没有抽象对系统的伤害更大。**

假如某互联网公司同时开展了电商业务和电影票业务，每条业务线都有独立的 C 端系统、后台交易系统（包括商品管理、订单管理、营销管理）来支持业务。为了追逐潮流，公司决定将两条业务线的订单中心合并，实现订单中台，如图 1-6 所示。

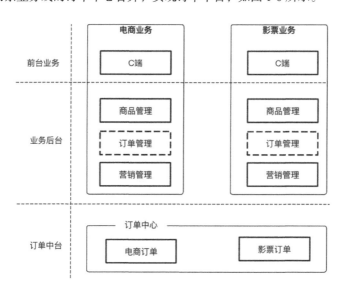

图 1-6 并不一定正确的订单中台架构

实际上，公司经营的 B2C 电商业务和电影票业务，在交易形态上有较大的区别，尤其体现在订单模块的设计上，订单的状态机、数据模型和财务账务处理模式完全不同。两者并没有太多的共性模块和功能，强行将两者合并后，最终只是表面上看起来实现了订单中台，但是其中的功能模块各自独立运转，完全没有实现抽象和复用。

现在，公司管理者以为拥有了强大的订单中台，可以为快速开展新业务提供支持。很快，公司决定开展机票售卖业务，针对机票业务，有独立的 C 端、商品管理、促销管理。

但是当产品经理和工程师开始期待订单中台的强大功能时，却遗憾地发现：订单中台无法给机票业务提供任何现成的功能复用能力，机票的订单模型和电商、电影票都不相同。

机票业务线的设计人员面临一个尴尬的局面。

- 要么按部就班地将机票订单中心纳入订单中台，统一建设——但实际上这会严重降低开发效率，因为中台研发团队肯定不会像机票业务研发团队那样重视新业务的开展。

- 要么抛弃订单中台，机票业务研发团队独立开发订单模块，但这样做又会显得订单中台没有产生应有的价值。

此时的系统架构如图 1-7 所示。

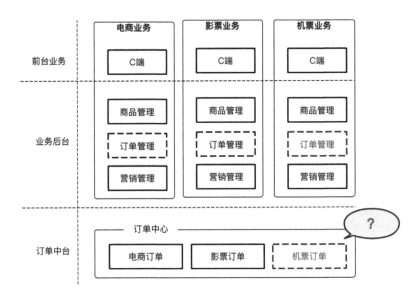

图 1-7　加入机票业务后的订单中台架构

可见，在不同的业务模式下，订单中心并不一定适用于中台化建设，设计人员要有足够的思辨能力，判断产品形态上是否值得抽象下沉、是否能够提供复用能力。然而，这也是软件工程设计中非常难的部分。

任何软件系统的设计都基于归纳法，而非演绎法，即软件设计人员总是通过对现有世界和业务的总结提炼，而无法通过推测演绎完成软件设计。设计人员无法对业务的未来做出预测，只能基于有限的经验，尽量保证设计的灵活性和正确性。

理解这一点非常重要，这会让你在软件设计、产品设计时心存敬畏，不会因一味地追求短期无法论证的结论而产生严重的过度设计。在实践中，对于基于抽象复用的平台建设，有以下几条建议。

（1）对于明显具备共性的模块，尽早抽象。

在 B 端产品的体系化设计中，很多形态的产品是具备明显共性的，我们可以尽早地进行抽象设计，这样在系统架构建设的早期就能做出正确的设计方案，而且并不会过多地增加研发工作量，相反会让未来的系统扩展更加轻松。

例如，业务系统中的统一权限管理系统、单点登录系统、组织架构系统、公告系统、短信系统等，都应该尽早完成抽象建设。

（2）对于共性不确定的模块，事后抽象。

对于统一客户视图、订单中心、商品系统等软件模块，很难判断在多业务线场景下是否能够完全复用。如果对于是否进行抽象拿不准主意，那么完全可以先不做，等业务渐渐明确后，有足够的信息做出充分的分析和判断时，再决定是否合并抽象设计。

1.5 抽象的层次性

除抽象概念之外，另一个我们必须要深入理解的概念就是抽象的层次性。小到一个方法要怎么写，大到一个系统要如何架构，以及第 3 章中介绍的结构化思维，都离不开抽象层次。

1.5.1 对抽象层次的权衡

回到毕加索的抽象画，如图 1-8 所示。如果映射到面向对象编程，抽象牛就是抽象类（Abstract Class），代表了所有牛的抽象。抽象牛可以被泛化成更多的牛，比如水牛、奶牛、牦牛等。每一种牛都代表了一类（Class）牛，对于每一类牛，我们可以通过实例化，得到一个具体的牛实例（Instance）。

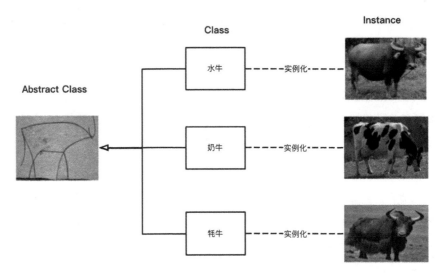

图 1-8 牛的抽象层次

从这个简单的案例中，我们可以总结出抽象的 3 个特点。

（1）抽象是忽略细节的。抽象类是最抽象的，忽略的细节也最多，就像抽象牛，只是几根线条而已。在代码中，这种抽象既可以是抽象类，也可以是接口（Interface）。

（2）抽象代表了共同性质。类代表了一组实例的共同性质，抽象类代表了一组类的共同性质。对于上面的案例来说，共同性质就是抽象牛的那几根线条。

（3）抽象具有层次性。抽象层次越高，其内涵越小、外延越大，也就是说它的含义越小、泛化能力越强。比如，牛就要比水牛的抽象层次更高，因为它可以表达所有的牛，水牛只是牛的一个种类。

而抽象的层次性主要涉及一个概念的外延和内涵，所以在进一步讲解抽象层次之前，我们有必要先理解一下外延和内涵的概念。

抽象是以概念（词语）来反映现实的过程，每一个概念都有一定的外延和内涵。概念的外延就是适合这个概念的一切对象的范围，而概念的内涵就是这个概念所反映的对象的本质属性的总和。例如"平行四边形"这个概念，它的外延包含着一切正方形、菱形、矩形及一般的平行四边形，而它的内涵包含着一切平行四边形所共有的"有四条边，两组对边互相平行"这两个本质属性。

一个概念的内涵愈广，则其外延愈狭；反之，内涵愈狭，则其外延愈广。例如，"平行四边形"的内涵是"有四条边，两组对边互相平行"，而"菱形"的内涵除这两条本质属性外，还包含着"四边相等"这一本质属性。"菱形"的内涵比"平行四边形"的内涵广，而"菱形"的外延要比"平行四边形"的外延狭。

内涵决定外延，但外延并不决定其内涵，比如"等边三角形"和"等角三角形"有相同的外延，但是却指向不同的内涵。外延和内涵也并非总是反向变化，事实并非如此，当内涵对其外延没有影响的时候，内涵的增加并不会导致外延的变小，比如"活着的人""活着的不超过 1000 岁的人"。内涵虽然增加了，但其外延是一样的。[3]

抽象的层次性主要体现在概念的内涵和外延上，而这种层次性基本可以体现在任何事物上。比如一份报纸就存在多个层次上的抽象，"出版物"最抽象，其内涵最小，但外延最大，因为"出版物"不仅可以包含报纸，还可以包含书籍、期刊、杂志等。报纸的抽象层次如下。

- 第一层：一个出版物。
- 第二层：一份报纸。
- 第三层：《旧金山纪事报》。
- 第四层：5 月 18 日的《旧金山纪事报》。

不同的抽象层次有不同的用途。当我要统计美国有多少种出版物时，就要用到最上面第一层"出版物"的抽象；如果我要查询旧金山 5 月 18 日当天的新闻，就要用到最下面第四层"5 月 18 日的《旧金山纪事报》"的抽象。

对于程序员来说，对抽象层次的权衡是对我们设计能力的考验，要根据业务的需要，选择合理的抽象层次，既不能太高，也不能太低。

例如，现在要写一个关于水果的程序，我们需要对水果进行抽象，因为水果里面有红色的苹果，我们当然可以建一个 RedApple 的类，但是这个抽象层次有点低，只能用来表达"红色的苹果"。假如来一个绿色的苹果，你还得新建一个 GreenApple 类。

如图 1-9 所示，为了提升抽象层次，我们可以把 RedApple 类改成 Apple 类，让颜色变成 Apple 的属性，这样红色和绿色的苹果就都能用 Apple 表达了。再继续往上抽象，我们还可以得到水果类、植物类等。

图 1-9　苹果的抽象层次

前面提到，抽象层次越高，内涵越小，外延越大，泛化能力越强。然而，其代价就是业务语义表达能力越弱。

具体要抽象到哪个层次，要视具体的情况而定，比如这段程序如果专门用于研究苹果，那么可能到 Apple 就够了；如果是卖水果的，则可能需要到 Fruit；如果是做植物研究的，可能要到 Plant，但很少需要到 Object。

我经常开玩笑说："为了通用性，把所有的类都设置为 Object，把所有的参数都设置为 Map 的系统，是最通用的。"因为 Object 和 Map 的内涵最小，其泛化能力最强，可以适配所有的扩展。从原理上来说，这种抽象也是对的，万物皆对象嘛！但我们为什么不这么做呢？

这是因为，越抽象、越通用、可扩展性越强，其语义的表达能力就越弱；越具体、越不好延展，其语义表达能力却越强。所以，**对于抽象层次的权衡是我们系统设计的关键所在，也是区分普通程序员和优秀程序员的重要参考指标**。

1.5.2　软件中的分层抽象

越是复杂的问题越需要分层抽象，分层是分而治之，抽象是对问题域的合理划分和概念语义的表达。不同层次提供不同的抽象结果，下层对上层隐藏实现细节，通过这种层次结构，我们才有可能应对像网络通信、云计算等超级复杂的问题。

网络通信是互联网最重要的基础设施之一，但同时它又是一个很复杂的过程，你既要知道把数据包传给谁——IP 协议，还要知道一旦在这个不可靠的网络上出现状况要怎么办——TCP 协议。有这么多的事情需要处理，我们可不可以在一个层次中都实现呢？当然是可以的，但显然不科学。因此，国际标准化组织（ISO）制定了网络通信的七层参考模型（OSI），每一层只处理一件事情，下层为上层提供服务，直到应用层把 HTTP、FTP等方便理解和使用的协议暴露给用户，如图 1-10 所示。

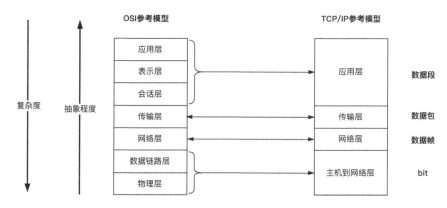

图 1-10　网络协议的分层抽象

编程语言的发展史也是一部典型的分层抽象的演化史。

机器能理解的只有机器语言，即各种二进制的 01 指令。如果我们采用 01 的输入方式，其编程效率极低。学过数字电路的读者应该还记得用开关实现加减法的实验，反正我当时拨了半天，才勉强把 3+4 的答案算对。所以之后我们用汇编语言抽象了二进制指令，然而即使是简单的 3+4，使用汇编指令实现也比较麻烦，示例如下：

```
.section .data
      a: .int 3
      b: .int 4
      format: .asciz "%d\n"
.section .text
.global _start
_start:
      movl a, %edx      #将 a 送入寄存器 edx
      addl b, %edx      #将 a+b 的值送入寄存器 edx
      pushl %edx
      pushl $format
      call printf
      movl $0, (%esp)
      call exit
```

于是我们进一步用 C 语言抽象了汇编语言，而高级编程语言 Java 是对类似于 C 这样低级语言的进一步抽象，这种逐层抽象显著提升了编程效率，如图 1-11 所示。

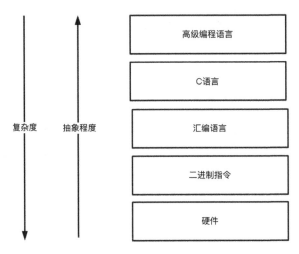

图 1-11　编程语言的分层抽象

1.5.3　强制类型转换中的抽象层次问题

面向对象设计中有一个著名的 SOLID 原则，它是由 Bob 大叔（Robert C.Martin）提出来的，其中，L 代表 LSP，即 Liskov Substitution Principle（里氏替换原则）。简单来说，里氏替换原则就是子类应该可以替换任何父类会出现的地方，并且经过替换以后，代码还能正常工作。

思考一下，我们在写代码的过程中，什么时候会用到强制类型转换呢？当然是 LSP 不能被满足的时候，也就是说子类的方法超出了父类的类型定义范围，为了使用子类的方法，只能使用类型强制转换将类型转成子类类型。

举个例子，在苹果（Apple）类上，有一个 isSweet()方法用于判断水果甜不甜；在西瓜（Watermelon）类上，有一个 isJuicy()用于判断水分是否充足的；同时，它们都共同继承一个水果（Fruit）类。

此时，我们需要挑选出甜的水果和有水分的西瓜，会编写如下一段程序：

```java
public class FruitPicker {

    public List<Fruit> pickGood(List<Fruit> fruits){
        return fruits.stream().filter(e -> check(e)).
                collect(Collectors.toList());
    }

    private boolean check(Fruit e) {
        if(e instanceof Apple){
```

```
        if(((Apple) e).isSweet()){
            return true;
        }
    }
    if(e instanceof Watermelon){
        if(((Watermelon) e).isJuicy()){
            return true;
        }
    }
    return false;
    }
}
```

因为 pickGood()方法的入参的类型是 Fruit，所以为了获得 Apple 和 Watermelon 上的特有方法，我们不得不使用 instanceof 做一个类型判断，然后使用强制类型将其转换为子类类型，以便获得它们的专有方法，很显然，这违背了里氏替换原则。

问题出在哪里呢？对于这样的代码，我们要如何去优化呢？仔细分析一下，可以发现，根本原因在于 isSweet()和 isJuicy()的抽象层次不够，站在更高的抽象层次，也就是 Fruit 的视角看，我们挑选的就是可口的水果，只是具体到苹果时，我们看甜度；具体到西瓜时，我们看水分而已。

因此，解决方法是对 isSweet()和 isJuicy()进行抽象层次提升，在 Fruit 上创建一个 isTasty()的抽象方法，然后让苹果和西瓜类分别去实现这个抽象方法就好了，如图 1-12 所示。

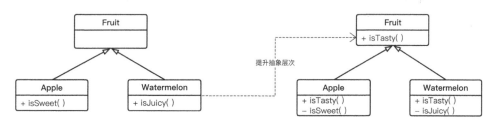

图 1-12 提升抽象层次

下面是重构后的代码，通过提升抽象层次，我们消除了 instanceof 判断和强制类型转换，让代码重新满足了里氏替换原则，也使代码重新变得优雅了。

```
public class FruitPicker {

    public List<Fruit> pickGood(List<Fruit> fruits){
        return fruits.stream().filter(e -> check(e)).
            collect(Collectors.toList());
    }
```

```
private boolean check(Fruit e) {
    return e.isTasty(); //不再需要 instanceof 和强制类型转换
}
}
```

所以，每当在程序中准备使用 instanceof 做类型判断，或者用 cast 做强制类型转换的时候，再或者程序不满足 LSP 的时候，我们都应该警醒一下：好家伙！这又是一次锻炼抽象能力的绝佳机会。

1.5.4 抽象层次一致性原则

抽象层次要保持一致，一致性可以减少混乱，并降低理解成本。比如，你把水果、苹果、香蕉归类放在一起，就会显得不协调，自己心里也会犯嘀咕：为什么要把水果和苹果、香蕉放在一起呢？水果和苹果、香蕉不是一个抽象层次的（水果比另两者高一个抽象层次）。同样，我们在写代码的时候，如果把不同抽象层次的代码放在一起，也会在无形中提高认知和理解成本。

鉴于此，抽象层次一致性原则（Single Level of Abstation Principle，SLAP）应运而生。SLAP 是 ThoughtWorks 的总监级咨询师 Neal Ford 在《卓有成效的程序员》一书中提出来的概念，其思想源自 Kent Beck 提出的组合方法模式（Composed Method Pattern，CMP）。

SLAP 强调每个方法中的所有代码都处于同一级抽象层次。如果高层次抽象和底层细节杂糅在一起，就会显得代码凌乱，难以理解，从而造成复杂性。

举个例子，假如有一个冲泡咖啡的原始需求，其制作咖啡的过程分为 3 步。

（1）倒入咖啡粉。

（2）加入沸水。

（3）搅拌。

其伪代码（pseudo code）如下：

```
public void makeCoffee() {
    pourCoffeePowder();
    pourWater();
    stir();
}
```

这时新的需求来了，需要允许选择不同的咖啡粉，以及选择不同的风味。于是上述代码从一开始的"眉清目秀"变成了下面这样。

```
public void makeCoffee(boolean isMilkCoffee, boolean isSweetTooth, CoffeeType
type) {
    //选择咖啡粉
    if (type == CAPPUCCINO) {
        pourCappuccinoPowder();
    }
    else if (type == BLACK) {
        pourBlackPowder();
    }
    else if (type == MOCHA) {
        pourMochaPowder();
    }
    else if (type == LATTE) {
        pourLattePowder();
    }
    else if (type == ESPRESSO) {
        pourEspressoPowder();
    }
    //加入沸水
    pourWater();
    //选择口味
    if (isMilkCoffee) {
        pourMilk();
    }
    if (isSweetTooth) {
        addSugar();
    }
    //搅拌
    stir();
}
```

如果再有更多的需求过来，代码还会进一步恶化，最后就变成一个谁也看不懂的"逻辑迷宫"、一个难以维护的"焦油坑"。

我们再回来看一下，新需求的引入当然是根本原因，但是除此之外，另一个原因是新代码已经不再满足 SLAP 了。具体选择用什么样的咖啡粉是"倒入咖啡粉"这个步骤应该考虑的实现细节，和主流程步骤不在一个抽象层次上。同理，加糖、加奶也是实现细节。

因此，在引入新需求以后，制作咖啡的主要步骤从原来的 3 步变成了 4 步。

（1）倒咖啡粉，存在不同的选择。

（2）倒开水。

（3）调味，根据需求加糖或加奶。

（4）搅拌。

根据组合方法模式和 SLAP，我们要在入口函数中只显示业务处理的主要步骤。其具体实现细节通过私有方法进行封装，并通过抽象层次一致性来保证，一个函数中的抽象应该在同一个水平上，而不是将高层抽象和实现细节混在一起。

根据 SLAP，我们可以将代码重构为：

```java
public void makeCoffee(boolean isMilkCoffee, boolean isSweetTooth, CoffeeType
type) {
    //选择咖啡粉
    pourCoffeePowder(type);
    //加入沸水
    pourWater();
    //选择口味
    flavor(isMilkCoffee, isSweetTooth);
    //搅拌
    stir();
}

private void flavor(boolean isMilkCoffee, boolean isSweetTooth) {
    if (isMilkCoffee) {
        pourMilk();
    }
    if (isSweetTooth) {
        addSugar();
    }
}

private void pourCoffeePowder(CoffeeType type) {
    if (type == CAPPUCCINO) {
        pourCappuccinoPowder();
    }
    else if (type == BLACK) {
        pourBlackPowder();
    }
    else if (type == MOCHA) {
        pourMochaPowder();
    }
    else if (type == LATTE) {
        pourLattePowder();
    }
    else if (type == ESPRESSO) {
        pourEspressoPowder();
    }
}
```

重构后的 makeCoffee() 又重新变得整洁如初了，实际上，这种代码重构也是一种结构化思维的体现。**在结构化思维中，有一个要点就是结构的每一层要属于同一个逻辑范畴、同一个抽象层次**。更多关于结构化思维的内容会在第 3 章中详细介绍。

接下来，我们看一个真实的案例。在 Spring 中，做上下文初始化的核心类 AbstractApplicationContext 的 refresh()方法，可以说在如何遵循 SLAP 方面给我们做了一个很好的示范。

```java
public void refresh() throws BeansException, IllegalStateException {
    synchronized (this.startupShutdownMonitor) {
        // Prepare this context for refreshing.
        prepareRefresh();

        // Tell the subclass to refresh the internal bean factory.
        ConfigurableListableBeanFactory beanFactory =
obtainFreshBeanFactory();

        // Prepare the bean factory for use in this context.
        prepareBeanFactory(beanFactory);

        try {
            // Allows post-processing of the bean factory.
            postProcessBeanFactory(beanFactory);

            // Invoke factory processors registered as beans in the context.
            invokeBeanFactoryPostProcessors(beanFactory);

            // Register bean processors that intercept bean creation.
            registerBeanPostProcessors(beanFactory);

            // Initialize message source for this context.
            initMessageSource();

            // Initialize event multicaster for this context.
            initApplicationEventMulticaster();

            // Initialize other special beans.
            onRefresh();

            // Check for listener beans and register them.
            registerListeners();

            // Instantiate all remaining (non-lazy-init) singletons.
            finishBeanFactoryInitialization(beanFactory);

            // Last step: publish corresponding event.
            finishRefresh();
        }

        catch (BeansException ex) {
            // Destroy already created singletons to avoid dangling.
            destroyBeans();
```

```
        // Reset 'active' flag.
        cancelRefresh(ex);

        // Propagate exception to caller.
        throw ex;
    }

    finally {
        // Reset common introspection caches in Spring's core, since
        // we might not ever need metadata for singleton beans anymore
        resetCommonCaches();
    }
    }
}
```

试想：如果上面的逻辑混乱、无序地平铺在 refresh()方法中，其结果会是怎样的？

1.6 锻炼抽象思维能力

抽象思维能力是我们人类特有的、与生俱来的能力，除了上面说的在编码过程中可以锻炼抽象能力，我们还可以通过一些其他的练习不断地提升抽象能力。

1. 多阅读

为什么阅读书籍比看电视更好呢？因为图像比文字更加具象，阅读的过程可以锻炼我们的抽象能力、想象能力，而画面会将我们的大脑铺满，较少需要用到抽象和想象。这也是我们不提倡让小孩子过多地暴露在电视或手机屏幕前的原因，因为这样不利于锻炼他们的抽象思维。

2. 勤总结

我小时候不理解语文老师为什么总是要求我们总结段落大意、中心思想，现在回想起来，这种思维训练在基础教育中非常必要，其实质就是帮助学生提升抽象思维能力。

记录也是很好的总结习惯。就拿读书笔记来说，最好不要原文摘录书中的内容，而是要用自己的话总结和归纳书中的内容，这样不仅可以让我们加深理解，还可以提升抽象思维能力。

我从 4 年前开始系统地记录笔记，做总结沉淀，构建自己的知识体系。这种思维训练的好处显而易见，可以说《代码精进之路》和本书的写作都得益于我总结沉淀的习惯。

3. 命名训练

每一次的变量命名、方法命名、类命名都是难得的训练抽象思维的机会。前面提到，语言和抽象是一体的，命名的好坏直接反映了我们对问题域的思考是否清晰、抽象是否合理。

然而现实情况是，很多工程师常常忽略了命名的重要性，只要能实现业务功能，名字从来就不是重点。实际上，这既是对系统的不负责任，也是对自己的不负责任，更是对后期维护系统的人不负责任。**写程序和写文章有极强的相似性，本质上都是用语言阐述一件事情**。试想，如果文章中用的都是一些词不达意的句子，这样的文章谁能看得懂，谁又愿意去看呢？

同样，我一直强调代码要显性化地表达业务语义，命名在这个过程中扮演了极其重要的角色。为了代码的可读性，为了系统的长期可维护性，为了我们自身抽象思维的训练，我们都不应该放过任何一个带有歧义、表达模糊、语义不清的命名。

4. 领域建模训练

对于技术领域的读者来说，还有一个非常好的提升抽象能力的手段——领域建模。当我们对问题域进行分析、整理和抽象的时候，当我们对领域进行划分和建模的时候，实际上都是在锻炼我们的抽象能力。

我们可以对自己工作中的问题域进行建模，当然也**可以通过研究一些优秀源码背后的模型设计来学习如何抽象、如何建模**。比如，我们知道 Spring 的核心功能是 Bean 容器，那么在看 Spring 源码的时候，可以着重去看它是如何进行 Bean 管理的、它使用的核心抽象是什么。不难发现，Spring 使用 BeanDefinition、BeanFactory、BeanDefinitionRegistry、BeanDefinitionReader 等核心抽象实现了 Bean 的定义、获取和创建。抓住了这些核心抽象，我们就抓住了 Spring 设计主脉。

除此之外，我们还可以进一步深入思考：它为什么要这么抽象？这样抽象的好处是什么？它是如何支持 XML 和 Annotation（注解）这两种关于 Bean 的定义的？

这样的思考和对抽象思维的锻炼，对提升抽象能力和建模能力非常重要。关于这一点，我深有感触，初入职场，当我尝试对问题域进行抽象和建模的时候，会觉得无从下手，建出来的模型也感觉很别扭。然而，经过长期、刻意地学习和锻炼之后，我可以很明显地感觉到自己的建模能力和抽象能力都有很大的提升，不但分析问题的速度更快了，而且建出来的模型也更加优雅了。

1.7 精华回顾

- 抽象思维是程序员最重要的思维能力之一，抽象的过程就是通过归纳概括、分析综合来寻找共性、提炼相关概念的过程。

- 语言和抽象是一体的，抽象的概念只有通过语言才能表达出来，因此**命名至关重要**。

- 过多地使用基础类型可能意味着抽象的缺失，需要对这些业务概念进行封装和抽象。

- 重复代码通常意味着抽象缺失，提取重复代码只是完成了重构的第一步，关键是后续的命名。

- 抽象具有层次性，抽象层次越高，内涵越小，外延越大，扩展性越好；反之，抽象层次越低，内涵越大，外延越小，扩展性越差，但语义表达能力越强。

- 对抽象层次的拿捏体现了我们的设计功力，抽象层次要视具体情况而定，既不能太高，也不能太低。

- 强制类型转换意味着抽象层次有问题，可以通过提升抽象层次来解决。

- 抽象层次要保持一致性，即要遵循 SLAP，一致性可以减少混乱和降低理解成本。

- 我们可以通过刻意练习来提升抽象能力，这些练习包括阅读、总结、命名训练、建模训练等。

参考文献

[1] GRADY B，ROBERT A M，MICHAEL W E，et al. 面向对象分析与设计[M]. 王海鹏，潘加宇，译. 3 版. 北京：人民邮电出版社，2009.

[2] DAN J，JOHNSSON D B，SAWANO D. Secure By Design[M]. Greenwich：Manning Publications，2019.

[3] COPI I M，COHEN C. 逻辑学导论[M]. 张建军，潘天群，译. 11 版. 北京：中国人民大学出版社，2007.

02

逻辑思维

> 不合乎逻辑的观点只需一根绳索就可将它绞死。
>
> ——比勒尔

"你讲话要有逻辑！"

"你的逻辑不对！"

"你的底层逻辑是什么？"

"说说你的逻辑思维能力体现在哪儿？"

在日常交流中，我们会频繁使用"逻辑"这个词，但能够清晰说出其定义的人应该不多，能够正确掌握逻辑推理的人就更少了。对于大部分人来说，逻辑更像一个"熟悉的陌生人"，因为在我们从小所接受的应试教育中，**其实一直缺乏对逻辑的系统性训练**。

举个例子。

小王说："Frank 真不是男人，竟然会怕老鼠。"

小张说："Frank 怎么不是男人，如果他不是男人，怎么会有鼓鼓的肱二头肌呢？"

你觉得小张的反驳有道理吗？如果你觉得有问题，那么问题出在哪里呢？这其实一个典型的逻辑谬误（先卖个关子，在 2.6 节会给出答案）。类似于这样的逻辑谬误，每天都会发生在我们的沟通交流中，只是因为我们缺乏相应的逻辑知识，不能识别罢了。因此，作为以逻辑思维缜密自居的程序员，我们有必要好好地探究一下逻辑思维。

然而，逻辑学是一门非常复杂的学科，一本《逻辑学导论》就有七百多页。本章的目的不是系统地介绍逻辑学，而是科普逻辑知识，从而唤起大家的理性意识，使读者掌握一些逻辑学的基本知识，并具备一些逻辑思维能力——在和别人争辩的时候，能发现对方的逻辑谬误；在思考问题的时候，能尽量做到逻辑完整；在表达观点的时候，能尽量做到逻辑清晰。

下次，当别人对你说"你的逻辑不对"的时候，你能知道他是在说什么。同样，当你对他人说"你的逻辑不对"的时候，也知道自己在说什么。

2.1　逻辑就是关系

逻辑（logic），源自古希腊语逻各斯（logos），最初的意思是"词语"或"言语"，引申出意思"思维"或"推理"。逻各斯，是古希腊哲学家赫拉克利特最早引入的哲学概念，古希腊哲学从探求世界本原问题开始，从泰勒斯的水本原（具象），认为水是万物之源，到赫拉克利特的逻各斯（抽象），再到柏拉图的理念论，完成了从自然哲学到形而上学的发展。

简而言之，逻各斯是指一切可理解的规律，**逻辑是指思维的规律和规则**。

除了指思维规律，逻辑在狭义上也有逻辑学的含义。按照《逻辑学导论》中的定义，**逻辑学是研究用于区分正确推理（inference）与不正确推理的方法和原理的学问**。

与上述定义相比，我觉得芝本秀德在《深度思考法》中对逻辑的定义要更易于理解，他认为"**逻辑就是关系**"。

我们说某人逻辑性太差，其实正是因为他们没有在想表达的东西之间建立关系。例如，对方说"今天的天气真不错"，我们认为诸如"是啊，天气太好了"或者"天气让人心情都变好了"这样的回答是有逻辑性的。可是如果回答是"我肚子好饿啊"，那么这种答非所问的内容就完全不符合逻辑。**所以说，"无逻辑"就是没有建立起事物之间的正确关系，即"有逻辑"就是能建立事物之间的正确关系**。

这种表述有一定的道理，因为逻辑学就是研究多个语句（sentence）之间推理是否正确的学问，所以从这个意义上来说，逻辑学就是研究语句之间关系的学问。不过，这个"关系"并不都像"天气好"和"心情好"这样显而易见，有些关系很复杂，有些关系很隐蔽，需要我们借助更多逻辑学的知识来分析它们的有效性。

不管怎样，从理解的角度来说，记住"逻辑就是关系"还是很有用的，关于逻辑关系的内容，会在第 3 章中进行更加详细的阐述。这里我们还是先研究一下逻辑思维自身。

逻辑思维基本包含 3 个方面的要素。

（1）概念：概念是思维的基本单位。

（2）判断（proposition，在逻辑学中也叫命题）：通过概念对事物是否具有某种属性进行肯定或否定的回答，就是判断。

（3）推理（argument，在逻辑学中也叫论证）：由一个或几个判断推出另一判断的思维形式，就是推理。

如图 2-1 所示，逻辑思维的核心是要学会明确的定义概念，正确地使用判断，合理地进行推理。实际上，一本书的逻辑也包含这三个要素，《如何阅读一本书》中提到的分析阅读，说的就是如何通过提炼一本书的关键字词（概念）、关键句子（判断）及关键论述（推理）来分析一本书的主旨。我们可以利用这种方式快速地厘清一本书或一篇文章的逻辑。

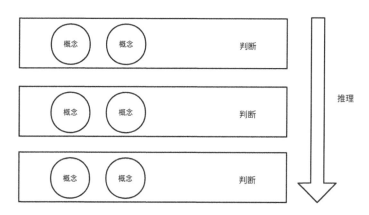

图 2-1 逻辑的组成要素

综上，逻辑思维的要义在于正确运用概念、判断、推理的思维形式。想要正确掌握逻辑思维，就要从这三个方面学起。

2.2 逻辑三要素之概念

概念是思维的基本单位，是反映事物本质属性或特有属性的思维形式。英语字典中对 "Concept" 的解释为 "An idea or a principle that is connected with something abstract"。也就是说，概念是指一些关于抽象事物的思考和定义。

这个世界有很多事物是通过我们的思维去赋予它们意思或意义，然后通过语言符号呈现出来的。所以说，**这些意思或意义就是概念的思维内显形式，语言是概念的外显形式。**

可以说，明晰概念是我们了解事物的第一步，是我们学习、研究和讨论的基础。认知水平越高的人，越能认识到概念的重要性。

《思辨与立场》一书中提到，**学习一门课程应该从理解课程的最基本概念开始。**比如，"稀缺"是经济学中的基本概念，其他经济学概念都与这一中心概念有关：稀缺意味着我们任何一个人都不可能拥有所有想要的资源（稀缺的事实），我们想要得到一些东西的前提是必须先放弃另一些东西。

再比如，2016年11月9日下午，在北京举办的"朗润·格政"国家发展研究院论坛上，两位著名经济学家林毅夫和张维迎在北京大学朗润园进行了一场十分精彩的辩论。他们辩论的主题是"产业政策"。在辩论的开始，林毅夫首先开讲，在说完客套话后他提到，

> 在准备这个报告的时候，他们给我一个任务，你在讲你的看法之前先定义一下什么是产业政策，我想定义是非常重要的，不然会各说各话，谈论过程当中就没有激情。

由此可见，在我们的学习交流中，概念有多么重要。

2.2.1　概念要明确且清晰

对概念的明晰和定义是我们设计过程中的重要内容。在一个领域内，如果一个系统的核心概念的定义出现了问题，可能会给上层的业务带来毁灭性的打击。

此前我们在做社区团购业务的时候，由于系统是从盒马交接过来的，而在之前的系统中并没对商品、货品这两个重要概念进行区分，导致后续出现了领域边界不清、团队职责不清、系统修改困难等一系列问题。

例如，我负责的商品系统对外会被供应链、仓库物流消费使用。作为商业的基本要素，商品被外部系统依赖本来也是正常的，只是原来的系统并没有清晰地明确商品和货品的概念，导致商品系统在承载商品管理职责的同时，还承载了货品的职责。管理的是商品，发布的是商品，采购的是商品，销售的是商品，仓内扫码作业还是商品。这种不区分上下文地使用"商品"这个概念，导致商品就像洪水一样以一种模糊的方式泛滥到各个系统中。

比如，仓库的扫码作业依赖商品系统去找到条码和货品的关系。这种不合理的依赖关系，以及商品和货品概念的耦合，导致商品系统非常脆弱。仓内扫码作业经常会出现条码

正确，但背后的货品信息出不来的问题，进而导致在面对新的业务场景时，系统不能"正确"地提供支撑。为了让业务可以继续下去，技术人员不得已在错误的模型基础上采用了各种补丁办法，导致系统的复杂度呈指数级上升。

在深入理解了系统的关联关系后，我发现了"货品"概念的缺失。当我把这个概念显性化出来之后，整个系统的边界关系、底层模型之间的关联关系也明朗了起来，如图 2-2 所示。

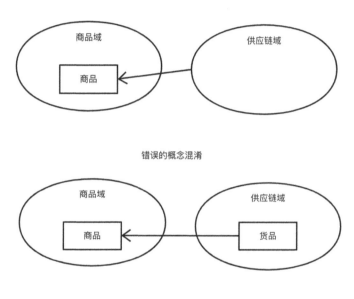

图 2-2　概念不清引起的领域边界问题

2.2.2　制定团队通用语言

以往在演讲中分享领域驱动设计（Domain Driven Design，DDD）时，我总是会花很多时间介绍概念的重要性。实际上，DDD 的核心就是强调概念和语义，概念的重要性体现在通用语言（Ubiquitous Language）上，语义的重要性体现在界限上下文（Bounded Context）中。一个团队只有具有统一的语言概念基础，并划分了清晰的边界，才能更好地沟通协作；文档和代码中的核心概念只有保持一致，才会具备更好的可读性和可理解性。因此，**我建议，任何领域都应该有一份核心领域词汇表，方便团队在这些核心概念的表达和命名上达成共识。**

表 2-1 是我在做商品业务时和团队一起制定的核心领域词汇表，我要求团队（包括业

务方、产品经理）在开会、写文档（需求文档、设计文档），以及写代码的时候都必须使用"通用语言"。我们的确也是这样做的，实践证明，这样做显著提高了我们的沟通协作效率，因为有"通用语言"，文档和代码的可理解性也会提升不少。

表 2-1　商品业务领域词汇表

中文名	英文名	缩写	代码中的表达	含　义
单品	Children Standard Product Unit	CSPU	CSPU	SKU 的产品信息聚合
商品	Item	无	Item	由商家发布，可在 App 上购买
标品	Standard Product	无	Product	有 69 码的是标品
货品	Supply Chain Item	ScItem	ScItem	在仓储配送域，商品被叫作货品
生产日期	Production Date	P.	ProductionDate	商品生产日期
有效期	Expiring Date	E.	ExpiringDate	保质期=有效期–生产日期

概念是一切的基础，要提高逻辑思维能力，就要从弄清楚每一个概念所表达的具体内容（内涵和外延）开始。

2.2.3　管理者的概念技能

在管理学中，有一个著名的模型叫作罗伯特卡茨模型，其中提出管理者必须具备 3 种必要的技能，分别是技术技能（Technical Skill）、人际关系技能（Human Skill）和概念技能（Conceptual Skill），如图 2-3 所示。我们可以看到，越高阶的管理者对技术技能要求越少，但对概念技能的要求越高。

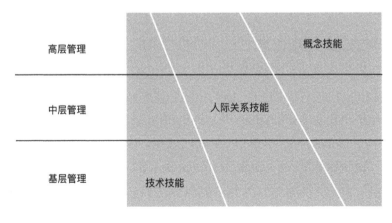

图 2-3　罗伯特卡茨模型

这是因为概念技能是管理者统观全局、面对复杂多变的环境,具有分析、判断、抽象和概括并认清主要矛盾,抓住问题实质,形成正确概念,从而形成正确决策的能力,即洞察组织与环境要素间相互影响和作用关系的能力。也就是说,概念技能可以帮助我们感知和发现环境中的机会与威胁,以及权衡不同方案的优劣和内在风险。

管理者的概念技能是指管理者提出自己的观点并经过加工处理,将关系抽象化、概念化的能力。具有概念技能的管理者会把自己的组织看作一个统一的整体,并且熟悉各个小组之间的关系,能够正确地运用自己的各种技能来处理组织中出现的问题,将问题细化并各个击破,实现企业的目标。具有很强的概念技能的管理者能够认识到组织中存在的问题,正确地分析组织中出现的问题,并且拟定正确的解决方案加以实施。从这里我们可以看出,管理者的概念技能对于高级的管理者是最重要的,对于中级的管理者次之。

前面提到,**概念技能是管理者对复杂情况进行抽象和概念化的技能。**在基础管理中,技术技能所占的比例较大;而在高层管理中,处理无形事物的概念技能就显得尤为重要了。因为越到高层,越需要快速的理解能力、良好的表达能力,以及快速抓住问题本质的能力。

2.3 逻辑三要素之判断

判断(也叫作命题)是推理的基础,一个判断就是一个断言(Assert),它断定了一个事情是这样或者不是这样。因此,每个判断都是或真或假的。

一个问题没有断言任何东西,因此它不是判断。"你知道下象棋吗?"这的确是一个句子,但没有做出关于这个世界的断定。命令("快点!")或者感叹("我的天哪!")也不是判断,因为命令和感叹都是非真且非假的。

判断一般用陈述句来表达,如"世界上的所有人都是善良的"是一句肯定判断。只要该判断符合对象的实际情况,它就是真的,反之就是假的。

判断是概念的展开,没有判断,就不能揭示和说明概念。同时,判断也是推理的前提,是正确运用各种推理的必要条件。

我们都知道"世界上的所有人都是善良的"这个判断是假的,否则这个世界就没有违法犯罪的人了。由此,我们可以得出判断的两个重要特征。

(1)判断有肯定或者否定之分,即有肯定判断和否定判断。

(2)判断有真假之分,一个判断要么真、要么假,不能非真非假。

准确地运用判断，我们才能够进行正确的思考，而思考的形式就是推理了。

2.4 逻辑三要素之推理

前面提到，**逻辑就是关系**。所谓推理，就是研究语句、判断、命题之间相互关系的学问。逻辑推理可以分为演绎推理（Deductive Inference）、归纳推理（Inductive Inference）和溯因推理（Abductive Inference）。

2.4.1 演绎推理：因为，因为，所以

演绎推理旨在阐明前提和结论之间的关系，为评估演绎论证是否有效提供方法。

演绎推理是一个从一般到特殊的过程。我们通常说的"大前提、小前提、结论"的三段论形式就是典型的演绎推理。

例如，"所有人都会死，苏格拉底是一个人，因此苏格拉底会死"。大前提是"所有人都会死"，小前提是"苏格拉底是一个人"，结论是"苏格拉底会死"。这是一种必然性推理（保真推理），因为其结论就包含在前提之中，"所有人会死"本身就包含"苏格拉底会死"。

演绎逻辑在历史上出现了两种杰出的理论。一种被称为"古典逻辑"或"亚里士多德逻辑"，开创这种理论的是古希腊哲学家亚里士多德，他关于推理的论述被收集成册，称为《工具论》；另一种被称为"现代逻辑"或"现代符号逻辑"，主要形成于 20 世纪。

古典逻辑和符号逻辑都是研究演绎推理的形式（form），所以也被称为形式逻辑。

也就是说，对于一个推理来说，首先要保证其在形式上是有效的。如果推理形式有效且前提为真，那么结论必定为真；如果形式是无效的，即使前提为真，结论也不一定为真。"真"和"假"的概念适用于命题，"有效性"和"无效性"适用于逻辑形式。

例如下面的论证：

```
如果比尔·盖茨拥有福特的所有财富，那么比尔·盖茨将是富有的；（p=>q）
比尔·盖茨不拥有福特的所有财富；（~p）
所以，比尔·盖茨不是富有的。（∴ ~q）
```

虽然前提（premise）是真的，但是其论证形式是无效的（否定前件谬误，后续会介绍），所以其结论是无效的，同时也是假的。

1. 古典逻辑

古典逻辑（亚里士多德逻辑）主要处理不同对象的类之间关系的论证。类是指共有某种特定属性的对象的汇集。

类与类之间的 3 种关联方式如下。

（1）全包含（wholly included），例如狗的类和哺乳动物的类。

（2）部分包含（partially included），例如运动员的类和女人的类。

（3）互斥（exclude），例如三角形的类和圆形的类。

基于类和类之间的关系，有以下 4 种直言命题。

（1）全称肯定命题（A 命题）：所有 S 是 P。例如所有政客都是说谎者。

（2）全称否定命题（E 命题）：没有 S 是 P。例如没有政客是说谎者。

（3）特称肯定命题（I 命题）：有 S 是 P。例如有政客是说谎者。

（4）特称否定命题（O 命题）：有 S 不是 P。例如有政客不是说谎者。

基于这些命题，有多种组合形式。古典逻辑学家很细致地研究了这些形式，总结出三段论的 15 个有效形式。

例如下面的论证：

```
没有富人是游民，（E 命题）
所有律师都是富人，（A 命题）
所以，没有律师是游民。（E 命题）
```

因为这个论证形式是 EAE-1，而 EAE-1 是 15 个有效论证形式之一，所以这是一个有效论证。又因为其前提是真的，所以结论也是真的。

2. 符号逻辑

所谓符号逻辑，就是利用符号来表示逻辑中的各种概念。1847 年，英国数学家布尔出版了著作《逻辑的数学分析》，建立了"布尔代数"，并创造了一套符号系统。布尔建立了一系列的运算法则，利用代数的方法研究逻辑问题，初步奠定了数理逻辑的基础。

目前，符号逻辑已经超出逻辑学的范畴，成为数学的一个分支，同时也是计算机科学的基础。

逻辑代数也叫作开关代数，它的基本运算是逻辑加、逻辑乘和逻辑非，也就是命题演算中的"或""与""非"。运算对象只有两个数 0 和 1，相当于命题演算中的"真"和

"假"。逻辑代数的运算特点如同电路分析中的开和关、高电位和低电位、导电和截止等现象一样，都只有两种不同的状态，因此它在电路分析中得到了广泛的应用。

利用符号化和公式化，我们可以对逻辑命题进行数学演算，比如符号~代表否定，因此 p=q 和 p=~~q 是等价的，即双重否定等于肯定。同样，我们在计算机中的逻辑运算（与、或、非）也是完全符合符号逻辑的。

再比如，如下的论证形式都是无效的，因为犯了肯定后件和否定前件的谬误。

```
肯定后件谬误：
p=>q
q
∴ p

否定前件谬误：
p=>q
~p
∴ ~q
```

这两个谬误很容易通过例子看出来，前面的"比尔·盖茨不是富有的"的例子就是一个典型的否定前件谬误；而如下的"华盛顿之死"的例子是肯定后件谬误。因此，所有否定前件或者肯定后件的论证形式，都是无效的。

```
如果华盛顿是被暗杀的，那么华盛顿死了。（p=>q）
华盛顿死了。（q）
因此，华盛顿是被暗杀的。（∴ p）
```

2.4.2 归纳推理：从特殊到一般

归纳推理是以一类事物中的若干个别对象的具体知识为前提，得出有关该类事物的普遍性知识的结论的过程。

例如：

```
猫 A 喜欢吃鱼。
猫 B 喜欢吃鱼。
猫 C 喜欢吃鱼。
猫 D 喜欢吃鱼。
因此，猫喜欢吃鱼。
```

这就是一个典型的归纳推理。然而，同样的推理用在下面的案例中就出现了问题，因为我们知道还有黑天鹅的存在。

```
天鹅 A 是白的。
天鹅 B 是白的。
天鹅 C 是白的。
```

天鹅 D 是白的。
因此，天鹅是白的。

这也是为什么有很多哲学家认为归纳法虽然可以得到新知识，但是因为不能穷举，所以永远也得不到真理。然而，演绎法虽然可以保真，但因为结论蕴含在大前提中，又不能产出新知识，因此如果最后推导出有真理存在，那么真理只能是先验的（先于我们的感觉经验，先天存在于我们的意识之中）。

然而科学知识都是来自科学归纳法的，所以真正的科学都是可以被证伪的，即当一种科学理论与最新的发现发生矛盾的时候，就需要一种新的理论来代替它。爱因斯坦的相对论虽然在牛顿力学的基础上迈出了一大步，但还是受到了量子力学的挑战，因此我们还需要一个能够解释所有力学现象的统一场论。这也是爱因斯坦终其一生都没有完成的工作，只能期待另一个"爱因斯坦"来完成了。

实际上，归纳和演绎并不是割裂的，而是彼此联系的，主要有以下两个原因。

（1）为了提高归纳推理的可靠程度，需要运用已有的理论知识对归纳推理的个别性前提进行分析，把握其中的因果性、必然性，这就要用到演绎推理。

（2）归纳推理依靠演绎推理来验证自己的结论。同样，演绎推理要以一般性知识为前提，这通常要依赖归纳推理来提供一般性知识。

这一点在软件工程的建模工作中得到了充分的体现，**建模是一个归纳工作，我们通过抽象问题域里具有共同特性的类来建立模型。为了验证模型的有效性，我们会使用演绎的方法去推演不同的业务场景，看看模型是否能满足业务的需要**。这样的工作往往不是一次成型的，而是交替往复，最终才能得到一个相对合理的模型。

2.4.3 溯因推理：大胆假设，小心求证

溯因推理就是我先知道了答案，再去追溯原因的推理。这种推理方法最早也是由亚里士多德提出的，他在著作《前分析篇》中提到了一种"还原推理模式"，说的正是溯因推理。

演绎推理的方法是由 A 推理出 B，而溯因推理是在看到了 B 后，推理出导致 B 的最佳解释，可以理解为根据结果 B 去推测原因 A 的推理方法。换句话说，溯因推理是解释已知事物的过程。

如何进行溯因推理呢？**简单来说，就是 8 个字：大胆假设、小心求证。**

假如你家卫生间的地上出现了一滩积水，需要你去推理一下它的成因，你该怎么办？

按照这 8 个字，你首先要做的是"大胆假设"。能够造成卫生间地上有积水的原因比较多，比如卫生间的屋顶漏水、抽水马桶漏水，或者有人在地上放了冰块。

接下来，要从众多可能原因中找到一个最贴近现实的假设。因为屋顶漏水和地上有冰块都难以解释水是在抽水马桶一侧的现象，而且冰块也不大可能出现在卫生间。综合考虑这些因素后，你就能得出一个最贴近现实的假设，那就是抽水马桶漏水。

那么，怎样才能知道卫生间的积水是来自抽水马桶漏水呢？这就需要对这个假设进行验证了，也就是"小心求证"。这里的验证并不困难，你只需要擦干地上的水，看是不是有水从马桶里漏出来，即可验证假设是否正确。

做科学研究，也离不开大胆假设、小心求证。

1845 年，科学家发现天王星的运动数据和其他行星比起来出现了 2 分钟的弧度差值。勒维耶提出一个假设：天王星的差值是由另一颗（未发现的）行星引起的，基于这样的假设，那颗新行星——海王星很快被发现。

对于程序员来说，基本每天都在运用这种溯因推理。我们通常说的故障排查（Trouble Shooting）就是溯因推理，用的手段基本上也是假设和求证。

比如，我们收到系统异常报警后去查看系统日志，发现是一个依赖服务报了超时（Timeout）错误。我们的第一反应是：是不是网络出现了问题（假设）？接下来开始 ping 依赖服务的 IP，发现网络没问题（求证）。于是我们提出了新的假设：是不是依赖服务内部出现了什么问题？接下来开始排查依赖服务的日志，发现是因为一个数据库操作过于频繁，导致响应时间超时。可是这部分的代码很长时间没有修改了，为什么偏偏今天出现问题呢？通过进一步排查，我们发现是缓存服务器出现了问题，导致本来调用缓存的操作全部被打到了数据库上。那么为什么缓存服务器会宕机呢？通过进一步追查，发现是最近使用缓存的人比较多，内存空间不足导致了宕机。至此，我们才算真正找到了问题的根因（Root Cause）。

2.5 逻辑链

通常情况下，你会觉得什么样的人说话特别有深度呢？是不是那种他一说话会让你有茅塞顿开的感慨，甚至忍不住发出"Aha"的惊叹的人？这种人通常会有深度思考的习惯，他们的逻辑链比普通人要长，更擅长深度思考，因此他们可以挖掘事物的根本原因，推断事物的深远发展结果。

在现实中，不是所有的逻辑链路都是简单的"因为……，所以……"，而是有可能在"因"和"果"两个方向上进行拓展。

2.5.1　5Why 思考法

大多数情况下，我们的思维逻辑链都比较短，短就意味着肤浅，找不到问题的根本原因。延长思维逻辑链的方法之一是 5Why 思考法，它能够帮助我们找到问题的根本原因。

5Why 思考法，是指对一个问题连续多次追问为什么，直到找出问题的根本原因。注意：这里的 5Why 不是一定要问 5 次，而是要灵活运用延长逻辑链来找到问题的根本原因。到底要问几个 Why 呢？确定这个数字的原则是：不断追问下去，直到问题变得没有意义为止。

例如，一个问题出现的原因可能是这样一个因果逻辑链：A 导致了 B 的发生，B 导致了 C 的发生，C 导致了 D 的发生，D 又导致了 E 的发生，如图 2-4 所示。所以，在看到 E 时，如果我们只追问到 D 这一层，就是没有找到问题的根源所在。比如上面提到的服务器超时问题，其表象原因是数据库操作错误，根本原因却是缓存服务器的内存空间不足。

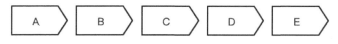

图 2-4　思考的逻辑链

凡事我们要多问几个"为什么"，有一个著名的提问法叫作 5Why 提问法。对于任何问题，如果你能扛得住 5 个以上的"为什么"，那么说明你真正理解了这个问题。

丰田汽车公司前副社长大野耐一曾经举了一个通过 5Why 提问法找到问题根本原因的实例。

有一次，大野耐一先生见到生产线上的机器总是停转，虽然修过多次但仍不见好转，便上前询问现场的工作人员。

问："为什么机器停了？"（1Why）

答："因为机器超载，保险丝烧断了。"

问："为什么机器会超载？"（2Why）

答："因为轴承的润滑不足。"

问："为什么轴承会润滑不足？"（3Why）

答："因为润滑泵吸不上来油。"

问："为什么润滑泵吸不上来油？"（4Why）

答："因为油泵轴磨损、松动了。"

问："为什么油泵轴磨损了？"（5Why）

答："因为没有安装过滤器，润滑油里混进了铁屑等杂质。"

在我们的实际工作中也是如此，凡事多问几个为什么，做到知其然，亦知其所以然。这种触达问题本质的思考会显著提升我们的认知水平和解决问题的能力。

深度思维能够带给我们各种各样的好处——在学习、工作、管理、投资等方面，而思维逻辑链的延长则是深度思维的重要表现。

2.5.2　5So 思考法

5So 思考法，是指对一个现象连续追问其产生的结果，以探求它对未来可能造成的深远影响。凡事多问几个"所以呢"，能让我们拥有推演事物长远影响的能力。

如图 2-5 所示，如果说 5Why 是在"因"的方向上进行拓展，回溯问题的根本原因，那么 5So 就是在"果"的链路上进行拓展，旨在洞悉事物未来的发展趋势。

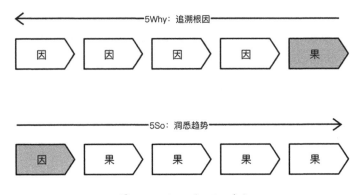

图 2-5　5Why 和 5So 对比

当年，年轻的马云访问美国，在朋友家第一次接触到互联网，他在电脑上小心翼翼地输入"beer"并按下回车键，电脑上出现了美国的啤酒、日本的啤酒、德国的啤酒……唯独没有中国的啤酒，这个场景深深触动了马云。

如果我们站在马云的角度，他当时内心的思考过程也许是这样的。

"互联网这么方便，可以快速获取这么多信息，所以呢？"（1So）

"互联网技术就是未来。"

"所以呢？"（2So）

"中国当前还没有像样的互联网公司。"

"所以呢？"（3So）

"随着改革开放，中国必将拥有大型互联网公司。"

"所以呢？"（4So）

"我回国后要顺应大势，创办中国的互联网公司。"

在这样的背景下，马云开启了他的第一次创业——创办中国黄页。

2.6　逻辑谬误

所谓谬误（Fallacy），就是推理中的欺骗手段。常见的谬误有错误假设、理由和结论不相关（偷换概念）等。

虽然前面只对形式逻辑（古典逻辑、符号逻辑）进行了简单的介绍，但我们已充分感受到了它的抽象和复杂。是的，形式逻辑虽然强大，但远离生活，比如在与人沟通和辩论时，是很难用形式逻辑做算式推导的。

出于实用性的考虑，逻辑学家发展出了非形式逻辑（Informal Logic），它既不依赖于形式逻辑的概念，也不依赖于形式逻辑的主要评价功能——有效性。非形式逻辑可以用在日常生活中，辅助我们进行逻辑分析和批判性思考。

为了方便运用，逻辑学家对这些逻辑谬误进行了分类，并给予它们易于记忆的命名。这样我们在碰到类似的场景时，便可以拿这些谬误分类作为武器，为我们的批判、分析、讨论提供"防卫"。

这些谬误包括偷换概念、错误假设、以偏概全、转移话题、人身攻击、以势压人、以众压人、循环论证、不适当地诉诸权威、不适当地诉诸情感、窃取论题、得寸进尺，等等。更多关于逻辑谬误的知识，推荐大家去看看《学会提问》这本书，接下来我会挑选几个常见的逻辑谬误进行简单介绍。

2.6.1 偷换概念

回到本章开头关于"Frank 不是男人"的例子，这里小张就使用了偷换概念的花招。小王说的"男人"是指男子汉气概，而小张说的"男人"是指生理男人，两个"男人"指向的不是同一个概念。

当你看到一个关键词在论证中不止一次地出现时，就要注意其意义有没有发生改变，如果意思发生改变，那么要警惕偷换概念的谬误。高度含混的术语和词组是偷换概念的绝佳材料。

偷换概念也是一种常见的诡辩手法，主要有以下几种表现。

（1）任意改变一个概念的内涵和外延，使之变成另一个概念。

（2）利用多义词可以表达几个不同概念的特点，故意把不同的概念混淆起来。

（3）抓住概念之间的某些相似之处，抹杀不同概念的本质区别。

比如，在黑格尔的《哲学史讲演录》中有这样一个故事，当有人说欧谛德谟说谎时，他狡辩说："说谎就是在说不存在的东西，而不存在的东西是无法说的，所以没有人能说谎。"

在欧谛德谟的狡辩中，两次使用了"不存在的东西"这一词语，但其所表达的概念却是不同的。前者表达的是"不符合事实"的概念，后者表达的是"根本不存在的事物"的概念，他故意用后一概念偷换了前一概念。

2.6.2 错误假设

在论证中，总有一些被认为是理所当然的特定假设，但通常情况下，它们却不会被人明说出来。因此乍一看，几乎每个论证都显得有道理，其外表结构看起来完美无缺，但有些内在的、没有说出来的看法——隐含假设，也起到了同样重要的作用。

假设你戴了一副镜片严重扭曲的眼镜，却没有意识到这个问题，那么你有理由相信一切人、事物都是你看到的那样，而事实上这并不是它们本来的面貌。当你和他人分享你的感知而受到质疑时，你会惊讶不已，并对他们不能像你一样清晰地观察世界而困惑不解。最后，你要么停止与他人进行交流，要么变得更加武断。[1]

实际上，我们每个人都戴着一副"有色眼镜"在观察这个世界，这个世界呈现给我们的也并非其本来的面目，就像对于盲女（见图 2-6）来说，她永远也无法感知彩虹的颜色。我们看待事物的方式或多或少地受到我们的认知、价值观、信念的影响，在我们进行逻辑推理时，这些"认知、价值观、信念"通常自然而然地作为"底色"参与其中，也正是基于这些错误假设的掩盖，很多谬误才很难被发现。

图 2-6　约翰·埃·密莱油画作品《盲女》

举个例子，我们思考一下这个说法：一个小学没有毕业的人早早地进入社会挣了很多钱，但是一个博士毕业的人没有挣到太多钱，所以读书无用，小学没有毕业的人可以比博士更成功。

这种说法中就暗含了一个隐含的价值观假设：即金钱是唯一的衡量标准，金钱是最重要的。但金钱至上的价值观并不是普适的，如果你不认同这样的价值观（比如认为精神富足更重要），那么这个论证就不成立了。

再比如，在面对烂系统时，阿里巴巴内部经常有一个说辞叫"野蛮生长"，言外之意是业务发展很快，技术来不及优化，只能草率支撑。这其中就隐含着一个前提假设——时间有限，系统就会烂。然而这个前提假设在逻辑上是不严密的，有没有可能在同等的时间下做到"既快又好"呢？我想，随着技术能力水平的提升，是有可能做到的。

每个人的背景和身份不一样，代表的利益不一样，所以在话语中经常带有自己的价值倾向，只有把这些隐含的假设暴露出来，我们才能进行正确的判断。

2.6.3　循环论证

循环论证是指一个结论会自己证明自己，只不过措辞有所改变。例如：

一个瘦子问胖子："你为什么长得胖？"

胖子回答："因为我吃得多。"

瘦子又问胖子："你为什么吃得多？"

胖子回答："因为我长得胖。"

电视剧《士兵突击》里的经典对白也是如此。

老马："可是什么有意义呢，许三多？人这辈子绝大多数时候都在做没意义的事情。"

许三多："有意义就是好好活。"

老马："那什么是好好活呢？"

许三多："好好活就是做有意义的事情，（看一眼老马后再强调）做很多很多有意义的事情。"

再比如，论证"逃课不好"，因为"逃课是不对的"，"不好"和"不对"是一个意思，等于没有论证，是在同义反复。

2.6.4　以偏概全

以偏概全是指依据不充分的例证得出普遍的结论。比如，你不能因为看到 3 个意大利人很有情调，就说所有的意大利人都是浪漫的。

以偏概全是使用归纳法时常见的谬误，即使用过小的样本量或者不具代表性的样本，归纳得到一个错误的结论。比如，用某一张偏方治好了某个人的某种疾病，如果据此得出"这张偏方具有治疗该疾病的作用"，那就错了。现代临床医学研究总是强调大样本、多中心、随机、双盲和对照试验，目的就是避免在运用归纳法时陷入以偏概全的谬误。

实际上，上文中关于"读书无用论"的论证，除了有价值观假设的问题，也有以偏概全的问题。毕竟即使在经济方面，不读书能达到成功的也是极少数，从概率上来讲，更多情况是高学历的人比低学历的人在经济上要优越。

2.6.5　滑坡谬误

滑坡谬误是指不合理地使用一串因果关系。一个起因 A 引发多米诺效应，带来一系列负面事情。A 并不是很糟糕，但是 A 导致 B，B 导致 C，C 导致 D，D 简直糟糕透顶。

滑坡谬误和深度思考逻辑链有相似之处，都是因果逻辑链条的延伸。然而它们也有本质的不同，深度思考的逻辑链是逻辑严密的推导，而滑坡谬误的逻辑链是逻辑关系不严密的放大。这种放大或出于焦虑，或出于无知，但肯定不是严密的逻辑推导，否则它就不叫谬误，而应该是深度思考了。

比如，一位母亲告诫她年轻的女儿："亲吻自然没有什么，但是想想亲吻能带来什么，接下来又会发生什么。只有你弄清楚这些，你才会避免成为一个可怜孩子的妈妈，否则你年轻的生命就永远地毁了！"焦虑的滑坡谬误操纵者忘了一点，那就是许多行走在滑坡上的人都很小心，并不会跌倒。

如今的教育"内卷"实际上也是一种滑坡谬误，很多家长不想让小孩输在起跑线上，认为不上好幼儿园就上不了好小学，不上好小学就上不了好中学，不上好中学就上不了好大学，上不了好大学这辈子就没有希望了。

"滑坡"在逻辑上虽然可能存在漏洞，但是作为一种修辞手法，它往往会起到比较好的喜剧效果。比如在电影《江湖》中，刘德华对张学友经典对白："说了你又不听，听又不懂，懂又不做，做又做错，错又不认，认又不改，改又不服，不服又不讲，那叫我怎么办？"

2.7　非理性思考

逻辑思维需要理性的思考，但是人类并不是纯粹理性的动物，因为有时纯粹理性是无法做决策的。就像"布里丹之驴"这个故事：一只完全理性的驴恰处于两堆等量等质的干草中间，将会饿死，因为它不能对究竟该吃哪一堆干草做出任何理性的决定。

正如丹尼尔·卡尼曼在《快思慢想》一书中提到，人类都是主观性的动物，别说客观公正了，很多时候，连理性都没有，都是感觉直观。

不可否认，逻辑思维是我们最重要，也是最底层的思维能力。特别是对程序员来说，软件设计是一个纯思维的创造活动，没有清晰的逻辑思维，就不可能创造出设计感良好的软件。

然而在生活上，有时我们需要"傻"一点，没必要凡事都上纲上线、理性分析。在很多场合下，我们还要有同理心，需要顾及他人的感受和情绪。尤其在家庭生活中，你要相信老婆很多时候都是"有道理的"，就拿我自己来说，虽然我认为不应该让小孩负担过重，但周日早上我还是会乖乖地陪女儿去上英语学习班。

2.8 精华回顾

- 逻辑思维是最底层的思维能力，其本质是**判断关系是否合理**。

- **逻辑的三要素是概念、判断和推理**，只有概念清晰、判断无误、推理符合形式逻辑要求，才算逻辑正确。

- 软件设计从理解问题域开始，而理解问题域的核心是要深入理解领域的核心概念。

- 判断分为肯定判断和否定判断，判断要么真、要么假，不能非真非假。

- 逻辑推理可以分为演绎推理、归纳推理和溯因推理。

- 思考的深度取决于逻辑链的深度，5Why 和 5So 思考法是非常有用的深度思考工具。但是推导要注意逻辑的严密性，否则逻辑链很容易形成滑坡谬误。

- 形式逻辑虽然强大但不实用，掌握常见的逻辑谬误能帮助我们更快地辨别真伪。

- 逻辑需要理性，但感性同样重要，不要"得理不饶人"，把自己变成了"杠精"。

参考文献

[1] RUGGIERO V R. 超越感觉[M]. 顾肃，董玉英，译. 9 版. 上海：复旦大学出版社，2015.

03

结构化思维

金字塔原理是思考、表达和解决问题的逻辑。

——芭芭拉·明托

在日常工作中，我们时常会碰到这样的情况，有的人在讲一件事情的时候逻辑非常混乱，罗列了很多事情，却说不到重点；有的人写代码，业务逻辑并没有多复杂，但呈现出的代码却像一团乱麻，混乱不堪，让人难以理解。这些都是典型的缺少结构化思维的表现，缺少结构化思维导致我们在写作（包括写代码）和表达的时候思维混乱，逻辑不清。

结构化思维以逻辑思维为基础，是一种从无序到有序、从混乱到清晰的思维能力，可以帮助我们以一定的逻辑顺序从繁杂的信息中整理出清晰的结构，从而使写作和表达更清晰和易于理解。

3.1 结构与架构

结构可以说是万物之本。大到宇宙星系，小到尘埃颗粒，任何事物都有其特定的结构，并通过其特定的结构来体现其存在的价值和意义。

在系统论中，系统是处在一定环境下的各个组成部分的整体，我们把各个组成部分称为系统的要素。显然，系统不只是要素的简单加和，还包括由内在的东西实现的各要素的普遍联系。

我们把这种各要素的组织形式（要素之间的关系）称为结构。

系统的性质是由结构决定的。要素的内容是不稳定的，可能随时会被替换。就像忒休斯之船，虽然船的木板被换掉了，但只要船的结构没有变，其仍然是忒休斯之船。中国长达两千余年的封建历史也是一样，皇帝（要素）一个接一个地换，但是本质上，其背后的皇权制度没有变，旧社会的结构没有变，所以皇帝的更替并没有改变封建社会的本质。

我们通常说的"结构性问题"是指那些底层的、难以改变的根本性问题。经济上的结构性问题就是作为经济这个系统的结构的经济制度——分配制度和所有制等出现了问题。

我在零售通工作期间，做过一个关于价格的项目，当时的想法是试图通过价格管控让平台商品的价格更有竞争力，然而深入思考后不难发现，价格只是表象问题。如图 3-1 所示，在"冰山"之下，更深层次的是结构问题，即在相当长时间内，我们无法改变品牌商现有的分销渠道结构，不能让渠道更扁平化，也不能提升供应链效率，因此只是一味地管控价格注定是很难成功的。

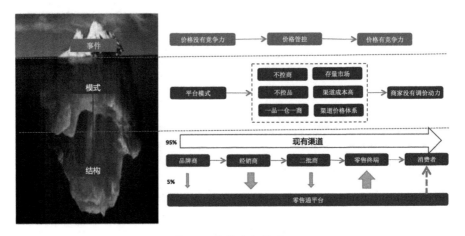

图 3-1　价格冰山模型

架构的核心也是结构。所谓架构，就是"要素+结构"。

比如，组织的要素是员工，而组织架构就是规定了员工和员工之间协作关系的结构。又比如，应用系统的要素是程序（包括类、包、组件、模块和服务的不同粒度），而应用架构（如 COLA 架构）所要解决的就是如何处理这些程序要素之间的关系结构。

3.2　从无序到有序

结构的重要性在于它不仅反映了系统要素的组织形式，而且决定了系统性质。那有没有一种方法来帮助我们发现结构或者搭建结构呢？

这种方法就是结构化思维。**所谓结构化思维，就是从无序到有序的一种思考过程，将搜集到的信息、数据、知识等素材按照一定的逻辑进行分析和整理，呈现出有序的结构，继而化繁为简。有结构的信息更易于大脑记忆和理解。**

知识体系和科学研究都建立在对感性经验的归纳整理，以及发现内在规律的基础之上，其本质就是发现结构（要素及其之间的关系）的过程。混乱复杂的表象没有规律，无法形成知识，我们的大脑也无法处理，大脑天生喜欢有规律、有结构的信息。

我们可以做一个小测验，尝试用 10 秒的时间记住下面 20 个数字。

71438059269250741863

是不是感觉很难？很多人应该都记不住。

换一种方式，记住下面这 20 个数字，再试试能否记住？

99887766554433221100

是不是觉得很简单，别说 10 秒了，1 秒就可以记住。事实上，这是两组同样的数字，只是排列方式不同，第一组是无序的，第二组是有序的（有结构），也更有规律。我们很难记住第一组数字，却能轻松记住第二组数字，因为第二组更符合我们大脑的使用习惯。

人类大脑在处理信息的时候，有如下两个特点。

第一，不能一次处理太多信息，太多信息会让我们的大脑觉得负荷过大。乔治·米勒在他的论文《奇妙的数字 7±2》中提出，人类大脑短期记忆无法一次容纳 7 个以上的记忆项目，比较容易记住的是 3 个项目，当然最容易的是 1 个。

第二，喜欢有规律的信息。有规律的信息能降低复杂度，米歇尔·沃尔德罗普在《复杂》一书中提出了一种用信息熵来度量复杂性的方法。所谓信息熵，就是一条信息包含信息量的大小。举个例子，假设一条消息由符号 A、C、G 和 T 组成，如果序列高度有序，那么很容易描述，例如"AAAAAAA…A"，则熵为零；而完全随机的序列则有最大熵值。

综上所述，我们之所以能够轻松记忆第二组数字，是因为其有结构、有规律，从而降低了复杂度和记忆负担。面对无序的 20 个数字，其熵值最大，相当于要完成 20 个记忆项目，这远超我们一般人短期记忆的上限，因此很难被记住。而对于倒序排列的 20 个数字，我们实际上只要记忆两个项目：一个是有从 0 到 9 的 20 个数字，另一个是它们是倒序排列的。

综上，**结构化思维是一种以逻辑（事物内在规律）为基础，从无序到有序搭建结构的思维过程**，如图 3-2 所示。其目的是降低复杂度和认知成本，因为大脑更喜欢概念少、有规律的信息。

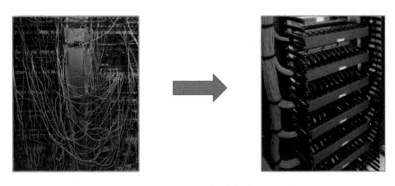

图 3-2　从无序到有序

3.3　金字塔结构

说到结构化思维，就不得不提到结构化思维的"圣经"——芭芭拉·明托的《金字塔原理》。这本书在业界也有很好的口碑，我反复读过多遍。美团的王兴曾说，仔细认真读完这本书，是员工在美团获得成功的基本功。它是美团"四大名著"之首，也是美团能力跃迁、职级晋升的官方推荐必读书籍。

前面已经说过，结构化思维很有用，但为什么是金字塔结构呢？这和我们大脑的思维过程有关。人类很早以前就认识到，大脑会自动将发现的所有事物以某种秩序组织起来。**通常，大脑会认为同时发生的任何事物之间都存在某种联系，并将这些事物以某种逻辑模式组织起来。**

这种将事物组成逻辑单元的作用很大。我们更容易记住那些具有逻辑关系的东西，而遗忘那些散点的东西。为了说明这一点，请看下面几组彼此之间并无关联的词，并尝试记住右边这些词。

湖泊　|　糖

靴子　|　盘子

女孩　|　袋鼠

铅笔　|　汽油

宫殿	自行车
铁路	大象
书本	牙膏

是不是发现很难记住这些词语？现在换一种方式，试想一个可能使每两个词发生联系的情景，并将其组织在一起。比如，糖在湖水中溶解，靴子立在盘子上，女孩和袋鼠打架，在宫殿里骑自行车，等等。然后将右边的一列词盖住，只看左边一列词，你是否能够比较轻松地记起右边对应的词？大多数人应该都可以毫不费力地做到。

我曾经有一个来自马来西亚的博士朋友，他有一项"超强大脑"的技能——用 10 分钟记住一整副打乱的扑克牌。我很佩服他有这样非凡的记忆力，问他是怎么做到的？他告诉我，并不是因为他很厉害，他只是把扑克牌进行了"图像化"，然后再编一个故事将这些"图像"联系起来，比如 J 这个牌是一把伞，8 是个胖子，这样在他的故事里，8J 就变成了一个打伞的胖子。通过这种逻辑关联的训练，大多数普通人都可以记住打乱的 52 张扑克牌。

这个例子说明，"有逻辑"和"没有逻辑"对我们大脑的理解和记忆起着至关重要的作用。

同样，当我们听别人讲话、看文章、阅读代码的时候，也会发生类似的组织思想的现象。我们会将同时出现的或位置相邻的几个思想进行关联，努力用某种逻辑模式来组织它们。

也就是说，如果我们能按照金字塔结构来准备演讲、写文章、写代码，因为其满足大脑处理信息的特点——**概念不能多、有逻辑关系**，那么听众和读者会更容易理解我们要表达的思想。对应到工程领域，**满足金字塔原理的代码，其可读性和可理解性会被显著提升**。代码也是一种表达，很多人以为代码是写给机器执行的，实际上，代码是写给人读的，只是偶尔会被机器执行。

结构不仅能提升可理解性，而且方便记忆。想象这样一个场景，你要出门，你老婆说家里冰箱空了，让你顺便买一点牛奶、鸡蛋和苹果回来。你说："好的，还需要别的吗？"她说："咸鸭蛋和橘子也可以买一点。"当你刚要出门的时候，她又说："好久没有吃葡萄了，如果你能带点葡萄回来就更好了。"

我敢保证，面对图 3-3 所示的采购清单，很少人能完成任务。我们可以换一种表述方式，对这些信息进行归类分组，构建结构：把要买的东西分成水果和蛋奶两大类，其中水果包括葡萄、橘子、苹果；蛋奶包括牛奶、鸡蛋、咸鸭蛋。新的表述方式对零散的信息进行了归纳抽象，构建了一个以上统下的金字塔结构，如图 3-4 所示。

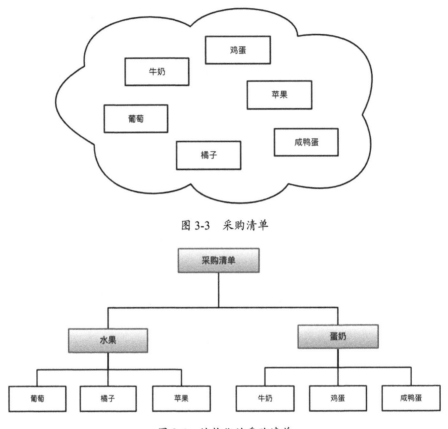

图 3-3　采购清单

图 3-4　结构化的采购清单

这种结构化的表达明显更清晰、更易于记忆。转变的关键就在于结构，金字塔结构满足了我们大脑处理信息的两个要求。

（1）**寻找逻辑关系**。在上面的结构中，我们首先对需要采购的物品进行了归类分组，这里的逻辑关系是葡萄、苹果、橘子是一类的，都属于水果；牛奶、鸡蛋、咸鸭蛋是一类的，都属于蛋奶。这种分类是为我们接下来抽象概念做准备，并且是符合逻辑认知的。

（2）**概念不能多**。找出逻辑关系并分组归类只是结构化的第一步，接下来我们要对分组进行抽象概括，提升一个抽象层次，将原来大脑需要处理的 6 个概念（葡萄、苹果、橘子、牛奶、鸡蛋、咸鸭蛋）减少为 2 个概念（水果、蛋奶）。处于较高层次上的思想总是能提示其下面一个层次的思想，因而也更容易被记住。

可以说，我们所有的思维过程都离不开这样的分组（分析）、概括（综合），进而将大脑中的信息构建为一个由互相关联的金字塔组成的巨大金字塔结构。**我们经常说的"构建自己的知识体系"，实际上就是在构建这个巨大的金字塔结构。**

实际上，我们平时使用的思维导图也是一种金字塔结构的体现，只是其展现形式不一定是上下结构的金字塔，也可能是左侧分布、右侧分布或者左右分布的。不管其形状如何，**只要它满足从"中心主题"出发，具有层次树状结构，那么就属于金字塔结构的范畴，都应该满足搭建金字塔结构的逻辑要求。**

3.4 金字塔中的逻辑

第 2 章中提到，**逻辑就是关系**。这个关系可以是演绎关系、归纳关系、因果关系、时间关系、空间关系、程度关系、并列关系、类比关系，等等。**所谓的"有逻辑"，是指这个关系是合理的，道理是通顺的。**

逻辑是我们构建结构的基础，在结构中起着至关重要的作用。好的结构离不开清晰、有效、正确的逻辑，只有厘清逻辑关系，才能构建出好的结构，否则即使你搭建了结构，依然逃不脱那一片混沌。

在金字塔结构中，总体上有两个方向的逻辑关系，即纵向逻辑关系和横向逻辑关系。如图 3-5 所示，一个好的金字塔结构，需要**在纵向关系上满足结论先行、以上统下；在横向关系上，满足归类分组、逻辑递进**这 4 个基本原则。用一句话概括，就是"论证类比"。

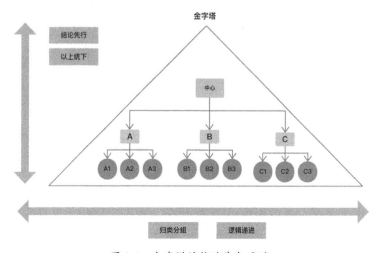

图 3-5 金字塔结构的基本原则

（1）纵向关系：纵向是层次关系，上一层思想是对其下一层思想的概括，下一层是对上一层的解释和支持。

- 结论先行（"论"）：所谓结论先行，就是要先抛结论。这一点在与人沟通的时候尤其重要，就像很多人铺垫了半天，也不说结论。写代码也一样，主方法是中心论点，子方法是对主方法的结构化分解。

- 以上统下（"证"）：金字塔是一种层次结构，上一层是对下一层的统领和抽象，比如水果是对苹果、橘子的抽象，所以在上一层。

（2）横向关系：横向是关联关系，每组中的思想必须属于同一逻辑范畴，并按照逻辑顺序组织。

- 归类分组（"类"）：将内容相似的思想归为一类，为进一步归纳抽象做好准备。

- 逻辑递进（"比"）：分组中的思想需要有逻辑递进关系，即它们必须属于同一个逻辑范畴，且满足一定的逻辑顺序。

3.4.1　纵向逻辑关系

在纵向逻辑关系上，主要运用的是演绎逻辑和归纳逻辑。如果你还不清楚这两种逻辑，也可以回看第 2 章的内容。

1. 演绎逻辑

演绎是一种线性的推理方式，最终是为了得出一个由逻辑关系词"因此"引出的结论。在金字塔结构中，位于演绎论证过程上一层的思想是对演绎过程的概括，重点是在演绎推理过程的最后一步，即"因此"引出的结论。比如图 3-6 所示的演绎逻辑示例。

图 3-6　演绎逻辑示例

"甲公司值得收购"是这个演绎推理的结论，遵循结论先行的原则，在表述时我们应该先抛结论。试想，你在汇报工作的时候说"甲公司是一家非常不错的公司，它在 A 方面有这样的表现……，在 B 方面是行业里的前几名……"你这样滔滔不绝地讲 10 分钟，别人仍然不知道你说甲公司好的目的是什么。所以更好的做法是结论先行——"甲公司值得收购，因为第一……，第二……，第三……"

　　麦肯锡有一个"电梯原则"，即要求你在极短的时间（坐电梯的时间）内把一件事情说清楚，这需要你不仅有很强的整合能力，还要有"结论先行"的结构化思维，否则很难把事情说清楚。

　　按照金字塔原理的结构组织方式——上一层的思想是对演绎过程的概括，我们可以得到如图 3-7 所示的结构。

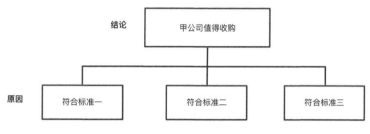

图 3-7　结论先行的结构

　　需要注意的是，在表述中，大前提有时会被省略或变成默认假设。比如对于上述示例，我们通常会省略大前提，直接说"甲公司符合这 3 项标准，因此甲公司值得收购"，这是我们平时在做逻辑判断时特别需要注意的。在 2.6.2 节的错误假设中提到，很多的默认假设不一定是正确的，这种情况下的假设是不能忽略的。

2. 归纳逻辑

　　归纳逻辑比演绎逻辑要难，因为归纳需要我们有更强的抽象能力，由抽象出的新概念去统领其下的子概念。在归纳的时候，我们大脑要发现事物（思想、事件、事实）中具有的共性和共同点，然后将其归类到同一个组中，并说明其共性。归纳逻辑不是线性的，它需要在已有信息的基础上提升一个抽象层次，得到新概念。

　　比如，苹果和橘子的上一个抽象层次是"水果"，这种抽象层次的提升可以让水果在纵向关系上统领苹果和橘子。"水果"这个新概念的抽象需要我们具备相关的知识背景。一个 4 岁的小孩可能还不知道水果的概念，就不能做出这样的抽象。另外，抽象有时还需要创造性和想象力，比如我问你"金鱼和激光笔有什么共性？"，你可能会觉得有点莫名其妙，这是一个脑筋急转弯，答案是"它们都不会吹口哨"，这样的答案需要我们有一定的想象力和幽默感。

　　虽然归纳逻辑比演绎逻辑要难，但是作为人类最重要的两种逻辑思维之一，归纳是我们发现新知识的唯一途径，也是科学研究的基础。它能帮助我们发现隐藏在信息中的因果关系，对于那些具有普遍效应的因果关系，我们可以将其提升为"理论"和"定律"。比如，牛顿通过观察苹果的下落，发现了地球上所有的物体都受到地球的"吸引"，通过重力的假说，他发现了万有引力定律。虽然我们现在知道引力并不存在，它只是时空弯曲的结果。这就是归纳法的局限之处——不能穷举实例，比如**即使你发现了一万只、一百万只天鹅是白的，你也不能断言——所有的天鹅都是白的**。通过归纳法得到的"知识"都是概然的，是一种概率，毕竟，太阳明天还能从东方升起也只是一个概率问题。因此，归纳法永远也得不到像演绎法那样保真的、有效的论证。

3.4.2 横向逻辑关系

在横向上，我们要保证每组思想必须属于同一逻辑范畴，并按照逻辑顺序进行组织。即不能将不同的思想随意堆放在一起，而是你看到了其中的逻辑关系，才将其"挑选"出来组织在一起。实际上，大脑在进行归纳分组的逻辑分析时，会进行以下 3 种分析活动。

（1）**时间顺序**：例如解决问题的 3 个步骤。

（2）**空间顺序**：例如组成某公司的 3 个部门、化整为零（将整体分解为部分）等。

（3）**程度顺序**：例如某公司存在的最严重的 3 个问题。

1. 时间顺序

时间顺序是最容易理解的逻辑顺序，也是使用最广泛的思想分组。我们平时按照步骤（第一步、第二步、第三步……）做事就是一种典型的遵循时间顺序的活动。

例如，你负责安排一个线下活动，就可以考虑按照时间顺序，从活动前、活动中、活动后的流程思考方式入手，梳理每个流程中能做什么事，并将之拆解为可执行的细节，如图 3-8 所示。这种有思考方向、有条理的思维方式能让你更高效地解决工作上遇到的难题。

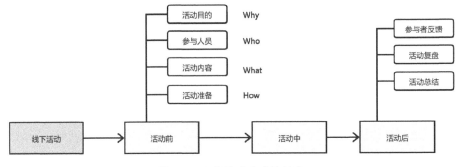

图 3-8 运营活动的时间顺序

2. 空间顺序

空间顺序是一种化整为零的分解，这里的空间包括实物空间和概念空间。比如我们把一台电脑拆解为显示器、主板、硬盘、显卡等组成部分，是对实物空间的分解；把农民分为富农、中农、贫农等，是对概念空间的分解。

（1）MECE 原则

在将整体（不论是客观存在的，还是概念性的整体）划分为不同的部分时，我们必须保证划分后的各部分符合以下要求。

- 各部分之间相互独立（mutually exclusive），没有重叠，有排他性。

- 所有部分完全穷尽（collectively exhaustive），没有遗漏。

这两个要求的简称是 MECE 原则，如图 3-9 所示。

图 3-9　MECE 原则

例如，我们要对衣服进行分类，如果按照季节和风格进行分类，会出现互相重叠且不能穷尽的情况，也就不满足 MECE 原则。这种分类是逻辑混乱的。

我们可以按季节分：春秋装、冬装、夏装。除了这 3 类，再没有其他季节了，这就是穷举不遗漏，彼此之间相互独立且没有交叉，如图 3-10 所示。

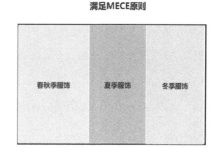

图 3-10　按照 MECE 原则分类衣服

（2）满足 MECE 原则的划分方法

在做问题分解的时候，可以把待分解的问题想象成一张白纸，然后通过对折的方式对问题进行划分，能否满足 MECE 原则的关键在于划分维度和维度属性的选取。比如对于衣服的分类，如果选择季节这个维度，那么春秋季、夏季和冬季这 3 个维度属性是满足 MECE 原则的；但如果你只选取了春季和夏季，就是不满足 MECE 原则的，因为遗漏了秋季和冬季。

按照"白纸"的划分方法，我们可以有二分法、三分法和四分法。

二分法是最简单的切分，就是把"白纸"进行对折，一分为二地看待事物。比如，按照性别的不同，把人分为"男人"和"女人"；按照是否可回收，把垃圾分为"可回收"和"不可回收"；按照实用性，把木材分为"有用"和"没用"。这种方式虽然满足 MECE 原则，但显然过于简单了，很多事情的分类并不是简单的非黑即白，比如好人也有坏的一面，坏人可能也有善的一面。

三分法和二分法类似，都是一个维度的划分，只是选择了 3 个维度属性值，而不是两个。比如，按照农民收入的高低，把农民划分为贫农、中农和富农；按照综合国力，把世界分为第一世界、第二世界和第三世界。

四分法不是指在一个维度上取四等分，而是指在两个维度上，把"白纸"分为四象限。比如，按照关爱程度和控制程度，我们把父母的教养方式分为"权威型——高关爱、高控制""专制型——低关爱、高控制""放纵型——高关爱、低控制"和"忽视型——低关爱、低控制"，如图 3-11 所示。

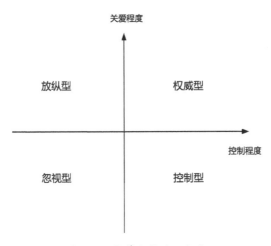

图 3-11 教养方式的四分法

二维四象限的划分只适用于每个维度只有两个取值的情况。如果取值更多，那么我们仍然可以用"白纸"的方法，但已经不再是四象限了。以衣服的分类为例，假如我们既要按照季节又要按照风格两个维度分类，并且要满足 MECE 原则，则可以得到如图 3-12 所示的"白纸"划分。

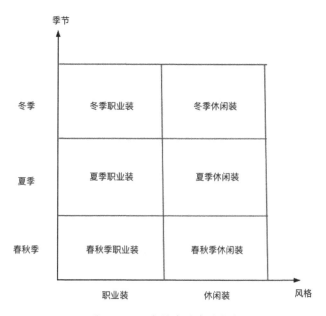

图 3-12　两个维度的多值分类

当然，对于两个维度的分解，我们也可以将其转化成金字塔结构，用层次来代表维度，一层代表一个维度，两个维度就需要两层，三个维度就需要三层，以此类推。对于衣服的分类，两层就够了，分解后的结果如图 3-13 所示。

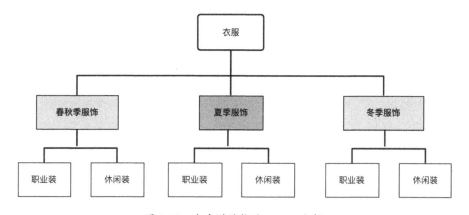

图 3-13　金字塔结构的 MECE 分解

对于更多维度、更多维度属性值的分解，"白纸"划分法就不能胜任了，这时需要用到矩阵分析。关于矩阵分析，会在第 5 章中详细介绍。

3. 程度顺序

程度顺序也称为重要性顺序，是指对一组因为具有某种共同特点而被聚集在一起的事物所采用的顺序。

例如 3 个问题、3 个原因、3 个因素等。假设你可能会说"这家公司存在 3 个问题"，这时大脑自动将这 3 个问题和其他问题隔开，如图 3-14 所示。也就是说，这 3 个问题是你认为这家公司存在的最严重、最迫切需要解决的问题，公司可能还存在很多其他的问题，但你只挑选这 3 个，因为这 3 个最重要。在排序的时候，最好按照先重要后次要（first thing first），先强后弱的顺序。

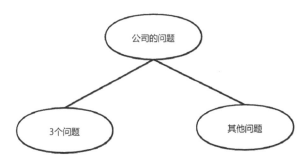

图 3-14　程度顺序分类

逻辑是我们构建结构的底层基础，缺少逻辑的结构是经不起推敲的。在明晰了结构中的逻辑关系之后，接下来就要搭建结构，并利用结构化思维解决问题了。

3.5　如何搭建结构

我们在解决问题的时候，一般有两种方法：一种是从目标出发，沿着不同的路径分解，探求问题的答案；另一种是把各种信息聚合起来，得出一个正确结论或解决方案。这两种方法也是我们搭建金字塔结构时仅有的两种方法：一是自上而下地搭建金字塔结构，即问题分解，也叫作疑问回答分解；二是自下而上地搭建金字塔结构，即概括总结做聚合。

3.5.1 自上而下

如果我们明确地知道要解决的问题是什么，那么就可以考虑用自上而下的方式对问题进行拆解。比如你要准备竞聘，这是一个非常明确的目标，就比较适合做自上而下的分解。

对于写一篇有明确主题的文章也是一样。比如前段时间，阿里巴巴技术协会的同事邀请我写一篇教技术人员"如何写好技术文章"的文章。对于这样的命题作文，我们就可以通过自上而下的方式对问题进行拆解，大部分的技术文章都可以通过 What（是什么）、Why（为什么）、How（怎么做）来构建结构，也就是 2W1H。

2W1H 是构建结构时最常用，也是最有用的框架之一。因为它涉及一个问题最核心的 3 个要素，即"是什么""为什么"和"怎么做"。

有了 2W1H 这个思考框架，我为"如何写好技术文章"搭建了自上而下的结构（如图 3-15 所示），接下来写出这篇软技能文章，也就不是什么难事了。

（1）为什么写文章：1）写文章是费曼学习法；2）写文章可以增加影响力。

（2）什么是好文章：1）内容有价值；2）结构要清晰。

（3）如何写好文章：1）选择好内容；2）搭建清晰的结构；3）刻意练习；4）迭代优化。

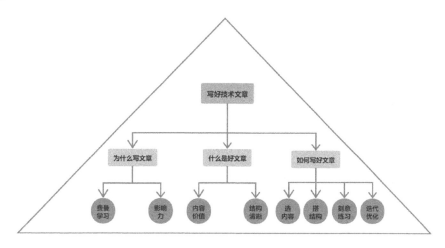

图 3-15 写文章的结构化拆解

2W1H 实际上是对 5W1H 的简化和提炼，如果需要更加全面的思考，那么要尽量满足 MECE 原则，此时 5W2H（Why、Who、When、Where、What、How 和 How much）可能是更好的选择。

此外，我们还可以用"疑问解答"的方式自上而下地搭建结构。这样做的好处是，一方面可以通过设置悬念来吸引听众的注意力；另一方面，这种不断问"为什么"的方式也在帮助我们更加深入地理解问题，让论证更有说服力。

假设你要给大家分享"猪应当被当作宠物来养"这个话题，大部分听众会很疑惑："为什么猪可以当宠物呢？"你接着说"猪很漂亮，所以可以当宠物"。这回答了前面的疑问，却又引发了大家新的疑问："猪怎么能漂亮呢？"，然后你说"因为猪很肥"。大家的疑问更多了："肥为什么还漂亮呢？"这样一步一步往下走，用先抛结论的倒序方式紧扣着听众的好奇心，如图 3-16 所示。这种提出疑问、回答疑问的悬念方式是非常有吸引力的，同时，因为你对对方关心的问题逐一进行了解答，说服力自然也会比较高。

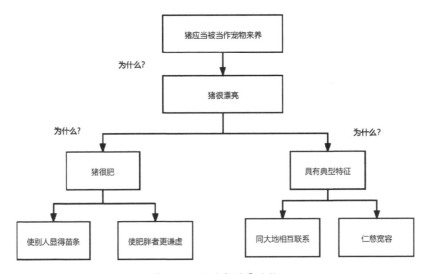

图 3-16   问答式引导结构

3.5.2   自下而上

有时我们要解决的问题并不十分明确，有时可能面对的是一堆零散的元素。比如在做头脑风暴的时候，我们产出了很多想法，那么要如何整理这些想法，并构建清晰的结构呢？

试想这样一个场景，假如客户最近对销售报告和库存报告很不满意，需要你去调查一下原因。你是一个执行力很强的人，接到任务后，立即开展信息收集工作。通过客户访谈、产品调研，你很快找到了如下一些使客户不满意的原因。

（1）提交报告的周期不恰当。

（2）库存数据不可靠。

（3）获得库存数据的时间太迟。

（4）库存数据与销售数据不吻合。

（5）客户希望能改进报告的格式。

（6）客户希望除去无意义的数据。

（7）客户希望突出说明特殊情况。

（8）客户希望减少手工计算。

面对这些信息，你千万不要急着打报告交差。因为这些信息是零散的，老板没有那么多时间去逐条理解，这些信息的罗列会让人理不清头绪、抓不住重点，自然不能做决策。

那么如何才能让报告更清晰、更易于理解呢？我们可以用结构化思维对同类信息进行归纳分组，向上聚合形成一个金字塔的结构。分组的逻辑是找到共性，比如"周期不恰当"和"时间太迟"都是报告产生的时机不好，可以归为一类。

通过逐条分析原因，我们可以将上述8个原因概括为以下3组。

（1）时机不好：产生报告的时间太晚，无法采取有效措施。

（2）数据质量不好：报告中含有不可靠的数据。

（3）格式不对：报告的格式混乱。

进行分组之后，我们就可以得到如图3-17所示的金字塔结构的报告。

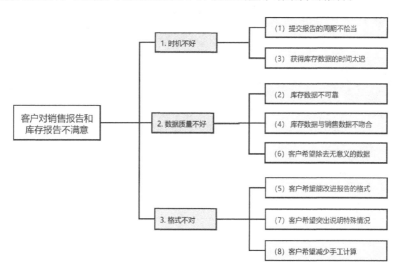

图 3-17　金字塔结构的报告

显然，这种结构化的表达能够让问题的表述更加清晰，领导也可以快速抓住问题的要点，并给出相应的决策。

代码晦涩难懂，原因通常也在于"没有结构"的混乱，长方法（long method）之所以是典型的代码坏味道，正是因为它把过多的信息放在了一起。就像前面提到的，人类的大脑不是 CPU，一次容不下过多的概念，我们搭建结构的目的是更加清晰地表达，减轻大脑的负担，这和我们强调代码可读性的要求是一致的。

商品是电商系统中最重要、最复杂的要素之一。在发布商品的时候，我们需要组装商品（offer）的各种参数。offer 需要的信息特别多，导致组装 offer 的代码篇幅也特别长。随着时间的推移，还不断有新的信息被添加到这个方法中。如果把代码类比成文章，那么这是一篇没有章节、没有段落的文章，可想而知其可读性和可维护性有多糟糕。

```java
public Offer assembleOffer(Context context){
    Offer offer = new Offer();
    // 1. 核心商品信息
    MyCspu myCspu = context.getMyCspu();
    MySpu mySpu = context.getMySpu();
    SupplierItem supplierItem =
context.getNormalItemAggregateRoot().getSupplierItem();
    ProductAttributeParam productAttributeParam = new ProductAttributeParam();
    try {
        List<AttributeParam> productAttrList =
OfferPostBiz.buildAttributeParamList(myCspu,
            supplierItem.getCargoNumber());

        productAttributeParam.setAttributes(productAttrList);

    } catch (ArrayIndexOutOfBoundsException ex) {
        throw new ServiceException("CSPU_CHECK_ERROR",
            "sku 规格属性不一致，请检查 sku 规格数据. [id:" + supplierItem.getId() +
"]");
    }

    offer.setProductAttributeParam(productAttributeParam);

    // 2. 产品属性信息
    DescParam descParam = new DescParam();
    // offer 标题
    descParam.setSubject(myCspu.getTitle());
    // offer 图片
    if (CollectionUtils.isNotEmpty(myCspu.getImgList())) {
        List<String> cspuImgUrl = Lists.newArrayList();
        for (String img : myCspu.getImgList()) {
            cspuImgUrl.add(serverImgUrl + img);
        }
```

```
      PictureParam pictureParam = new PictureParam();
      pictureParam.setPictures(cspuImgUrl);
      descParam.setPictureParam(pictureParam);
   }
   // offer 详情
   DetailParam detailParam = new DetailParam();
   String detailDesc = null;
   if (!StringUtil.isEmpty(myCspu.getBigTextUrl())) {
      detailDesc = bigTextBiz.get(myCspu.getBigTextUrl());
   }

   //省略部分内容

   return offer;
}
```

面对这些零散的"素材",我们有必要对其进行归纳整理,从而构建一个更清晰的结构。通过简单归纳,不难发现,商品信息主要包括商品核心信息、商品描述信息、产品属性信息、销售属性信息、系统属性信息、商品扩展信息等。其中,扩展信息又可以进一步拆分成产品信息扩展(比如是否进口)、销售信息扩展(比如销售单位规格)、供应链信息扩展(比如仓库类型)等,因此可以形成一个如图 3-18 所示的结构。

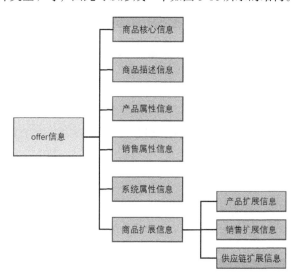

图 3-18 offer 信息的结构化

根据这样的结构,我们可以很轻松地写出如下代码。

```
public Offer assembleOffer(){
     Offer offer = new Offer();
     // 1. 核心商品信息
     assembleCoreInfo(offer);
```

```
    // 2. 产品属性信息
    assembleProductInfo(offer);

    // 3. 商品描述信息
    assembleOfferDescInfo(offer);

    // 4. 商品销售信息
    assembleOfferSaleInfo(offer);

    // 5. 商品系统属性
    assembleOfferSysInfo(offer);

    // 6. 商品扩展属性
    assembleOfferExtInfo(offer);

    return offer;
}

private void assembleOfferExtInfo(Offer offer) {
    // 6.1. 产品扩展信息
    assembleProductExtInfo(offer);

    // 6.2. 销售扩展信息
    assembleSaleExtInfo(offer);

    // 6.3. 供应链扩展信息
    assembleSupplyChainExtInfo(offer);
}
```

按照同样的业务逻辑,对比两种不同的实现方式,不难看出结构在其中起到了重要的作用。所以,**写出优雅的代码也许不在于运用多么高深的技法,而在于是否能静下心来把结构梳理清楚。**

3.5.3 上下结合

自上而下地分解与自下而上地归纳,二者不是你有我无的关系。在构建结构的过程中,通常会同时用到这两种方法,不是一次性地从上到下或从下到上,而是上上下下、来来回回、反复修改、反复优化的过程。

我写过一篇《一文教会你如何写复杂业务代码》的文章,其核心思想是提出了通过自上而下的结构化分解+自下而上的抽象建模,上下结合来治理复杂业务的方法论。实际上,这就是典型的结构化思维,是演绎法和归纳法的完美结合。道理都是相通的,结构化思维本来是指导人们进行清晰表达和写作的,但在软件设计和代码实现中也同样适用。

　　自上而下的结构化分解可以帮助我们更清晰地整理业务逻辑、表达业务过程，这种分解非常有必要，但它过于面向过程，导致代码的复用、扩展和语义表达能力偏弱。因此，我们还需要自下而上的抽象建模，帮助我们提升代码的复用性、扩展性和业务语义表达能力。

　　我记得有一次在做分享的时候，有一位同学问我："分解必须是自上而下，建模必须是自下而上的吗？"当然不是，在分解之前，我们可能已经初步构建了模型，同理，在建模的同时，我们也可以同步实施业务过程的分解。这两个步骤是相辅相成的，是螺旋式上升的过程。步骤既可以交替进行，也可以同时进行。随着对问题域理解的深入，我们很有可能在某个时间点重构结构和模型。将自上而下和自下而上的方法分开介绍，是为了说明演绎思维和归纳思维的区别，但在实际工作中通常是上下结合一起使用的。

3.6　更多结构思维框架

　　通过前面的介绍，相信你在学习结构化思维的同时，也感受到了思维框架在结构化中的作用。

　　除了前面提到的 2W1H，5W2H 也是解决一般问题时非常有用的思维框架。如图 3-19 所示，5W2H 分别代表 Why、Who、When、Where、What、How 和 How much，很多问题都可以拆解成这 7 个要素。如果你知晓这个框架，那么在分析问题的时候会更加全面和体系化，别人的难题也许只是你的填空题。当别人在感叹你思考得为什么如此全面的时候，你会心一笑，这只不过是一个"套路"。

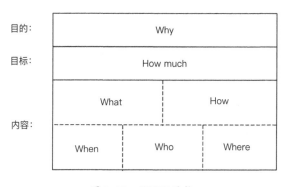

图 3-19　5W2H 结构

　　举个例子，假设最近系统不稳定，连续出现了一些比较严重的 P1 故障，老板让你组织一个全员大会，提升大家的质量意识。你准备发一个会议通知，内容如下。

> 为了提升质量意识，召集大家于 10 月 22 日下午 3 点在 3 号楼 205 培训室召
> 开全员大会。会议议程是首先复盘一下最近故障出现的原因，然后制定策略防止
> 类似故障再次出现。目标是为了在下半年不再出现 P1 故障，确保线上系统的稳
> 定性。

然而，这个内容不够清晰，更好的做法是使用 5W2H 对内容进行结构化的表达，具体
如下。

- 目的：提升全员的质量意识。

- 目标：下半年不再出现 P1 故障。

- 时间：10 月 22 日下午 3 点。

- 地点：3 号楼 205 培训室。

- 议程：1）故障复盘；2）制定故障防控策略。

对比两个会议通知，不难发现，5W2H 的结构能让表达更有条理、更清晰。

幸运的是，针对不同的问题场景，前人已经总结了很多解决特定问题的结构框架，具
体如下。我们不用绞尽脑汁地去寻找分析问题的角度，可以拿来即用。

（1）制定市场营销策略的"4P"模型：即产品策略（Product Strategy）、价格策略（Price
Strategy）、渠道策略（Place Strategy）、促销策略（Promotion Strategy）。

（2）思考组织战略的"7S"模型：即经营策略（Strategy）、组织结构（Structure）、
运营系统（System）、经营风格（Style）、职员（Staff）、组织技能（Skill）和共享价值
观（Shared Value）。

（3）分析竞争力的 SWOT 模型：SWOT 分析代表分析企业优势（Strengths）、劣势
（Weakness）、机会（Opportunity）和威胁（Threats）。

（4）制定目标的 SMART 模型：即制定目标要满足确定性（Specific）、可度量性
（Measurable）、可实现性（Attainable）、相关性（Relevant）和时效性（Time-based）。

**善用这些框架不仅可以帮助我们高效地解决问题，还可以辅助我们更全面和结构化地
思考，做到"无遗漏，不重复"。**

3.7 精华回顾

- 结构是万物之本,小到分子,大到宇宙,只有了解其结构才能真正认识它。

- 结构性问题是本质问题,不改变结构,再多的努力也白费。

- 人脑记忆的特点是概念不能多,要有逻辑,金字塔结构能满足这样的特征。

- 在金字塔结构里,纵向逻辑关系有演绎和归纳两种;横向逻辑关系有时间顺序、空间顺序和程度顺序三种。

- 构建结构可以采用自上而下和自下而上两种方法,凡事没有绝对,更多的时候需要上下结合。

- 针对不同的问题域,有很多现成的解决问题的框架,熟悉这些"套路"可以帮助我们快速搭建结构和解决问题。

04

批判性思维

未经审视的人生不值得过。

——苏格拉底

说到批判性思维，可能很多人觉得那不就是抬杠吗？你说"是"，那我非要说"不是"；你支持什么，那我就反对什么，只要能自圆其说就可以了。批判性思维不是比谁的口才好，实际上，很多口才好的人往往缺乏批判性思维。

第 2 章中提到，人不是纯粹理性的动物。这一点从康德的《纯粹理性批判》一书中不难看出来。很多时候，我们喜欢盲从，容易激动，管理不好自己的情绪，从而出现很多误判。

冲动和情绪是理性的敌人，要做出明智的选择，就要用到批判性思维。批判性思维不仅有利于我们做出高质量的决策，更重要的是，它会培养我们保持怀疑的态度和理性思考的习惯，让我们的思维保持开放性和灵活性。就像哲学家笛卡儿说的，如果我们没有证据和理由支持某一结论，那么绝不会相信它为真。

具备批判性思维不仅需要我们掌握基本的方法，而且要在实践中持续训练。即便是很多受过批判性思维训练的人也会犯常识性错误，比如，特朗普说注射消毒剂可以杀死新冠病毒，而很多美国人却信以为真。你可能觉得他们怎么会这么傻，可见保持批判性思维并不容易。**除了进行理性的思考，还要排除各种认知、本能、情绪、语言和外部权威及社会环境等其他因素的影响。**

4.1　理解批判

批判性思维中的"批判"一词其实不太准确，甚至在中文里有点否定、批评和抨击的负面意思。批判的英文是 critical，这个词来自古希腊词 kriticos，是分辨力、决断力或决策能力的意思。它强调的是理性和逻辑在思维中的重要性，目的是形成正确的结论，并做出明智的决策和判断。**所以批判性思维并不是让你批评、否定或者抨击别人，而是教你如何提升分辨能力、判断力。**

简而言之，批判性思维就是对思维过程的再思考。**古希腊哲学家苏格拉底说，未经审视的人生不值得过。同样，未经批判性思维审视过的结论也是不值得相信的。**

来看一个例子，小王去一家公司面试，被拒绝了。他没有拿到心仪的 offer，很伤心，也很失落。他开始想是什么原因呢？他想到的第一个原因是自己没有熟人的内推，这时他想到他的另一位同学因为有内推的机会，所以拿到了一个很好的 offer，他开始生气，抱怨自己没有同样的运气。另外，他又想到了一个原因，他觉得今天的面试官对自己有偏见，因为他进门的时候，面试官都没有看他一眼，而且面试官是一位女士，他想到了这几次面试失败，面试官都是女性，而且在他面试结束时都没有送他出门。他越想越不服气，甚至还有点愤怒。

你认为这里出现了什么问题呢？小王的思维过程存在哪些缺陷呢？小王用到了多种思维方式，比如类比推理，他类比了他的另一位同学；他也用到了归纳推理，对一些小细节进行归纳，比如面试官是女性，面试官没有正眼看他，等等。综上，他归纳了面试失败的一些原因，但问题在哪里呢？他并没有达到批判性思维的层次。

批判性思维要经历 3 个过程：**体验、解释和分析。**

小王面试失败，他很不高兴。这是一种体验，体验会产生自然的、本能的情绪，这是第一阶段。小王开始试图解释自己的失败，而且还主要从外部找原因，比如没有内推的机会、面试官是女性。他的归因是片面的，他没有从自身找原因，也没有分析客观的规律，比如自己的面试表现、能力与岗位的匹配程度，以及这个岗位在市场上的面试成功率等。

小王的思考只停留在了第二个阶段，也就是对体验进行解释，但没有对自己的解释进行批判性的思考。他只用简单的类比和事实归纳，分析因果关系得出了自己认为正确的结论。或者他只是对面试失败这件事提出了各种假设和猜想，但并没有对假设和猜想进行更深入的思考。比如他和同学的情况是类似的吗？除了内推，他没有在自身能力和面试技巧上做相应的类比。面试失败也许有很多原因，除了主观因素，还有客观规律。从整体概率上来说，市场上大部分的岗位从面试到录取的比例是非常低的，比如阿里巴巴的技术岗，录取比例大概在 1%左右，因此一次或多次面试失败是大概率事件。

这样的案例在生活中也十分常见，比如我们掌握了一些事实，就给出主观的解释或猜想，然后会倾向于证明自己的猜想，而不是"证伪"它。就像小王一样，我们会试图找到证据来支持自己的想法。

在一些西方国家的教育体系中，从小学、高中到大学，一直把批判性思维贯穿在各种课程中，而我国比较缺乏对批判性思维的系统性讲解和训练，国内很少有大学会开设批判性思维方面的课程。批判性思维是我们较为缺乏的一种思维能力，这在一定程度上和我们的文化有关系。**我们的文化比较讲究经验和直觉，而批判性思维比较注重理性和逻辑；我们的文化比较讲究包容和认同，而批判性思维常常需要反驳和质疑**。尤其是对自己的质疑，这是非常困难的，不仅需要理性，更需要勇气。然而在今天，批判性思维已经越来越重要，主要有以下两个方面的原因。

（1）**信息太多，我们的辨别能力需要加强**。在这个信息爆炸的时代，针对同一个事情，你可能看到成百上千个观点，而且每个观点都貌似给出了言之凿凿的证据和结论，我们该相信谁呢？观点有很多，但真相可能只有一个，所以我们越来越难以分辨是非。在过去信息不发达的时候，我们只需要相信权威，信息被权威过滤了一次，可信度还是很高的；而今天，任何人都有机会发表言论或看法，进而改变或影响他人的想法。

（2）**选择变多，我们需要更加理性和谨慎地做出决策**。过去，我们一生中面临的选择比今天要少很多，物质生活和精神娱乐等的可选范围都非常有限，而如今随着物质和精神世界的丰富，我们面临的选择太多了，但选择多并不是一件好事，它反而会降低我们的幸福感。《选择的悖论》一书中提到，如果有 100 个选择却只能选择其中一个，那就意味着我们选择任何一个，都会失去另外 99 个选择。而我们天生有损失厌恶的倾向，所以选择意味着满足感和幸福感的下降，甚至会带来焦虑。我们总是感觉自己选错了，这也是每年"618"和"双 11"之后会出现大量退货的原因之一。就像有时我会开玩笑："当你饥饿的时候，你只想做一件事，而当你吃饱之后，便开始想做很多事，所以很多烦恼都是因为'吃饱了撑的'。"

我在阿里巴巴工作期间是一个名副其实的"刺头"，批判中台、批判架构师、批判技术管理者，当然，也包括自我批判。

4.2　批判中台

前些年，阿里巴巴提出了"大中台、小前台"战略，在业界掀起了不小的波澜，一时间，各种中台建设的方法论和最佳实践满天飞。

中台的底层逻辑是什么？中台能带来的价值到底是什么？我们有必要用批判的眼光来审视一下中台建设。

4.2.1　中台的底层逻辑

中台的底层逻辑，用一句话解释就是通过复用提升研发效率。

建一所房子，首先要打地基、铺钢筋，然后往上一块一块地垒砖头。没办法，原子世界就是这么物质，一块砖头都少不了。软件是比特世界，软件开发很少是从买服务器开始的，特别是在云原生时代，云厂商通常已经帮我们做好了"基建"的事情。IaaS 是对算力、网络、存储、操作系统等基础设施的复用，PaaS 是对中间件的复用。

如图 4-1 所示，基于这样的演进路径，有没有可能做一个 Business-PaaS（业务中台），提炼业务中具有共性的内容，减轻前台业务，提升研发效率呢？

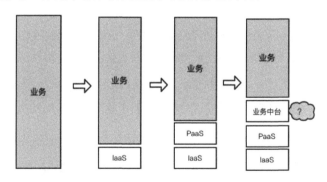

图 4-1　业务中台的位置

单看图 4-1，这个逻辑似乎是通的。于是，在"大中台、小前台"的旗帜下，业务中台诞生了。可是不管是一线研发人员的反馈，还是高层人员的质疑声，都表明了业务中台似乎并没有解决问题，反而制造了更多的阻碍和困难，这是为什么呢？

4.2.2　业务中台为何低效

中台战略没有错，大中台也没有错，技术中台、数据中台都没问题，为什么到业务中台就出现问题了呢？我想问题就出在这个"业务"身上。

IaaS 也好，PaaS 也罢，之所以能提效，是因为其具有业务无关性，它们和业务的边界很清晰，彼此正交，互不干扰。IaaS 和 PaaS 解决的是技术问题，业务解决的是业务问题。PaaS 偶尔也会侵入业务应用，为了与应用隔离解耦，于是有了 PandoraBoot、Service Mesh 等技术。

业务中台却没有这样的"好命"，它解决的是复杂、多变的业务问题。如果你把镜头拉近一点看，会发现业务和业务中台的关系并不是像我们理想的一样在中间有一道清晰的边界线，而是像图 4-2 一样，犬牙交错地耦合在一起。

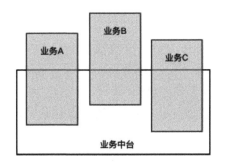

图 4-2　业务和业务中台的关系

前台业务要借助业务中台一起去完成业务逻辑，所以有一部分埋在了业务中台里，至于埋得多深，则取决于使用中台能力的多少，用得多就埋得深，用得少就埋得浅。

因此，用一句话来说，**业务中台低效的根本原因在于，前台业务和业务中台的"深度单体耦合"**。这种耦合性至少在以下 3 个方面严重影响了整体的研发效率。

1. 协作成本

研发≠写代码，实际上我们大部分时间不是在写代码，而是在沟通协调，况且与人打交道要比与机器打交道麻烦得多。这也是《人月神话》一书中说"加人只会让项目更糟糕"的原因，因为额外增加了更多的协作成本。

除了组织协作成本倍增，耦合带来的工程协作成本也很高。试想一下：如果几百名研发人员在同一个代码库上修改代码并部署，会是怎样的体验？

以下是一位同事的真实反馈：

"业务中台在外面宣传的是业务方 7×24 小时想发就发，实际远远做不到，很多限制，效率很低，体验过才知道。"

2. 认知成本

就阿里巴巴的业务中台体系来说，不可谓不复杂，其中有大量的新概念——业务身份、活动（Activity）、领域服务（Domain Service）、领域能力（Ability）、扩展点（ExtensionPoint）、扩展实现（Extension）、奥创、Lattice、业务容器，等等。这些概念显著增加了开发者的认知负荷，让系统变得异常复杂。

正如尼古拉斯所说，

> 在现代生活中，简单的做法一直难以实现，因为它有违某些努力寻求复杂化以证明其工作合理性的人所秉持的精神。

3. 稳定性成本

现在的业务中台很精巧，同时也很脆弱。它与所有的大设计（Big design up front）犯了同一个错误，即忽视了那些"对未知的未知（Unknow unknows）"。业务的灵活性和差异性导致我们很难提前抽象，因为抽象在归纳之后，可是新的业务需求还没出现。

理想的情况是我们能预见所有的业务变化，提前做抽象，预留所有的业务扩展点，这样针对不同的业务只需要在扩展点中定制就好了。但没人能预见未来，这样就难免要改动平台代码，比如加一个扩展点。**由于平台代码是被所有业务共享的，这就给稳定性带来了极大的隐患。比如，A业务改动了平台代码，然而B业务什么也没做就出了故障。**

4.2.3 解决中台的困境

为了解决上述业务中台碰到的问题，我认为可以尝试做以下工作。

（1）**把业务能力做薄**。做薄是为了解耦，业务最懂自己，因此不要尝试去"control"它们。中台可以更多地关注与"业务无关"的能力建设，比如稳定性、性能、监控、运维工具等非功能属性。

（2）**把中台能力做强**。除了非功能属性，中台还可以通过建设丰富的业务解决方案库、业务组件库等工具，赋能业务快速发展，用 enable 代替 control。

（3）**把系统结构做简单**。这一点很好理解，因为复杂是万恶之源。

1. 解耦

协作成本和稳定性问题都是由前台业务和业务中台的深度耦合造成的，因此，中台这种集中式的代码管控和部署的"大单体"模式亟需改变。解决方案显而易见，解决"大"

的问题的方法就是分而治之，解决"单体"的问题的方法就是服务化。

也就是说，**前台业务和业务中台的关系，必须从代码和部署的耦合状态变成分布式的服务关系，如图 4-3 所示。就像 BPaas 这个名字所隐喻的一样，让业务中台真正变成服务**（**Business Platform as a Service**）。

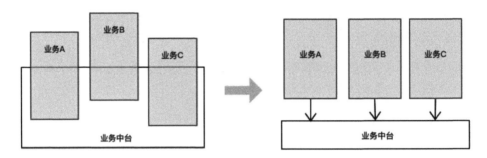

图 4-3　业务和中台解耦

解耦不难，关键是这一刀要从哪里切？我认为这一刀可以切在"业务无关"这个界面上。

所谓"业务无关"，就是想办法在业务中台中找到和具体业务无关的内核（kernel）。这样既可以最大程度上复用中台能力，又可以保持业务的灵活性。比如，所有的业务都需要对数据进行增删改查（CRUD）操作，这就是业务无关的，而业务的各种校验逻辑是业务相关的。

当然，这个边界具体放在哪里，还是要针对具体情况进行具体分析，但结果肯定会比现在的业务中台要薄。

例如对于商品业务，淘宝的商品、盒马的商品、零售通的商品之间可能存在巨大的差异，它们的扩展属性和业务校验规则都不一样。这种情况就适合把中台做得很薄，让其退化成 EJB 中的 Entity Bean。这也是业务中台的底线，即业务中台要做统一的数据收口，防止产生数据孤岛。

即使是薄中台，也是极其有价值的，因为它能帮助我们解决商品的存储、存储扩展、性能、稳定性、工具（商品 360、forest 类目管控）、搜索构建等一系列和业务无关的非功能属性问题，这就足够了。

但对于支付业务，情况可能会不一样。支付的共性相对比较强，中台可以做得厚一点。比如，对接不同的支付渠道、建设统一的支付网关等业务都存在支付的共性需求。

2. Platform as Code

简单不等于简陋，帮助业务快速发展的主要职责不能丢。

假如需要启动一个全新的业务，因为中台做薄了，之前在业务中台沉淀的业务能力很多都释放给业务自己了，中台要怎么帮助快速搭建新业务呢？

这时可以考虑借鉴 DevOps 中的概念——IaC（Infrastructure as Code），这里暂时将它命名为 PaC（Platform as Code）。

如图 4-4 所示，可以由中台的产品经理（Product Designer，PD）和研发人员共同设计一个针对不同业务场景的中台解决方案库。

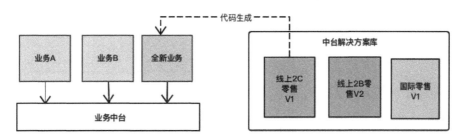

图 4-4　PaC 中台解决方案

具体的实现方式可以是用 Maven 的 Archetype，并用版本的方式进行迭代。这样当面对一个全新的业务时，业务方可以快速地通过 Archetype 生成一个实际可用的业务应用，再由前端业务部署到自己的服务器集群中，按需修改完成自己的业务诉求即可上线。之后如有需求变更，业务就可以按照自己的意愿在自己的"一方乐土"上自由奔跑了。

实际上，重复（Duplication）也是一种重用（Reuse）。这样做可能会导致不同的业务代码之间出现一些代码冗余（实际上，出于快速发展和稳定性的考虑，有些业务已经在采用重复代码的方式，比如淘特、APOS）。然而，**在稳定性、可理解性、可维护性、工程效率的综合权衡之下，这点代码冗余会显得微不足道。**

正如 Neal Ford 在《软件架构》一书中提到，

> 当一个架构师设计一个系统的时候，他如果选择重用，那么同时也选择了耦合。因为重用不管是通过组合（Composition）还是继承（Inheritance）实现，都会引入耦合。然而，如果你不想耦合，可以采用重复代替重用。[1]

也就是说，架构需要在**重用高耦合和重复低耦合之间做一个权衡**，所以代码重复（Ctrl+C/Ctrl+V）并不总是差的，而是一种设计选择。

3. Platform as Code + 组件化

在 PaC 的基础上，可以进一步考虑组件化，即把一些共用的逻辑封装成组件，打造一个"中台组件库"，如图 4-5 所示。业务可以按需组合这些组件去实现业务，同时，业务也可以把自己沉淀的组件"反哺"给组件库，形成一个良性循环的"大集市"——好的组件会被大量使用、迭代和演化，不好的组件会被逐渐淘汰。

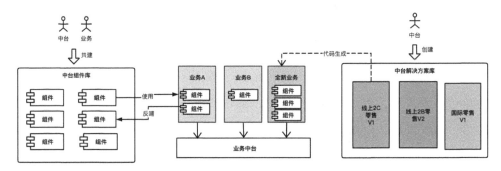

图 4-5　PaC+组件化的中台解决方案

然而，业务具有易变、不确定、复杂和模糊性（Volatility Uncertainty Complexity Ambiguity，VUCA），很难标准化，如何设计组件并让组件和业务之间松耦合——即不要让组件绑架业务，困住业务的手脚，将是一个极大的挑战。这也是我在一开始提出 PaC 的时候，没有提组件化的原因。

4.3　批判架构师

Martin Fowler 在他的一篇 IEEE 论文"Who Needs an Architect？"（见链接 4-1[①]）中提到，

> 能使团队更加敏捷的架构师比只做决定的架构师要更有价值，因为只做决定的架构师会成为团队的瓶颈（bottleneck）。显然，一个架构师的价值和他做的决定是成反比的。

实际上，在这篇文章中，Martin 甚至不认为架构师（Architect）这个名词是合适的，他认为更合适的叫法应该是向导（Guide），即一个更有经验的人带领团队走出复杂的迷雾。

---

① 扫描本书封底处的二维码可获取链接。

4.3.1 尴尬的架构师

在进入阿里巴巴工作之前，我就职于 eBay 的支付部门。当时有一位架构师，所有的设计和方案都需要获得他的审批才能通过，结果他成了整个团队的瓶颈，很多事情都堆积在他那里。

工程师很难受，光是给他介绍和讨论业务及系统设计就需要花费大量的时间（因为时差原因，经常要讨论一周才有定论）；他也不容易，要理解每个系统的结构和业务细节也是很累的。

这里存在的主要问题是这位架构师不在执行团队内部，不了解细节，所以很难给出有价值的建议。对于很多细节，我们认为他不懂，他的方案也无法让我们信服，合作起来自然就很困难。

4.3.2 尴尬的架构部门

如果说架构师是轻量级解决方案，那么还有一个"大规模杀伤性武器"——设立一个专门的架构部门。

在阿里巴巴的 B2B 部门曾经就有这样一个架构组。我记得在当年的启动会上，负责人要求我们画架构图，我质问他这个架构组存在的意义是什么。如果只是画架构图，给老板当 PPT 用的话，那么我不愿意画这个图。

实际上，画架构图这种务虚任务还好，虽然用处不大，但也构不成杀伤力。真正构成杀伤力的是架构组不甘无为而挖空心思要"做事情"。可以说，在业务技术部门，架构组这种想做事的行为是很危险的，事情越大，杀伤力越大。

为什么这么说呢？我们不妨先来看一下，在业务技术部门中的架构组能做什么。

（1）业务架构？我是营销域的、订单域的、商品域的、供应链域的……如果架构组想比产品经理、运营人员、工程师更懂业务领域、业务流程和业务细节，恐怕很难。一个合格的产品经理应该能做好业务领域的抽象和业务流程的抽象，至于细节，好像没有人比一线开发人员更懂。——架构组，卒！

（2）应用架构？需求相对清晰之后，在应用架构领域有一些影响力的团队负责人（Team Leader，TL）在和团队讨论边界划分和设计方案的时候，尚且会时常争论不休。架构组的"外人"想来指手画脚？这是多么碾压程序员的自尊心啊！——架构组，卒！

（3）技术架构？好吧，让我们架构组回归技术本身，做点纯技术的事情。可是对不起，但凡有点价值的技术中间件都已经有中间件团队在做了。——架构组，带着整个部门一起，卒！

因此，在企业内部设立架构部门是一件要十分谨慎对待的事情。

对一个企业来说，在某个特殊阶段，也许的确需要实体架构组织去保障落实架构工作。但在大部分情况下，特别是在技术体系已经相对完备的情况下，最好不要在部门（Business Unit，BU）内设立专门的架构组织。**在我的职业生涯中，我看到过很多业务技术部门尝试设立技术架构组织，基本都以失败告终。**

4.3.3　人人都是架构师

架构师不行，架构部门也不行。那由谁来做架构的事情呢？看一下你左边的同事，再看一下位右边的同事，再看一下你的主管……别看了，他们的确要做，然而你自己也要做——**人人都是架构师。**

在探讨架构师的工作职责之前，我们先来看一下什么是架构。关于这个问题，每个人的答案可能都不一样。我曾经看过一本技术书，其中用了一章的篇幅讨论架构的定义，但是最终也没有说得很明白。我个人比较认可的关于架构的定义是来自 IEEE 的定义（见链接 4-2）。简单来说，架构的定义就是要素结构+关系+指导原则。要素（Components）是指架构中的主要元素，结构是指要素之间的相互关系（Relationships），再配合指导原则（Guidelines），便构成了架构，如图 4-6 所示。

图 4-6　架构的定义

从架构定义中，我们不难发现，架构师所要具备的架构能力实际上就是一套分析问题、解决问题的方法论。它需要你具备洞察问题本质要素、厘清要素之间的关系，以及制定相应策略的能力。

从这个角度出发，架构能力就是核心竞争力，**每个工程师都应该具备一定的架构能力，人人都应该是架构师。**

（1）作为技术一线的员工，如果你工作的时间并不长，架构能力相对较弱，那么没有捷径，只有学习学习再学习、成长成长再成长，架构能力是可以习得的，没那么高深，但也没那么容易，需要长期积累。

（2）作为技术团队负责人（TL），你必须要具备一定的架构能力。不管是对于业务架构，还是应用架构，TL 都应该具备发现问题的本质要素及厘清要素之间关系的能力。如果你是一名比较欠缺架构能力的 TL，那么你需要尽快去补足，不足没有关系，可怕的是停止了学习和成长。正如我比较欣赏的一位技术负责人怀素所说的，**很多后劲不足的人主要是过早地停止了学习和成长，你的能力应该是围绕着你的层级上下震荡的，这个震荡范围偏差不会太大，迟早会归于一个相对合理的区间。**

（3）作为首席技术官（CTO），那么没的选了，你必须是一个非常优秀的架构师才行。你不仅要熟悉业务架构、精通技术架构，还要通过组织架构设计去解决部门墙问题，**让生产关系适应生产力的发展。**唯有如此，才能使技术稳定高效地支撑业务发展。

有一些互联网公司没有 CTO，他们每个业务单元都有一套自己的技术栈和中间件，大家各自为政，如图 4-7 所示。

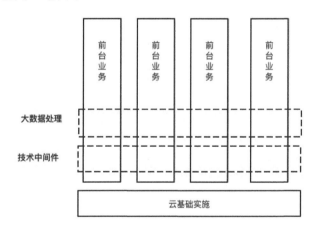

图 4-7　各自为政的技术体系

针对上述技术体系，最好设置一名 CTO。因为对于通用的技术解决方案，比如大数据处理、技术中间件，没必要重复造轮子，显然复用是更科学的做法。

4.4　批判技术管理者

在某些业务技术团队中，有一个不好的趋势就是团队越来越业务化，越来越没有技术味道。每个人都在谈业务，技术大会上在谈业务、周会上在聊业务、周报里写的是业务项目……唯独少被谈及的是技术本身。这里并不是说业务不重要，而是说理解业务和把控业务需求是技术人员的基本要求，但并不是全部。

对技术团队来说，技术味道的缺失是非常可惜的，不利于技术人员的成长和发展。很难想象一个没有技术追求的团队能开发出一个健壮、可维护性好、可扩展性好的系统。业务代码的堆砌，从短期看也许较快实现了业务需求，但是从长远来看，这种烂系统的增加会严重阻碍业务的发展，形成一个个的"屎山（shit mountain）"系统，而工程师被裹挟在业务需求和烂系统之间心力交瘁。

这种情况会导致系统腐化堕落、技术债越垒越高、丑陋的代码疯狂滋长，像肿瘤一样消耗你所有的能量。就像 Robert C. Martin 说的，

> 不管你们有多敬业、加多少班，在面对烂系统时，你仍然会寸步难行，因为你大部分的精力不是在开发需求，而是在应对混乱。

造成这种局面，技术管理者负有主要责任，说严重一点是工作上的失职。这种失职主要体现在两个方面，一是技术不作为，二是业务不思考。

4.4.1 技术不作为

现在很多的技术人员一旦晋升到 TL 岗位就开始脱离技术工作，俨然一副"道法自然"的模样。试想，如果一个 TL 从来不关注技术、不写代码，对技术没有热情也不学习，甚至其本身技术就很差，那又怎么能指望在他领导下的团队能有技术味道呢？

实际上，我们不需要这么多"高高在上、指点江山"的技术管理者（Manager），而是需要能真正深入系统和代码细节中，给团队带来实实在在改变的技术领导者（Leader），如图 4-8 所示。

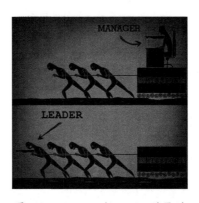

图 4-8　Manager 和 Leader 的区别

4.4.2　业务不思考

现在很多 TL 每天混迹在各种会议上，忙着做各种沟通协调的事情，可是我们真的需要这么多的会议和沟通吗？

不是说沟通不重要，只是现在的会议太多了。以我个人的经验来说，很多会议其实是低效无意义的，所以 TL 需要更注重独立思考，而不是人云亦云。

雷军说过，**永远不要试图用战术上的勤奋，去掩盖你战略上的懒惰**。这句话用来形容大部分的 PD 简直再贴切不过了，所以我宁愿 PD "无为"，也总比做出很多无价值的产品要好，很多系统的复杂性就是由大量无意义的需求造成的。在一定程度上，技术人员的疲于奔命，内因是团队缺失技术味道，外因主要是 PD 的乱作为。

这里给 PD 的意见是：请一定要深入理解并思考业务，不要退化成一个 PPT 设计师和业务需求的传话筒，不要只停留在写 PRD、画 Demo 上，要用系统化的思维来规划产品并解决业务问题，从而赢得技术人员的尊重。

给 TL 的意见是：TL 必须深入思考业务，严格把控 PD 提出的 "客户需求"，把伪需求、无价值需求挡在门外，防止它们侵占团队原本有限的技术资源，从而让技术团队将更多的精力投入到系统优化上去。

4.4.3　脾气超火爆

不知道是不是对技术负责人的这种失职行为积怨已久，在一次年底绩效沟通会上，我当着 HR 的面对我当时的主管说："你是一个不合格的技术负责人，有以下几点。第一，你没有思考，你所做的事情无外乎就是传话筒，上传下达；第二，你没有价值，不管是汇报会还是周会，没有看到你任何有价值的建议；第三，你没有和下属建立信任关系，正襟危坐，不接地气，下面的人像一盘散沙；第四，你没有过程管理，平时打哈哈没有要求，年底给一个'惊喜'。"

4.5　自我批判

阿里巴巴有一个员工标签系统，即员工之间可以互相贴标签。图 4-9 所示是我的标签，排在第 4 位的标签是"性情中人"。"性情中人"的意思是没有城府、直来直去。

标签共计: 25个

图 4-9　我在阿里巴巴的标签

通过上面的案例，你也许已经看出来了，我是一个"批判性"十足的"性情中人"。然而有一点需要注意，批判性思维不仅是批判他人的观点，更多的时候是把矛头指向自己，也就是思考自己的思考（元思考）。通过反省发现自己思维中的不足，进行自我批判，从而提升自己的思维质量。

坚持自我批判是华为的核心价值观之一，任正非曾说过，

二十多年的奋斗实践，使我们领悟了自我批判对一个公司的发展有多么的重要。如果我们没有坚持这条原则，华为绝不会有今天。

没有自我批判，我们就不会认真听清客户的需求，就不会密切关注并学习同行的优点，就会陷入以自我为中心，必将被快速多变、竞争激烈的市场环境所淘汰。

没有自我批判，我们面对一次次的生存危机，就不能深刻自我反省，自我激励，用生命的微光点燃团队的士气，照亮前进的方向。

没有自我批判，就会固步自封，不能虚心吸收外来的先进东西，就不能打破局限，把自己提升到全球化大公司的管理境界。

没有自我批判，我们就不能保持内敛务实的文化作风，就会因为取得的一些成绩而少年得志、忘乎所以，掉入前进道路上遍布的泥坑陷阱中。

没有自我批判，就不能剔除组织、流程中的无效成分，建立起一个优质的管理体系，降低运作成本。

没有自我批判，各级干部不讲真话，听不进批评意见，不学习不进步，就无法保证做出正确决策和切实执行。

只有长期坚持自我批判的人，才有广阔的胸怀；只有长期坚持自我批判的公司，才有光明的未来。自我批判让我们走到了今天；我们还能向前走多远，取决

于我们还能继续坚持自我批判多久。

如果要对我以上做事方式进行自我批判，我觉得首先要批判的是不够灵活变通，缺少换位思考的能力，有时不能顾及他人的感受，不能做到宽以待人。

比如，我对业务中台进行批判时用了很尖锐的词语，让负责中台的同事很难堪；我在架构师组织会议上当场发飙，让主持会议的架构师下不了台；我当着 HR 的面数落技术负责人的不足之处等都是不成熟、不灵活变通的表现。表达不满（批判）有很多种方式，而我选择的是最粗暴、最激烈的方式，这一点值得反思。

与人相处是一门艺术。我十分尊敬的领导（玄难）对我说过："**不要把自信建立在贬低他人的基础上，什么时候你能发自内心地欣赏你不喜欢的人，你就成长了。**"寸有所长，尺有所短，要看得见别人的优（不妒忌，学会欣赏别人），用得上别人的劣（从他人错误中学习）。"宽以待人，严以待己""己所不欲，勿施于人"才是高明的处世之道。

4.6　精华回顾

- 批判要基于理性的逻辑思维，而不是耍嘴皮子。

- 在当今信息爆炸的社会，我们需要批判精神来看待事情。

- 业务多样性、多变性的特性决定了业务中台很难成功。

- 代码复制也是一种复用，而且是耦合性最低的复用。

- 架构是一种能力，而不仅仅是职位。

- 技术管理者不能仅仅是一个管理者（Manager），也要是一个领导者（Leader）。

- 坚持自我批判，才能持续成长。

- 在软件领域，很多问题都要批判、辩证地来看。比如，敏捷开发就一定比瀑布式好吗？微服务就一定比单体好吗？

参考文献

[1] RICHARDS M，FORD N. 软件架构：架构模式、特征及实践指南[M]. 杨洋，徐栋栋，王妮，译. 北京：机械工业出版社，2021.

05

维度思维

这个世界不是只有是非黑白,还有很多灰色地带。

——白岩松

在第 3 章中,我们知道结构化思维可以有效地帮助我们分析问题,并以清晰的、有逻辑的、易于理解的方式表达出来。但是有一个问题,即结构化思维通常只适用于单向维度的问题分解。比如,业务流程的结构化分解、文章结构的结构化分解,以及代码结构的结构化分解,都是在单一维度上对问题域进行分析、拆解和综合。

当问题变得复杂,其复杂性往往不是在一个维度上,而是在多个维度上。此时,我们必须借助其他的思维工具做多维度交叉分析。我们的大脑最容易应付的是一维信息;对于二维信息,大脑勉强可以应付,但如果没有工具辅助也容易出现混乱;对于三维信息,大脑可以想象,但已经很难进行分析判断了;超过三维的信息,大脑连想象都会很困难,基本只能依赖计算机进行处理了。

本章会介绍如何应对多维度问题,但在此之前,我们有必要明晰一些概念。

5.1 维度究竟是什么

维度(Dimension),又称为维数,在数学中是指独立参数的数目,其具体定义如下。

- 0 维是一个无限小的点,没有长度。

- 一维的几何图形是一条无限长的线,只有长度(1 个独立参数 x)。

- 二维的几何图形是一个平面，由长度和宽度（或部分曲线）组成面积（2 个独立参数 x、y）。

- 三维的几何图形是在二维的基础上加上高度，组成体积（有 3 个独立参数 x、y、z）。

- 以此类推，n 维的数学表达就是由 n 个独立参数（a_1、a_2、a_3、$\cdots$、a_n）组成的数学公式。

因为我们生活在三维空间，所以无法显性化表达 n 维空间，但这并不影响它的代数表达。更加严格的数学定义是：在线性空间 V 中，若有向量 a_1，a_2，a_3，$\cdots$，a_n 满足如下两个条件。

（1）a_1，a_2，a_3，$\cdots$，a_n 线性无关。

（2）V 中任意一个向量 a 都可以被 a_1，a_2，a_3，$\cdots$，a_n 线性表示。

则称 a_1，a_2，a_3，$\cdots$，a_n 是线性空间 V 的一个基，称 V 是 n 维的线性空间或 V 的维数是 n，记为 $\dim(V) = n$。

上面的表述有点抽象，不好理解。**也可以简单理解为，维度是事物"有联系"的抽象概念的数量或者变量的数量。**

比如面积与长、宽两个变量相关，长和宽的变化都会影响面积，所以面积是二维的；体积涉及长、宽、高 3 个变量，所以它是三维的。

判断一个用户是否有价值，可以通过最近消费时间、消费频率、消费金额这 3 个变量来衡量，那么这个问题就是三维的。倘若你觉得这 3 个维度还不够，需要把用户的学历、性别、年龄也加入画像中，那么这个问题就变成六维的，再加入区域信息，就变成七维。即有多少个独立参数（变量），就有多少维。

5.2 多维度思考

一个人能进行思考的维度越多，对一个问题的理解就会越全面、越深入，进而超越那些只会单一维度思考的人。

一个人的思维层级与其思考的维度是正相关的。这一点可以通过我们的日常语言得到佐证，如图 5-1 所示。当我们说这个人很"轴""一根筋"的时候，实际上是在说他只有一维的线性思维；高手的思考会更加"全面"，因为涉及"面"，所以至少是两个维度的思考；而真正的高手，其思考是成"体系化"的，"体"至少是三维的，也就是说他考虑到了"方方面面"。

点（零维）：散点思考，不成体系。	
线（一维）：他很轴，一根筋。	
面（二维）：一分为二，思考很全面。	
体（三维）：体系化，方方面面。	

图 5-1　思维的维度

关于"点—线—面—体"的思考，梁宁在她的产品课中也有非常精彩的阐述：

当你想做一个产品的时候，入手只能是一个点。但需要想清楚，它附着在哪个面上？这个面在和谁竞争，它能如何展开？这个面在哪个经济体上？这个经济体是在快速崛起，还是在沉沦？

悲惨的人生，就是在一个常态的面上，做一个勤奋的点。

更悲惨的人生，就是在一个看上去常态的面上，做一个勤奋的点，你每天都在想着未来，但其实这个面正在下沉。

最悲惨的人生，就是在一个看上去常态的面上，做一个勤奋的点，其实这个面附着的经济体正在下沉。

如果一个人一生只能收到点状努力的即时收益，从来没有享受过一次线性周期的成果回报，这就叫穷人勤奋的一生。

由此可见，思考的维度决定了我们思考的深度和全面性。当思考落在一个"点"上的时候，往往会出现偏差。比如，我们从小被教育浪费可耻，所以即使吃饱了，也要把盘子里面的饭吃完。殊不知，如果把时间线拉长，长期这样做，对自己的健康并没有什么好处，还可能因为发胖而耗费更多的资源去减肥。

写代码也是一样的。很多人认为业务代码只要能实现业务功能，丑一点、难看一点又有什么关系呢？这也是一种"点"状思维，把时间线拉长，后期你可能需要付出更多的精力为烂系统买单。只是这个买单的人除了你，还有可能是接手你这个系统的倒霉蛋。

总而言之，多维度思考是思考的高级阶段，是体系化思考的必备，是解决复杂问题的一把利器。但我们的大脑天生是懒惰的，不善于从多个维度去思考问题，因此我们需要借助一些工具来辅助进行多维度思考。如果只能选一个思维工具，那么这个工具应该非"矩阵分析"莫属。

5.3 不做 if else 程序员

本节将介绍矩阵分析方法。发现矩阵分析有一点偶然性，它源于我在工作中的一个思考。起因是在面对多业务场景的分支处情况处理时，我们要做一个选择，实际上就是 4.2.3 节中介绍的关于重用（Reuse）和重复（Duplication）之间的选择。**重用是指用面向对象的多态扩展来支持不同的业务场景差异；重复是指用不同的代码分支来支持。**

我经常说，我们不要做一个 if else 程序员。这里的 if else 不是指写代码时不能使用 if else，而是指不应该简单地用 if else 去实现业务的分支流程，因为这样随意的代码堆砌很容易堆出一座座"屎山"。

要解决 if else 问题，我们首先要理解 if else 是如何产生的。一个单纯的业务不会有太多的分支逻辑，随着业务逻辑越来越复杂，场景越来越丰富，if else 就渐渐多了起来。因此，**产生 if else 的根源是业务差异性**。

以零售通的商品业务为例。对于不同的业务场景，其业务逻辑在实现上是有差异的。如图 5-2 所示，组成商品业务场景差异的核心要素有商品类型、销售方式和仓储方式。

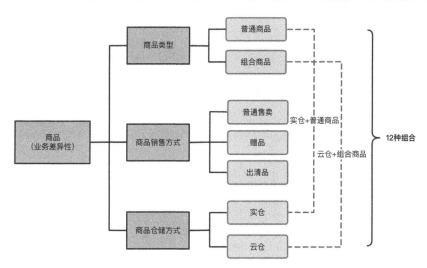

图 5-2 商品业务差异性分析

这 3 个维度上的差异组合起来，有 2×3×2=12 种之多。这是为什么在老代码中，到处都是 "if(组合品)…，if(赠品)…，if(实仓)…" 之类的代码。

为了消除这些令人讨厌的 if else，通常有以下两种方式。

（1）多态扩展（重用）：利用面向对象的多态特性，实现代码的复用和扩展。

（2）代码分离（重复）：对不同的场景使用不同的流程代码实现。

5.3.1 多态扩展

关于多态扩展，最简单有效的方式是策略模式，就是把需要扩展的部分封装、抽象成接口或抽象类，然后使用不同的实现（策略）对扩展点进行扩展。比如，业务中台里的扩展点能力就使用了这种方式。

举个例子，在商品上架时，要检查商品的状态是否可售。对于普通商品（Item），只检查其自身一个就好了；而对于组合商品（CombineItem），需要检查每一个子商品。

用过程式编码的方式，很容易能写出如下的代码：

```java
public void checkSellable(Item item){
    if (item.isNormal()){
        item.isSellable();
        //省略异常处理
    }
    else{
        List<Item> childItems = getChildItems();
        childItems.forEach(childItem -> childItem.isSellable());
        //省略异常处理
    }

}
```

然而，这个代码实现不优雅，不满足开闭原则（Open Close Principle，OCP），也缺少业务语义显性化的表达。更好的做法是，通过模型将 CombineItem 和 Item 的关系显性化地表达出来，如图 5-3 所示。

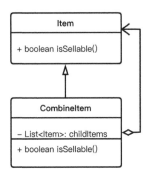

图 5-3　商品和组合商品模型

这样一方面，模型正确反映了实体关系，更清晰明了了；另一方面，我们可以利用多态来处理 CombineItem 和 Item 的差异，扩展性更好。重构后，代码会变成下面这样：

```
public void checkSellable(Item item){
    if (!item.isSellable()){
        throw new BizException("商品的状态不可售，不能上架");
    }
}
```

5.3.2　代码分离

代码分离是指对于不同的业务场景，用不同的编排代码将它们分开。以商品上架为例，代码如下：

```
/**
 * 1. 普通商品上架
 */
public void itemOnSale(){
    checkItemStock();//检查库存
    checkItemSellable();//检查可售状态
    checkItemPurchaseLimit();//检查限购
    checkItemFreight();//检查运费
    checkItemCommission();//检查佣金
    checkItemActivityConflict();//检查活动冲突

    generateCspuGroupNo();//生成单品组号
    publishItem();//发布商品
}

/**
 * 2. 组合商品上架
 */
public void combineItemOnSale(){
    checkCombineItemStock();//检查库存
    checkCombineItemSellable();//检查可售状态
    checkCombineItemPurchaseLimit();//检查限购
    checkCombineItemFreight();//检查运费
    checkCombineItemCommission();//检查佣金
    checkCombineItemActivityConflict();//检查活动冲突

    generateCspuGroupNo();//生成单品组号
    publishCombineItem();//发布商品
}

/**
 * 3. 赠品上架
 */
public void giftItemOnSale(){
```

```
    checkGiftItemSellable();//检查可售状态
    publishGiftItem();//发布商品
}
```

这种方式也可以消除一部分 if else，彼此独立且清晰，但复用性是一个问题。

5.3.3 矩阵分析

细心的读者可能已经发现了，在上面的案例中，普通商品和组合商品的业务流程基本是一样的。如果采用两套编排代码，有点冗余，这种重复将不利于后期的代码维护，出现散弹式修改（一个业务逻辑要修改多处）的问题。

一种极端情况是，假如普通商品和组合商品只有 checkSellable() 不一样，其他都一样，那么毫无疑问，使用有多态（继承关系）的 CombineItem 和 Item 来处理差异会更合适。而赠品上架的情况恰恰相反，它和其他商品的上架流程差异很大，反而不适合与它们合用一套流程代码，这样反而会增加他人的理解难度，还不如单独发起一个流程来得清晰。

那么问题来了，我们什么时候要用多态来处理差异，什么时候要用代码分离来处理差异呢？

这的确是一个让人困惑的问题，在和同事讨论很久之后，我也没有找到一个明确的判断方法。在下班回家的路上，我一边开车一边思考这个问题，突然有一个灵感：**这个问题好像涉及两个维度的复杂度——业务场景和业务流程**。我之所以感到困惑，是因为两个维度的复杂度在大脑中纠缠在一起，能否有一种方法把这两个维度的复杂度清晰地呈现出来呢？

是的，矩阵是一个很好的工具！我们可以设置一个矩阵，纵向代表业务场景，横向代表业务动作，其中的内容代表在这个业务场景下的业务动作的详细业务流程。通过这种方式，我们便可以将两个维度的复杂度清晰地呈现出来。对于商品业务，可以得到如表 5-1 所示的矩阵。

表 5-1 业务场景和流程矩阵

业务场景	创建商品	上架商品	上架审核通过	上架审核拒绝
普通品 + 实仓	1. 检查 cspu 状态 2. 检查 cspu 图片质量 3. 检查上架资质 4. 检查商品唯一性 5. 检查品牌唯一性	1. 检查库存 2. 检查可售状态 3. 检查限购 4. 检查运费 5. 检查佣金	1. 检查商品状态 2. 检查商家资质量 3. 检查控商小二权限 4. 设置物流佣金 5. 创建货品	1. 拒绝审核

续表

业务场景	创建商品	上架商品	上架审核通过	上架审核拒绝
	6. 检查价格信息 7. 创建商品	6. 检查活动冲突 7. 设置销售范围 8. 执行上架 9. 发送上架消息	6. 审核通过	
普通品 + 云仓	同上	同上	同上	1. 拒绝审核
组合品 + 实仓	同上	同上	同上	1. 拒绝审核
组合品 + 云仓	同上	同上	同上	1. 拒绝审核
赠品	1. 创建商品	1. 赠品上架	1. 审核通过	1. 拒绝审核
出清品 + 实仓	1. 创建商品 2. 刷新库存路由 3. 商品打标	无	无	无
出清品 + 云仓	无	无	无	无

通过对比，我们不难看出普通品和组合品可以复用同一套流程编排代码，而赠品和出清品的业务相对简单，更适合有一套独立的编排代码，这样的代码结构会更易于理解。

这种通过矩阵把业务场景和业务流程两个维度的信息进行整合呈现的方式非常有价值。一方面，在面对复杂业务时，我们可以通过这种视图看清业务的全貌；另一方面，通过对比，我们可以直观地发现不同流程之间的共性和特性，从而在面对不同的业务场景时决定哪些流程可以合并处理，哪些流程需要独立处理。

将上述案例泛化一下，不难得出一个处理业务分析的矩阵框架，如图 5-4 所示。其中，纵向是业务场景，横向是业务流程。这两个要素是造成业务复杂度的关键，只要把这两个要素看清楚，复杂的业务就会变得清晰。

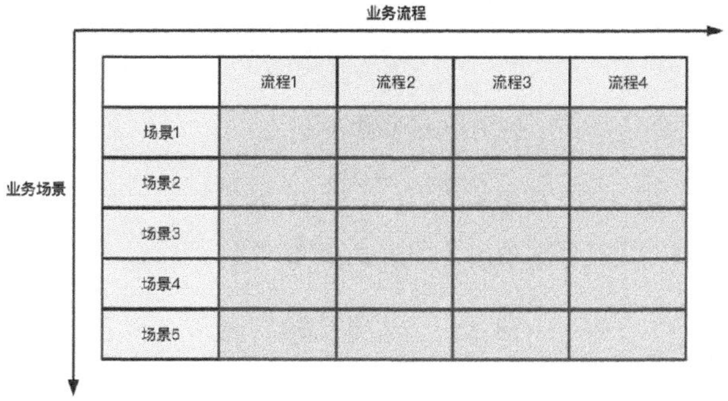

图 5-4 业务矩阵框架

熟悉这个方法论的好处是，当复杂的业务在大脑中纠缠不清的时候，我们可以利用矩阵的形式把问题显性化，从而更好地做决策和判断，**把复杂的问题变成"填空题"**。

5.3.4 殊途同归

我曾一直以为矩阵分析是我的原创，至少在软件工程中的应用是原创的，还一度非常开心。直到有一天，我看到了 Alan Shalloway 写的《设计模式解析》（*Design Patterns Explained*），其中第 16 章专门讲了"分析矩阵"。他对分析矩阵的起源有这样的描述：

> 虽然这里所讲述的例子非常简单，但我是为了解决一个极大的问题而发明分析矩阵的。在那个问题中，有成百上千种情况、50 多种变化。我发现自己当时甚至无法与项目的分析师交谈，因为信息实在是太多了。认识到没有老路可走之后，我清楚自己需要提出一种组织海量数据的新方式。

> 为此需要，我创造了这里所述的分析矩阵。一开始，我只是尝试用它组织数据。但是，在本章后面你可以看到，当问题域围绕变化组织之后，它使我们更容易看到如何使用设计模式创建应用程序的高层设计。也就是说，分析矩阵不仅帮助我们理解问题域，而且有助于实现它。

书中的案例是关于国际电子商务订单处理系统的，不同国家的货币、日期、运费计算、税额、快递都不一样，如表 5-2 所示。像这种多维度的差异分析，就特别适合用矩阵分析，这也是 Excel 如此强大的原因，因为 Excel 天然就是一个矩阵分析工具。

表 5-2 国际电商业务差异矩阵

业务明细	美国销售	加拿大销售	德国销售
计算运费	按照 UPS 费率	按照联邦快递费率	按照德国货运公司
验证地址	美国邮政规则	加拿大邮政规则	德国邮政规则
计算税额	美国税收规则	GST 和 PST	德国增值税
金额	美元	加拿大元	欧元
日期	mm/dd/yyyy	mm/dd/yyyy	dd/mm/yyyy
最大质量	20 千克	20 千克	30 千克

根据上面的分析，作者分别给出了解决差异化的不同方法，如表 5-3 所示。

表 5-3 业务差异解决方案

业务明细	解决方案
计算运费	封装"计算运费"规则对象，采用 Strategy 模式

续表

业务明细	解决方案
验证地址	封装"验证地址"规则对象，采用 Strategy 模式
计算税额	封装"计算税额"规则对象，采用 Strategy 模式
金额	使用包含 Currency 和 Amount 字段的 Money 对象，包含货币兑换方法
日期	使用包含 display 方法的 Date 对象，根据国家显示日期
最大质量	封装"计算最大质量"规则对象，采用 Strategy 模式

作者创造这个方法论的初衷和我一样，都是因为业务涉及的要素太多，信息量太大，需要一种组织海量信息的新方式。虽然 Alan 在十几年前就提出了这个方法论，我失去了原创的机会，但我依然非常开心，开心的是该方法论的普适性和通用性。

接下来，让我们看看更多关于矩阵分析的应用，因为它实在太重要了，值得我们花更多时间去学习和研究。

5.4 无处不在的矩阵分析

矩阵分析，就是将组成问题的变量（要素、维度）识别出来，通过矩阵的方式进行呈现、表达和对比分析。**其核心要义在于直观性，通过矩阵把多维度的信息放在一起进行对比分析，使我们可以更全面（无遗漏）、更直观、更清晰地看到问题的全貌，从而做出合理的决策**。注意，这里只是借助了数学中矩阵的概念，并不是指数学意义上的矩阵分析。

5.4.1 波士顿矩阵

著名的波士顿咨询公司曾发明了一个对产品发展前景进行分析的方法——波士顿矩阵。把销售增长率和市场占有率作为产品分类的核心指标，依据这两个维度，可以得到如表 5-4 所示的矩阵。

表 5-4　波士顿矩阵

销售增长率	市场占有率	产品分类	应对策略
高	高	明星类产品	加大投资，持续拓展新的市场机会
高	低	问题类产品	进行扶持，争取将其转变成为明星产品
低	高	金牛类产品	精细化运营，以维持现存市场增长率
低	低	搜狗类产品	减少批量，撤退战略

因为正好在销售增长率和市场占有率两个维度上分别只取了"高"和"低"两个值，因此总共只有 4 种情况，而且这 4 种情况是满足 MECE 的。通常，更直观的表现形式是象限图，如图 5-5 所示，如果增加一个"中"值，那么四象限就会变成九宫格，不管形式如何变化，它们都属于矩阵分析。

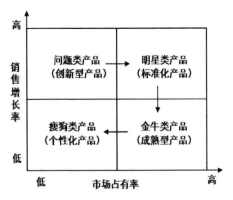

图 5-5　四象限形式的波士顿矩阵

通过上面的案例，我们可以将矩阵分析过程归纳为如下 3 个步骤。

- 第一步：发现问题的关键要素。比如对于产品分类来说，销售增长率和市场占有率是关键要素；对于员工绩效来说，业绩和价值观是关键要素。

- 第二步：构建矩阵。矩阵的维度取决于要素变量的数量，矩阵的行数取决于变量值的多少。

- 第三步：呈现矩阵。**对于两个变量，每个变量的取值小于等于 3 的情况，我们可以使用四象限或九宫格呈现。对于多维多值的情况，只能使用表格了。**

5.4.2　订单要素分析

这些年我一直在电商领域工作，发现但凡一个业务做大了，里面的每个功能都会变得复杂。就拿 1688 的订单业务来说，因为是 B2B 的交易，所以其玩法也非常多样。线上业务的订单承载了传统线下业务合同的功能，订单中会记录商品信息、优惠信息、支付金额、支付方式等，这些信息是组成订单的要素。

在复杂业务面前，看似简单的下单也会变得不那么简单，每个业务场景所支持的功能是不一样的。比如，自主订单的场景不能使用优惠，一元购的场景不能使用账期支付等。如果将这些业务逻辑一一罗列，会形成一个很长的列表，10 个业务场景 × 10 个订单要素就会有 100 种可能情况。

这也是一个典型的多维度复杂性问题。一个维度是业务场景，另一个维度是订单的组成要素。如表 5-5 所示，我们可以使用矩阵将问题域清晰地呈现出来。

表 5-5　订单要素矩阵

订单类型	优惠	分阶段付款	阶梯团	信用卡	极速到账	账期支付	信用凭证	特定人群
普通订单	Y	Y	Y	Y	Y	Y	Y	
伙拼订单	Y			Y		Y	Y	
加工订单	Y			Y			Y	
采购订单	Y	Y	Y				Y	
自主订单		Y			Y			
淘工厂订单	Y			Y			Y	
一元购订单	Y							
零售通订单					Y			Y

这种呈现方式比文字呈现方式要清晰很多，可以让人一眼看清订单业务的全貌，这对我们理解订单业务、设计订单系统、编写代码都有极大的助益。

我虽然当时是这么做的，但并没有将其提升到方法论的高度，只能说是一种偶然行为。直到多年以后，在做商品业务流程分析时，我才意识到这是一种通用的方法论和思维方式。

5.4.3　RFM 模型

在电商领域中，有一个被反复提及和使用的用户分群模型——RFM 模型。它是衡量用户对企业价值的经典度量工具，依托于用户最近消费时间（Recency，R）、消费频率（Frequency，F）、消费金额（Monetary，M）3 个维度进行评估。

- 最近消费时间：表示用户最近一次消费距离现在的时间。

- 消费频率：指用户在统计周期内购买商品的次数。

- 消费金额：指用户在统计周期内消费的总金额。

这个模型实际上可以用于识别最易发生购买行为的消费者特征，然后使用定向营销策略，从而提升产品整体销量。它之所以有效，得益于其隐含的如下前提假设大体上是正确的。

- 最近产生购买行为的用户一定比很久都没有购买行为的用户，在当前更容易产生消费。

- 消费频率高的用户一定比消费频率低的用户，在当前更容易产生消费。

- 消费总金额较高的用户一定比消费金额低的用户更具有购买力，更容易产生消费。

以上 3 个维度都是基于用户行为产生的商业价值大小而定的。按照这种维度划分，我们可以根据自身运营能力进行维度取值分段。假如把每个维度分为 5 段，可以得到一个 5×5×5 的矩阵，得到 125 类用户分群。这种分群方式太细，除非借助算法，否则依靠人工很难将用户运营精细到这种程度。

为了方便操作，可以简单地把每个维度按照（高等/低等）进行划分，得到一个 2×2×2 的三维矩阵，获得 8 个用户象限，然后有针对性地精细化运营，如表 5-6 所示。

表 5-6　RFM 用户分群

用户分群	最近消费时间	消费频率	消费金额	业务决策
重要价值客户	近	多	高	定向提供差异化的产品、个性化服务，给予更多 VIP 权益，彰显身份感
重要唤回客户	远	多	高	通过微信或短信直连沟通，提供续订或更新产品唤回他们
重要发展客户	近	少	高	关联销售，推荐其他需求产品，提高其消费频率
重要挽留客户	远	少	高	重点联系，给予特定的优惠政策
潜力客户	近	多	低	满减促销活动，向上销售金额更高的产品，提高客单价
新客户	近	少	低	新手优惠券，免费试用，降低用户门槛，提升黏性
一般维持客户	远	多	低	积分制，增加沉默成本，防止用户流失
流失客户	远	少	低	若无新的产品体验点，建议放弃运营，减少成本开支

为了更加直观地表达，和波士顿矩阵类似，我们也可以把上面的列表转换成象限图，如图 5-6 所示。然而这种象限表示法最多只能到三维，更多维度就只能用矩阵表达了。

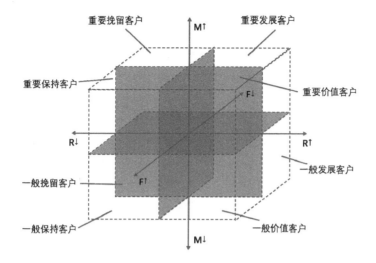

图 5-6　RFM 模型的三维象限图

5.4.4　逻辑推理中的矩阵

推理是从已知的（或为了某种目的肯定的）前提推出结论的过程。当一个推理问题很复杂的时候，建构一个备选项的图示是非常有帮助的，这种图示叫作矩阵。

借用《逻辑学导论》一书中的一个推理案例，请考虑下面的问题。

阿伦佐、库特、鲁道夫和威拉德是四个天分极高的创造性的艺术家。一个是舞蹈家，一个是画家，一个是歌唱家，一个是作家，但不必是这个次序。

（1）那天晚上歌唱家在音乐会舞台上进行他的首次演出时，阿伦佐和鲁道夫在观众席上。

（2）库特和作家两人由画家为他们画的生活肖像。

（3）作家准备写一本阿伦佐的传记，他写的威拉德的传记是畅销书。

（4）阿伦佐从未听过鲁道夫。

问：每个人的艺术领域是什么？

针对这个问题，如果把我们的推论记在便条上，那么可能导致混淆和零乱。这时需要一种有效的方法把已知的信息和推出的信息整齐地记录下来。

我们可以构建一个推理矩阵，用 4 行表示这 4 个人，用 4 列表示他们的艺术职业，如表 5-7 所示。

表 5-7　推理矩阵

姓名	舞蹈家	画　　家	歌唱家	作　　家
阿伦佐				
库　特				
鲁道夫				
威拉德				

当我们断定某人不可能从事某个职业时，就在对应的空格中标记 N（代表 no），反之标记 Y（代表 yes）。从前提（1）可以推断，阿伦佐和鲁道夫都不是歌唱家；同样，从前提（2）推断库特既非画家，也非作家；从前提（3）看出作家既非阿伦佐，也非威拉德。以此类推，我们可以完成整个推理矩阵，如表 5-8 所示。

表 5-8　完成的推理矩阵

姓名	舞蹈家	画　　家	歌唱家	作　　家
阿伦佐	Y	N	N	N
库　特	N	N	Y	N
鲁道夫	N	N	N	Y
威拉德	N	Y	N	N

从这个填满的矩阵中我们可以得到答案：阿伦佐是舞蹈家，库特是歌唱家，鲁道夫是作家，威拉德是画家。像这样的逻辑推理，如果不借助矩阵工具，只靠凭空思考很难得到正确答案。

5.4.5　相关系数矩阵

在数据分析中，经常会涉及多个维度（变量）。在统计学中，皮尔逊积矩相关系数用于度量两个变量 X 和 Y 之间的相关程度（线性相关），其值介于–1 与 1 之间。

皮尔逊积矩相关系数可以帮助我们从繁杂的数据中洞察影响业务的关键变量，从而做出正确的业务决策。比如，把营收（GMV）作为一个度量（Y1），把市场费用、渠道费用、营销费用、销售人员数量、研发费用、创新投入等作为观察变量。如图 5-7 所示，利用相关系数矩阵分析，我们可以直观地看出哪一个变量和 GMV 的相关性最强，从而决定企业应该往哪个方面投入更多。

	X1	X2	X3	X4	X5	X6	Y1	Y2	Y3	Y4	Y5
X1	1.0000	0.9557	0.8539	0.4140	0.1815	0.1004	-0.2001	0.3225	0.5318	0.3900	0.7555
X2	0.9557	1.0000	0.8073	0.4041	0.2471	0.2362	-0.1517	0.3752	0.5416	0.4046	0.7086
X3	0.8539	0.8073	1.0000	0.5326	0.2416	0.0581	-0.4141	0.4561	0.5562	0.4069	0.7696
X4	0.4140	0.4041	0.5326	1.0000	-0.0541	0.3302	-0.3767	0.0711	0.3567	0.4676	0.4862
X5	0.1815	0.2471	0.2416	-0.0541	1.0000	0.4358	-0.1022	0.3967	0.2318	0.0807	0.0940
X6	0.1004	0.2362	0.0581	0.3302	0.4358	1.0000	0.0054	0.4203	0.2713	0.3395	0.1218
Y1	-0.2001	-0.1517	-0.4141	-0.3767	-0.1022	0.0054	1.0000	-0.0609	-0.0051	0.0649	-0.4632
Y2	0.3225	0.3752	0.4561	0.0711	0.3967	0.4203	-0.0609	1.0000	0.6582	0.4743	0.3368
Y3	0.5318	0.5416	0.5562	0.3567	0.2318	0.2713	-0.0051	0.6582	1.0000	0.7532	0.3764
Y4	0.3900	0.4046	0.4069	0.4676	0.0807	0.3395	0.0649	0.4743	0.7532	1.0000	0.2178
Y5	0.7555	0.7086	0.7696	0.4862	0.0940	0.1218	-0.4632	0.3368	0.3764	0.2178	1.0000

图 5-7 相关系数矩阵

5.5 设计模式中的维度思维

为了满足开闭原则，我们需要找到系统中的变化点，并封装变化，而面向对象中的继承和多态，可以很好地满足这种扩展性的要求。

我们通常使用的策略模式只是单维度的抽象，比如前面提到的"计算运费""验证地址"和"计算税额"都是单维度的。如图 5-8 所示，倘若问题涉及两个维度的变化，又该如何处理呢？

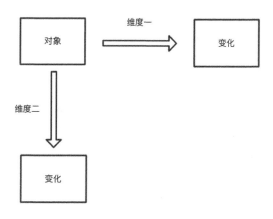

图 5-8 两个维度的变化

例如，现在要设计一个绘画程序，其中需要 3 种型号的笔和 5 种不同的颜色。对于这两个维度的变化，如果采用继承的方案，则需要 3×5 = 15 个类。这还没有考虑到需求变化，如果后续需要 8 种颜色，则还要增加 9 个类。采用这种继承的方案会带来一个副作用，就是类爆炸。如图 5-9 所示，这是一个典型的两个维度上的变化，我们可以考虑使用桥接（Bridge）模式。

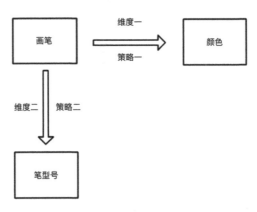

图 5-9   画笔的多维度变化

根据桥接模式的定义：**将抽象与实现分离，使它们可以独立变化。桥接模式用组合关系代替继承关系，从而降低了抽象和实现这两个可变维度的耦合度。**

我们把原来的继承关系转换为组合关系，并映射到现实中，即我并不是先准备好不同颜色的笔，而是预备好不同的颜料，用笔蘸取（组合）不同的颜料去绘画，其类图如图 5-10 所示。

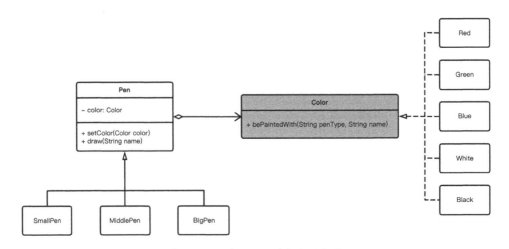

图 5-10   画笔的桥接模式实现类图

其代码实现如下：

```java
/**
 * 颜色抽象
 */
public interface Color {
    void bePaintedWith(String penType, String name);
}

class Red implements Color{
    @Override
    public void bePaintedWith(String penType, String name) {
        System.out.println(penType + "红色的" + name + ".");
    }
}

class Green implements Color{
    @Override
    public void bePaintedWith(String penType, String name) {
        System.out.println(penType + "绿色的" + name + ".");
    }
}

class White implements Color{
    @Override
    public void bePaintedWith(String penType, String name) {
        System.out.println(penType + "白色的" + name + ".");
    }
}

class Blue implements Color{
    @Override
    public void bePaintedWith(String penType, String name) {
        System.out.println(penType + "蓝色的" + name + ".");
    }
}

class Black implements Color{
    @Override
    public void bePaintedWith(String penType, String name) {
        System.out.println(penType + "黑色的" + name + ".");
    }
}


/**
 * 画笔抽象
 */
public abstract class Pen {
    protected Color color;
```

```
    public void setColor(Color color){
        this.color = color;
    }

    public abstract void draw(String name);
}

class SmallPen extends Pen {
    @Override
    public void draw(String name) {
        String penType = "小号笔";
        this.color.bePaintedWith(penType, name);
    }
}

class MiddlePen extends Pen{
    @Override
    public void draw(String name) {
        String penType = "中号笔";
        this.color.bePaintedWith(penType, name);
    }
}

class BigPen extends Pen{
    @Override
    public void draw(String name) {
        String penType = "大号笔";
        this.color.bePaintedWith(penType, name);
    }
}

/**
 * 测试类
 */
class Test {
    public static void main(String[] args) {
        Pen smallPen = new SmallPen();
        smallPen.setColor(new Red());
        smallPen.draw("Bridge Pattern");
        smallPen.setColor(new Green());
        smallPen.draw("Bridge Pattern");
    }
}
```

这种设计无疑更具灵活性，通过两个维度的抽象组合，不仅减少了类的数量，也给后续扩展预留了空间。比如，如果再增加一种颜色或者一种型号的笔，我们只需要增加对应的实现类，然后通过组合实现不同的绘制效果。我们说"组合优于继承"，原因在于组合会带来更好的灵活性和可扩展性。

5.6 组织管理中的维度思维

生产关系决定生产力，对于一个管理者来说，如何有效地设置组织结构是团队能否高效协作的关键。我们可以看到在一些公司中，每年都有关于组织结构和人员安排的调整。

在组织管理中，不管是组织架构划分（详见 6.6 节）、人员分工、绩效盘点，还是需求管理，都离不开多维度思考和矩阵工具。

5.6.1 人员分工矩阵

对于技术团队来说，我们习惯于按领域划分工作范围，这样做的好处是责任到人、职责清晰。然而，领域只是一个维度，我们的工作通常是以项目的形式开展的，而项目通常是贯穿多个领域的。所以，在做团队组织规划时，我们可以从业务领域和业务项目两个维度入手。

阿里巴巴要求 P5 级的工程师可以独当一面，也就是有能力独自负责某一块或某个领域的事情。P6 及以上级的工程师就不能只关注自己的"一亩三分地"了，除了负责自己的领域，还要能协助他人完成跨团队项目的协作。

因此，职责划分通常是在领域和项目两个维度上的，是一个二维矩阵，如图 5-11 所示。

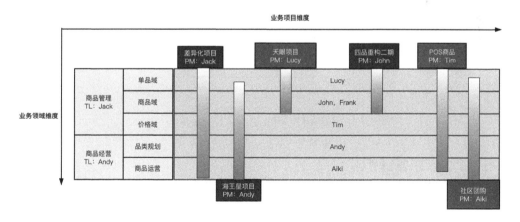

图 5-11 组织管理矩阵

5.6.2 人才盘点矩阵

阿里巴巴在做人才盘点时是从工作业绩、价值观两个方面去看的，所以绩效由工作业绩和价值观两部分组成。按照工作业绩和价值观的不同，我们把员工分成"明星""野狗""黄牛"和"白兔"。

（1）明星：指德才兼备的员工。要重用明星员工，充分发挥他的能力。

（2）野狗：指有才无德的员工。这类员工个人能力强，但对公司目标和价值观的认同感非常低，要消灭。

（3）黄牛：指任劳任怨的员工。能力差一点，但勤勤恳恳，可以放心使用。

（4）白兔：指无才有德的员工。态度很好，可业绩就是上不来，而且还占据着重要岗位，所以这类员工一定要清理。

阿里巴巴用人准则是"捧明星、杀野狗、清白兔、用黄牛"，其背后的逻辑就是矩阵分析中的"九宫格人才盘点法"，如图 5-12 所示。

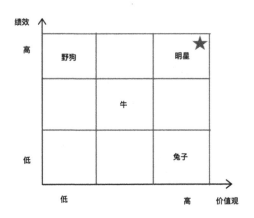

图 5-12 阿里巴巴的人才矩阵

5.6.3 需求管理矩阵

作为一线技术团队的管理者，我们要对接产品的需求，针对需求分配任务，并把控项目风险。当需求很多的时候，我们还要判断需求的价值，确定需求的优先级。

实际上，业务需求和完成需求必备的要素（开发、测试、数据、算法、里程碑等）也构成了矩阵的关系。我们可以使用 Excel 制定一个需求管理模板，清晰地追踪团队成员的工作情况，如图 5-13 所示。

需求	领域	功能点	优先级	后端工作量	前端工作量	测试工作量	算法工作量	DA工作量	状态	开发	技术负责人	业务负责人	产品负责人
无码品管控	条码管理	无码品申请原因和凭证图片录入	p1	1			0	0		Frank			
		无码品申请原因和凭证图片展示	p1	0.5			0	0		Frank			
		按类目灰度管控	p1	0.5	3	2	0	0	开发中	Frank	Frank	Lucy	Tony
		条码校验规则	p1	1			0	0		Frank			
		联调	p1	1			0	0		Frank			
单品归一	单品管理	算法计算单品维度相似品	p0	2			5	0		Andy			
		查看预测的待归一单品web接口	p0	1			0	0		Andy			
		开始归一界面web接口	p0	2			0	0		Aiki			
		新增/删除待归一web接口	p0	1			0	0		Aiki			
		新归一服务接口（带Excel）给操作者	p0	5	10	4	0	0	测试中	Aiki	Andy	Lucy	Jack
		历史"待删除"单品数据清理任务	p0	2			0	0		Lucy			
		中包可以多个（目前限制1个）	p0	1			0	0		Lucy			
		同SPU下单位名称可以重复	p0	1			0	0		Lucy			
		联调	p0	2			0	0		Freddy			

图 5-13　需求管理矩阵图

5.7　精华回顾

- 维度思维的关键是理解维度，维度是问题域独立参数或变量的数量。

- 不借助工具，大脑很难处理多维问题，矩阵分析是解决多维问题的利器。

- 矩阵分析首先要找到影响问题域的核心要素，也可以叫变量、维度，然后显性化地构建矩阵，当维度和维度属性值比较少的时候，可以用四象限、九宫格或立方体进行视觉上的呈现。

- 业务代码的复杂度主要取决于业务场景和业务流程的复杂度。再复杂的业务，其业务场景都是可以枚举的，关键是找到构成业务场景的核心要素。例如，商品业务的场景主要由商品类型、商品售卖方式、商品仓储方式 3 个要素组成。

- 多维度思考是思考的高级形式，矩阵分析在其中是无处不在的。从商业分析的波士顿矩阵、RFM 模型到逻辑推理，都能看到矩阵分析的身影。

06

分类思维

设计就是分类。

——"微信之父"张小龙

所谓分类，就是依据一定的标准对给定的事物划分组别。别看定义简单，但在我们的工作和生活中，分类思维有着重要的意义。

正如产品大师张小龙说过的一句非常经典的话——"设计就是分类"。对事情的分类，本身已经完成了设计的工作。

说实话，一开始听到张小龙说出这句话，我还是有些意外的。因为这个像神一样存在的人竟然把设计这么高深的东西简单地归结为"分类"，真是有点不可思议。然而，当我对分类思维有更深入理解的时候，才发现张小龙并没有夸大其词，的确，设计的本质就是分类。关于这一点，在后面的内容中会详细阐述，相信你看完本章之后，一定也会对此观点表示认同。

6.1 分类是本能

分类和抽象是人类最基础的思维能力之一。在第 1 章中已经介绍过，抽象的背后是语言概念，人类之所以能抽象出概念，正是基于分类的能力。比如，我们之所以会形成"松树"这个概念，是因为人类有能力把这些带有针尖叶子的树和其他的树区别开。

人类天生就有分类的本能，例如，当我们观察图 6-1 的时候，乍一看上面的 6 个黑点，就会认为共有两组墨点，每组 3 个。

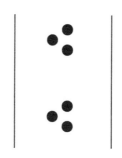

图 6-1　两组墨点

造成这种印象的原因主要是，人类大脑会自动将发现的所有事物以某种秩序组织起来。**基本上，大脑会认为同时发生的任何事物之间都存在某种关联，并且会将这些事物按某种逻辑模式组织起来。**

我们大脑能够有这样的本能，是因为人一次能够理解的思想或概念的数量是有限的。当信息量过大时，归类分组能帮助我们理解和处理问题。分类是人类大脑的识别模式，是我们化繁为简的不二法宝。在我们处理问题，特别是复杂问题的时候，分类思维扮演了极其重要的角色。

6.2　分类无处不在

受制于记忆和认知能力有限，在面对复杂问题时，我们必须对问题涉及的要素进行分类整理，建立逻辑关系，这样才能更有助于对其进行记忆、认识和理解。

我们平常所说的分析和综合的背后，其实就是分类能力。分析是在一类事物中找差异性，综合是在不同类事物中找联系和共性，而这个共性就相当于分类的维度。

从古及今，人类一直在做着归类、分类的事情。语言的产生离不开分类和抽象；西方民主政治中的上议院和下议院是对阶层的分类；组织结构的设计是对人和职位的分类；客户运营需要对目标人群进行分类（Customer Segmentation）；应用架构是对模块（Module）、组件（Component）、包（Package）的分类设计。因此，"设计就是分类"这个说法一点都不算言过其实。

在软件开发领域，面向对象编程（Object Oriented Programming，OOP）之所以可以取代结构化编程语言，正是因为与子程序相比，类具有分类、汇总、隐藏信息的作用。也就是说，OOP 有更好的分类能力。

假设一个应用程序中有几十万行代码。如果使用 C 语言，平均每个子程序编写 50~100 行代码，那么子程序就有几千到几万个；如果使用 OOP，平均在每个类中汇总 10 个子程序，那么类的总数就比子程序的总数减少 1 个数量级，大概是几百到几千个，如图 6-2 所示。当然，这个数量依然很庞大，为了进一步汇总，我们还可以使用"包""组件""模块"功能做进一步聚合。[1]

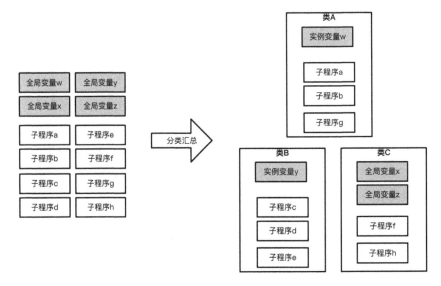

图 6-2　分类在 OOP 中的作用

6.3　分类的本质

分类是指将有共性的事物放在一起，共性主要体现在对象的属性上。因此，在介绍分类方法之前，让我们先看一下属性的概念。

6.3.1　寻找共同属性

所谓共性，本质上就是对象之间的交集。这个交集要么是共同的属性，要么是共同的行为。

属性是事物的性质与事物之间关系的统称。事物的性质——形状、颜色、气味、善恶、优劣、用途等；事物的关系——大于、小于、压迫、反抗、朋友、热爱、同盟、矛盾等。任何属性都是属于某种对象的。

事物与属性是不可分的，事物都是有属性的事物，属性也都是事物的属性。一个事物与另一个事物的相同或相异，也就是一个事物的属性与另一个事物的属性的相同或相异。

由于事物属性的相同或相异，客观世界中就形成了许多不同的事物类。具有相同属性的事物形成一类，具有不同属性的事物分别形成不同的类。

苹果是一类事物，它是由许多具有相同属性的个别事物组成的；梨也是一类事物，它也是由许多具有相同属性的个别事物组成的。苹果和梨是两个不同的类，苹果这个类的共同属性是不同于梨这个类的共同属性的。

进一步，我们可以按照差异性把属性分为特有属性和共有属性，也可以按照重要性把属性分为本质属性和非本质属性。

1. 特有属性和共有属性

对象（事物）的属性可能是特有属性，也可能是共有属性。

对象的特有属性是指为一类对象所独有而其他类对象所不具有的属性。人们就是通过对象的特有属性来区别和认识事物的。例如，两足、无毛、直立行走、能思考、会说话、能制造和使用生产工具进行劳动，是人的特有属性，可以将人与其他高等动物区分开；而有五官和四肢、有内脏和血液循环等属性则不是人类所特有的，其他高等动物也具有，因此称为共有属性。共有属性没有区别性。

再比如商品，"劳动产品"是商品的共有属性，至于"物美价廉"则是商品的偶有属性，并不是所有的商品都是物美价廉的。

2. 本质属性和非本质属性

本质属性是决定某个事物之所以成为该事物而区别于其他事物的属性。本质属性的两个特点是：某事物固有的规定性、与其他事物的区别性。例如，能思考、会说话、能制造和使用生产工具进行劳动，是人的本质属性。而人的其他特有属性，如无毛、两足、直立行走等则是非本质属性，它仅有区别性而无质的规定性。可见，本质属性一定是特有属性，而特有属性不一定是本质属性。

6.3.2 经典分类与概念聚集分类

所谓的分类方法，就是通过比较事物之间的相似性（共有属性），把具有某些共同点或相似特征的事物归属于一个不确定集合的逻辑方法。

分类通常有两种方法，一种是经典分类，另一种是概念聚集分类。

1. 经典分类

经典分类方法是指"**所有具有某一个或某一组共同属性的实体构成了一个分类，而这个属性对于定义这个分类是必要且充分的**"。对于可以枚举的属性，我们通常可以比较容易地按照属性分类，比如已婚人士和未婚人士，因为关于是否结婚，只有"是"和"否"两个选项；再比如红色的苹果和绿色的苹果，颜色也是可以枚举的。

经典分类法最初来自柏拉图，而后亚里士多德对植物和动物进行了分类。经典分类法利用相关的属性作为对象间相似性的判据。具体来说，人们可以根据某一属性是否存在，将对象划分到有交集的集合中。

最有用的属性集合是其成员没有太多相互影响的集合。这解释了为什么尺寸、颜色、形状和物质等属性组合被广泛采用：因为这些属性相互之间几乎没有影响，可以将它们任意组合，得到的对象或大或小、或红或绿、或木质或玻璃、或球形或立方体。一般来说，属性可以不只表示可以测量的特征，也可以表示观察到的行为。例如，鸟能飞而鱼不能飞，这一事实可以作为一个属性，用于区分老鹰和草鱼。

2. 概念聚集分类

概念聚集是经典分类的变种，这种分类首先是概念描述，然后根据这些描述对实体进行分类。例如，我们先声明了"爱情歌曲"这个概念，但它超越了一个属性，因为歌曲的"爱情歌曲"特质不是可以被准确测量的东西，我们只能通过某个歌曲更像一首爱情歌曲来对其进行分类。概念聚集更多地代表了对象聚集的可能性，同样，我们在电商平台中看到的"猜你喜欢"也是如此。

6.3.3 多种多样的分类角度

从不同的视角切入，我们可以选择对同一组事物进行不同的分类。比如操场上站着一群中学生，按照性别进行分类，可以分为男生和女生；按照身高进行分类，可以分为高个子的和矮个子的；按照成绩进行分类，可以分为成绩好的和成绩差的。要选择哪个维度进行分类，完全取决于我们分类的目的。如果是选拔篮球运动员，那么按照身高分类比较合理；如果选拔奥数竞赛选手，那么按照数学成绩分类会更好。

正如《逻辑学导论》[2]中提到，

分类方案的选择没有真假之分，可以用不同的方式、不同的观点来描述物体。使用的分类系统依赖于分类者的目的和兴趣。图书管理员根据书的主题内容对书进行分类，图书装订商根据纸张和镶边的材质分类，图书收藏者根据书的出版日期或稀有程度，发货人则根据质量和大小。当然还有其他分类方案。

6.4 没有"完美"分类

分类从来就不是一件简单的事情，即使是可枚举属性的经典分类，我们有时也会遇到困难。比如性别分类，在某些特殊场景下，仅仅是男性和女性也还是不够的。这一点在生物学分类上体现得尤为明显。作为一门学科，生物分类学至今也没有弄清楚对生物种类的明确划分。

关于这一点，Bill Bryson 在《万物简史》中说得很清楚：

分类学有时被描述成一门科学，有时被描述成一种艺术，但实际上那是一个战场。即使到了今天，那个体系比许多人认为的还要混乱。以描述生物基本结构的门的划分为例，许多生物学家坚持认为总数30个门，但有的认为20来个门，而爱德华在《生命的多样性》一书里提出的数字高达令人吃惊的89个门。

Grady Booch 在《面向对象分析与设计》中也表达过同样的观点：

我们将对象定义为有清晰定义的边界的事物。但是，将一个对象与其他对象分开来的边界常常非常模糊。

以化学为例，很久以前，所有的物质都被看成是土、气、火和水的组合。从今天的标准来看（除非你是炼金术士），这并不是很好的分类方式。直到 1789 年，化学家拉瓦锡才列出第一个元素清单，其中包含大约 23 种元素。后来人们发现其中的某些根本不是元素，此后，新的元素不断被发现，清单不断增长。直到 1869 年，化学家门捷列夫提出了元素周期表。

不存在所谓的"完美"分类。分类具有主观性，Coombs 曾说："如果要将系统划分为对象系统，那么有多少架构师参与这项工作，就可能有多少种划分方法"。

因此，分类是困难的。

首先，**任何分类都与进行分类的观察者的视角和目的有关**。比如前面提到的关于操场上学生的分类，就有很多种分法。

其次，**分类需要创造性**，因为并不是所有的共同属性都那么显而易见。就像一个脑筋急转弯："为什么说激光笔像金鱼？……因为它们都不会吹口哨。"只有创造性的思维才能在这种似乎无关的事物之间发现共性。

我在日常工作中也经常会遇到分类问题的烦恼。在我的笔记中，有"哲学"和"读书笔记"两个类别，但是在我读完一本哲学书之后，有关这本书的读书笔记是放到"哲学"，还是"读书笔记"的分类中呢？这的确是一个问题。之所以会这样，是因为大部分事物都不是单一属性的，一本哲学书的读书笔记既是"读书笔记"，同时又和"哲学"相关。

虽然没有"完美"的分类，但还是会存在某些分类肯定比另一些更好的情况。我们可以学习和借鉴这些分类的方法，从而帮助我们在碰到具体问题时，找到那个相对合理的分类。接下来，我会介绍一些在各自领域中相对成熟的分类方法。

6.5 软件设计中的分类

在软件设计中，分类至关重要，面向对象的基础问题就是分类问题。除此之外，应用架构设计、领域边界划分都属于广义的分类问题。

6.5.1 对象分类

分类的目的是找到问题域中的"核心抽象"，基于这些"核心抽象"，我们才能设计相应的领域模型和数据模型；基于这些模型，我们才能构建相应的系统。

对于基于面向对象的软件系统来说，我们通过分类寻找具有共同结构或表现出共同行为的一组事物。分类帮助我们确定类之间的泛化（Generalization）、特化（Specialization）、聚合（Aggregation）等层次结构。

在面向对象设计中，候选类和对象通常有以下来源。

- 实物：汽车、桌椅、压力传感器。
- 角色：母亲、教师、政治家。
- 事件：着陆、中断、请求。
- 交互：借贷、会议、申请。
- 概念：不可触摸的原则或思想，用于组织或跟踪业务活动和沟通。

更一般的说法是，**我们要学会从用例或者领域专家口中找到那些关键名词，然后进行抽象设计，厘清关键抽象之间的关系和操作。**

这里所说的"领域专家"通常就是一个用户，比如铁路系统中的一名列车工程师或调度员、医院中的一名医生或护士、仓库里的拣货员或质检员。领域专家通常不是一名软件开发者，更常见的情况是，他只是非常熟悉某个问题的方方面面。领域专家说话时使用的是问题域的词汇。

有时可能出现无法从问题域中找到相应的对象的情况，此时就必须按照系统责任所要求的每一项功能，查看是否有相应的对象来实现。如果没有，则说明我们遗漏了对象。

总之，抽象分类是一个迭代过程，它既不是自顶向下的活动，也不是自底向上的活动。也就是说，我们的设计不会都从超类开始，也不会都从基类开始，而是从"不完美"的分类开始。随着对问题域理解程度的加深，我们会经常发现，需要从两个类中提取公共部分放到一个新类中，或者将一个类分成两个新类。通过这样增量式的迭代，最终得到一个高类聚、低耦合的类结构设计，这才是一种可以解决问题的相对正确的分类方式。

6.5.2　构建分类

类是系统中最基本的构建（Artifact）单元。为了更好地控制程序的复杂性，我们还需要更大颗粒度的分类概念，也就是把成千上万个类进一步归类为包（Package）、组件（Component）、模块（Module）和应用（Application）。

试想一种极端情况，假如没有这些概念协助我们分类，而是把所有业务逻辑都写在一个类中，会是什么样的结果呢？很多的"屎山"系统正是因为没有进行合理的分类造成的。

早期，我不喜欢 JavaScript 的重要原因之一是其缺少类似 Java 中 Package 和 Jar 的概念，导致代码的组织形式比较松散、随意。这个问题直到 ES6、React 才得到较好的解决，在此之前，前端工程师不得不依靠 seaJS、requireJS 等框架来完成模块化、组件化的工作。

Package 和 Application 的概念相对比较明确，很少引起歧义。Package 通过文件系统对类进行分组归类，它同时是一种通过提供命名空间（Namespace）来解决命名冲突的机制。Application 一般是一个可以独立部署并对外提供服务的应用程序。

对 Module 和 Component 的定义相对比较模糊，没有一个统一的标准。这些分歧从 Stack Overflow 中数十篇询问关于这些概念差异的提问，以及五花八门的回答中就可见一斑。

在 Stack Overflow 的一篇贴子中，可以看到这样的回答：

"这两个术语很相似，只是 Module 的概念通常比 Component 要大一些。"

然而在另一篇帖子中，却有着截然不同的答案：

"没有一个标准来衡量这两个概念哪个更大，一个组件可以包含多个模块，一个模块也可以包含多个组件。"

相比较而言，我更赞同 AngularJS 设计文档中关于 Module 和 Component 的定义：

"Module 由一组 Components 组成，Component 可以使用其他的 Components，多个 Module 组成了一个 Application。"

根据 AngularJS 中的定义，Module 是比 Component 更大的概念，如图 6-3 所示。比如在 Maven 中，Module 是组成 Application 的第一级层次，而 Component 的粒度一般比 Module 小，多个 Component 会组成一个 Module。

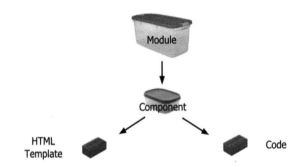

图 6-3　AngularJS 中关于 Module 和 Component 的定义

这些概念非常重要，因此，在此特别对概念和表示法给出说明和定义。

- 应用（Application）：应用系统由多个 Module 组成，用方框表示。
- 模块（Module）：由一组 Component 组成，比如分层架构中的 App 层就是一个 Module，用长方体表示。
- 组件（Component）：可以独立提供某方面功能，比如状态机组件用 UML 的组件图表示。
- 包（Package)：是一种组织形式，和粒度不是一个维度。

基于上面的定义，它们的表示法（Notation）如图 6-4 所示。

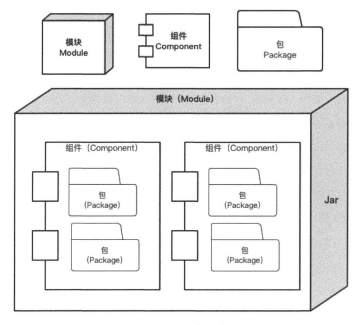

图 6-4 软件构建的表示法

这些定义和表示法也是本书中的标准用法，基本上沿用 UML 的规范，以便于读者理解。实际上，做应用架构设计就是在做关于这些构件分类的工作。

6.5.3 领域分类

相比于对象分类和构建分类，领域边界划分是一个更大的概念，是对问题域的分类。对问题域的分析是设计工作的起点。领域边界划分属于面向对象分析（Object Oriented Analysis，OOA）的顶层设计，其思想源自 Eric Evans 提出的领域驱动设计（Domain Driven Design，DDD）的方法论。Eric 提倡对问题域进行分解，并和领域专家进行沟通，从而找到问题域的核心——核心领域（Core Domain）、起支撑作用的子域（Sub Domain），以及所有业务模块的通用子域（Generic Domain）。

由此可见，领域的概念比类（Class）更大，一个领域是由多个领域实体（Domain Entity）组成的更大范围的概念。在分布式环境下，一个领域通常以微服务的形式对外提供领域能力，一般由一个小团队独立负责一个或多个领域的开发和维护。因此在 DDD 中，我们又把这种领域边界划分的工作称为战略设计（Strategic Design），而把具体的对象设计叫作战术设计（Tactic Design）。

如果你不了解 DDD，那么可能已经被上面的术语搞得晕头转向了，不要着急。实际上，不管是战略设计，还是战术设计，其本质都是一种 OOA 的方法论，所以它们和类的设计一样，也要遵循高类聚、低耦合、功能完备性的指导原则。例如，在任何电商系统的设计中，商品领域都是最核心的领域之一，商品会对外提供创建、编辑、查询、搜索等领域能力，周边的订单域、导购域、营销域、支付域、履约域都会用到商品域提供的能力。

领域划分非常有意义且重要，因为它涉及我们对系统架构的设计和组织人员的职责安排。比如，我在做一个 BU 级别的社区团购项目时，第一件事就是划分领域边界，然后按照领域把责任落实到对应的负责人，从而进一步推动项目实施。得益于对电商和团购业务的了解，以及对当前系统结构的了解，我可以较快地给出一个按照领域进行职责拆分的顶层设计，如图 6-5 所示。在这个分类视图的指引下，每个团队都清楚地知道自己的职责范围和领域边界，项目也很快就推进起来了。这也再次验证了张小龙的那句话——"设计就是分类"。

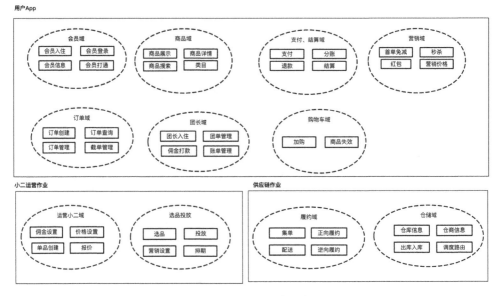

图 6-5 社区团购的领域边界划分

6.6 组织架构中的分类

公司 CEO 每年的一项重要工作是"排兵布阵"，也就是设计公司的组织架构，尽量让各部门之间可以更好地协作。"生产关系决定生产力"，好的组织结构会助力业务发展，反之，则会拖后腿。

组织架构设计本质上就是一种职责分类，法务部门做法律的事，财务部门做财务的事，产品部门做产品的事，市场部门做市场营销的事，技术部门做技术的事……这是一种典型的按照职能划分组织结构的方式。

对于业务单一的公司来说，上述这种划分基本可以应对公司运转。但是像阿里巴巴和苹果等都不是单一业务的公司，而是有很多业务的集团公司，这就涉及两种组织划分方式，一种是业务型组织，另一种是职能型组织。

6.6.1 业务型组织

所谓的业务型组织，就是按照业务线对组织进行划分。例如在阿里巴巴，有淘宝、天猫、飞猪、饿了么、闲鱼、零售通等多条业务线。每条业务线就是一个完整的业务单元（Business Unit，BU），意味着每个 BU 都有完整的组织阵型，包括产品、研发、运营、财税制度等。

这种分类方式的好处是，BU 内部的沟通协作会更高效，因为都是在一个 BU 内，所以不会有太多的"屁股"问题。但其缺点是领域的专业性可能会受到影响，假如每个 BU 都有自己独立的技术部门，那么如何进行技术沉淀和复用，将是一个十分有挑战性的问题。

这种按照业务线对组织进行分类的方式是一种传统的企业组织架构方式。如果按照这种方式对苹果公司进行组织划分，会得到如图 6-6 所示的组织结构。

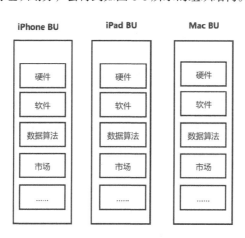

图 6-6 业务型组织结构

6.6.2 职能型组织

与业务型组织不同，职能型组织不是按照业务线来划分，而是按照专业职能进行划分的。比如，阿里巴巴有一个横向的新零售技术部门，由这个技术部门支撑所有新零售的业务，包括淘宝、天猫、飞猪闲鱼、零售通等。也就是说，并不是每个 BU 都有自己独立的技术部门，这就是职能型组织的划分方式。

职能型组织多见于高科技企业，其优点是按照专业领域进行部门建制，可以让专业的人做专业的事，从而在这个领域深耕，更有利于技术研发和创新。然而它也有缺点，BU 内部的跨部门合作可能会变得困难。

关于职能型组织，我认为做得最好的是苹果公司。可能因为苹果是一家典型的以技术和创新驱动的公司，协作成本不是最大的问题，而缺少专业性（技术不行）和创新才是生死攸关的大问题，所以它宁可牺牲协同效率，也要确保专业性。也就是说，他们在自己的领域更专业，做摄像头的只做摄像头，做 iOS 的只做 iOS，技术负责人直接向 CEO 汇报，可以决定产品的发展方向。

仍以苹果公司为例，他们实际采用的职能型组织结构如图 6-7 所示。

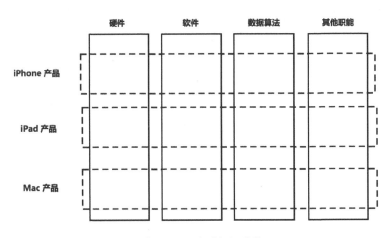

图 6-7 职能型组织结构

值得注意的是，苹果公司的这种职能型组织架构，其分类方法和 COLA 竟然有这异曲同工之妙。如图 6-8 所示，COLA 同样是通过功能（职能）把应用分为了 Adapter、App、Domain 和 Infrastructure 四个层次。然而，这种分类方式破坏了领域的内聚性，因此需要通过逻辑分组来保证领域的完整性。

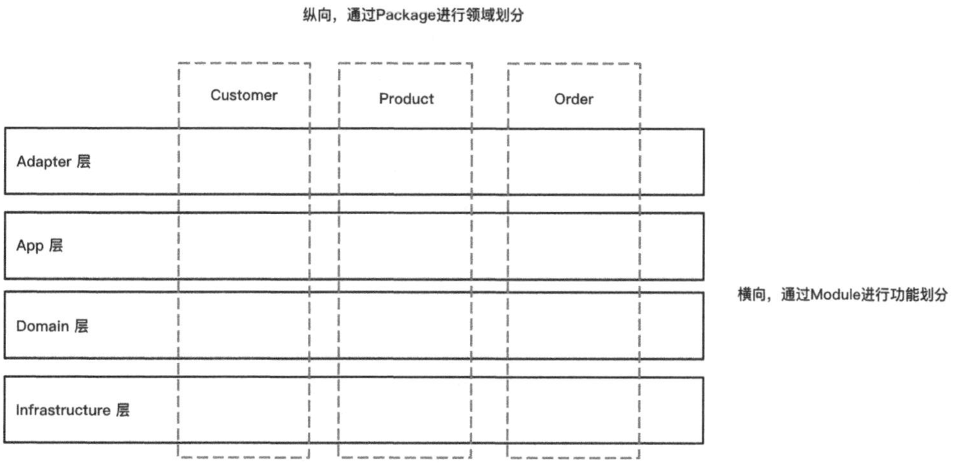

图 6-8　COLA 应用架构的职能划分

关于 COLA 的详细设计会在第 18 章中重点介绍。虽然组织架构和应用架构是完全不同的领域，但其分类的内在逻辑竟然是一致的，这也许就是人们所说的"架构之美"吧！

由此可见，两种组织分类方式各有其优缺点，这也进一步验证了"没有完美的分类"的说法，具体采用哪一个，要视公司的具体情况而定。有时也不乏采用两种形式的混合策略，以及基于这两种方式的变种策略，比如中台模式。

6.7　互联网产业分类

假如你在互联网公司供职，如果让你对整个互联网产业进行分类，你会怎么分呢？

分类的角度有很多，按照行业属性，可以分为教育互联网、社交互利网、零售互联网等。在这个问题上，美团王慧文的分类方法让我对互联网产业有了更深的理解。他认为，如果只分一刀，那么要把整个互联网分成两类，A 类是供给和履约在线上，B 类是供给和履约在线下，如图 6-9 所示。A 类是视频网站、直播、在线游戏等；B 类是淘宝、京东等，美团点评的大部分业务也属于 B 类。

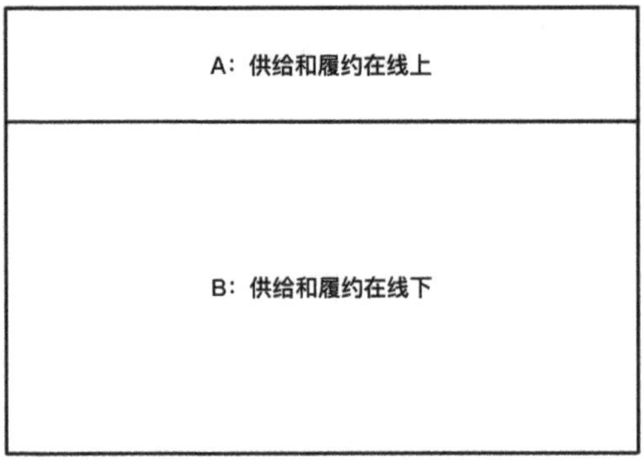

图 6-9　互联网二分类

A 类的特点是它提供的产品和服务本身就是"比特",所以可以做到在线上实现供给和履约。这类企业产生的 GDP 虽然不高,但利润率很高。比如,网络游戏是典型的互联网行业,也很赚钱,腾讯就属于 A 类互联网公司。

B 类的特点是信息展示是在互联网上,但是供给和履约在线下。主要原因在于实物不是"比特",而是"原子",不能光速传播,只能通过线下履约、配送才能完成。这类企业的 GDP 占比很大,但利润率不高。

王慧文认为,如果再分一刀,那么会变成图 6-10 所示的形式。A 部分没有变,B 部分拆分为 B1 和 B2。B1 是以最小库存单元(Stock Keeping Unit,SKU)为中心的供给,B2 是以 Location 为中心的服务,即 LBS(Location Based Service)。这样分的原因是,B1 和 B2 的信息组织模式、产品的交互流程、业务经营方法会有明显的不同之处,主要体现在以下方面。

- A 类:供给和履约在线上,企业的核心能力体现在产品设计领域、用户理解,以及对通信、社交和内容的把握上。

- B1 类:其核心能力主要体现在对品类、供应链,以及定价的理解上。

- B2 类:有两个特点,一是大规模的线下团队,二是 App 中的定位功能。这也是为什么 B2 类在 2010 年后才开始出现,因为 LBS 是伴随着智能手机而出现的。

图 6-10　互联网三分类

　　按照这种分类策略，王慧文从全景视角把整个互联网产业划分为 A、B1 和 B2 三类，如图 6-11 所示。不可否认，这种按照"履约方式"和"服务方式"对互联网产业进行共性提取和分类的做法，的确有助于我们更透彻地理解互联网业务的运作方式。所以说，分类能力有助于帮助我们洞察问题的本质。

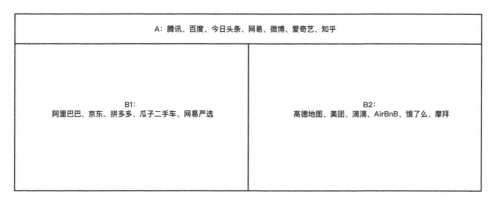

图 6-11　互联网分类全景图

6.8　精华回顾

- 分类就是设计，分类对设计至关重要。

- 人类有分类的本能，这和我们认识世界的方式有关。

- 分类的本质是寻找共性，这些共性既可以是物理属性，也可以是概念属性。

- 没有完美的分类，任何分类都与进行分类的观察者的视角和目的有关。

- 分类是软件设计的基础，主要体现为对象分类、构建分类和领域分类。

- 不同维度的分类选择造就了不同的组织，既可以按照业务划分，也可以按照职能划分。

- 按照供给和履约的不同对互联网进行分类，可以更好地看清互联网。

参考文献

[1] 平泽章. 面向对象是怎样工作的[M]. 侯振龙，译. 2 版. 北京：人民邮电出版社，2020.

[2] COPI I M，COHEN C. 逻辑学导论[M]. 张建军，潘天群，译. 11 版. 北京：中国人民大学出版社，2007.

07

分治思维

要把大象装进冰箱，拢共分几步？

——小品《钟点工》

分治（Divid and Conquer）思想，是一种古老的、非常有效的思想。传说，罗马帝国的凯撒大帝就是采用这一思想策略征服了高卢人。分治，从字面理解，就是分而治之；然而，分而治之并不是分治的全部。

实际上，除了我们常规理解的"分治"即"分解+治理"，"分治并"也是一种分治。分治并的过程是"分解+治理+合并"，合并的过程往往容易被忽视，但在实际应用中却很常见。比如，分治算法都有一个先分后合的过程；再比如，分布式系统架构 Hadoop，Map 是分的过程，而 Reduce 是合的过程。

大部分问题可以通过分治解决，比如设计模式中的分治、团队拆分、分布式服务拆分等，然而另一些问题则需要分治并，即分治算法和 Hadoop 来解决。

7.1　分治设计模式

Dijkstra 曾说过，软件是唯一的职业，人的思维要从 1 字节大幅跨越到几百兆字节，也就是 9 个数量级（现在后面还要再加 n 个 0 了）。如此复杂的问题域，如果不能进行分治，是远远超出人类智力范围的。

分治的价值在于，我们不应该试着在同一时间把整个问题域都塞进自己的大脑，而应该试着以某种方式去组织问题，以便能够在一个时刻专注于一个特定的部分。这么做的目

的是尽量减少在任意时间内所要思考问题的复杂度。

因为软件太复杂，因此在软件应用中，分治可谓无处不在，让我们先从设计模式看起。

7.1.1 管道模式

"管道"这个名字源于自来水厂的原水处理过程。原水要经过管道，一层一层地过滤、沉淀、去杂质、消毒，直到在管道另一端形成了纯净水。我们不应该把所有原水的过滤放在一个管道中，而是应该把处理过程进行划分，把不同的处理分配在不同的阀门上，第一道阀门调节什么、第二道阀门调节什么……最后组合起来形成过滤纯净水的管道。

自来水的这种处理方式是典型的分治思想。在计算机世界中，有很多的设计借鉴了这种思想，最著名的当属 UNIX 或者 Linux 中的管道了。比如，在 UNIX 中，我们要将多个文件的内容连接起来，然后将文件流中的大写字母转换成小写字母，再进行排序，最后输出最后 3 行，可以用下面的命令来实现。

```
cat file1 file2 | tr "[A-Z]" "[a-z]" | sort | tail -3
```

在这个命令行中间起连接作用的竖杠符号（"|"）就是管道，类似于自来水的管道，起到了阀门和连接的作用。

同样，在管道设计模式中，主要有以下两个角色。

（1）阀门（Valve）：用于处理数据的节点。

（2）管道（Pipeline）：用于组织各个阀门，串接各个阀门完成工作。

关于 Valve 和 Pipeline 这两个概念，看过 Tomcat 源码或阿里巴巴开源的 MVC 框架 WebX 源码的读者应该不陌生。在实现方式上，我们可以使用一个单向链表数据结构作为管道的实现，如图 7-1 所示。在一个 Pipeline 中，由 Head Valve 接受一个输入，再经由一个或多个 Valve 进行处理，最后由 Tail Valve 输出结果。

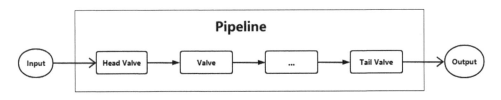

图 7-1　管道模式示意图

基于这个原理，我们可以按照下面的步骤实现一个简单的链式管道。

（1）创建阀门和管道接口。

阀门接口：

```
public interface Valve {
    public Valve getNext();
    public void setNext(Valve v);
    public void invoke(String s);
}
```

管道接口：

```
public interface Pipeline {
    public Valve getHead();
    public Valve getTail();
    public void setTail(Valve v);
    public void addValve(Valve v);
}
```

（2）创建阀门的基础实现。

```
public abstract class ValveBase implements Valve{
    public Valve next;
    public Valve getNext() {
        return next;
    }

    public void setNext(Valve v) {
        next = v;
    }

    public abstract void invoke(String s);
}
```

（3）实现具体的阀门。

普通阀门一：

```
public class FirstValve extends ValveBase {
    public void invoke(String s) {
        s = s.replace("11","first");
        System.out.println("after first Valve handled: s = " + s);
        getNext().invoke(s);
    }
}
```

普通阀门二：

```
public class SecondValve extends ValveBase{
    @Override
    public void invoke(String s) {
        s = s.replace("22","second");
```

```
        System.out.println("after second Valve handled: s = " + s);
        getNext().invoke(s);
    }
}
```

尾阀门：

```
public class TailValve extends ValveBase {
    public void invoke(String s) {
        s = s.replace("33", "third");
        System.out.println("after tail Valve handled: s = " + s);
    }
}
```

（4）实现具体的管道。

```
public class StandardPipeline implements Pipeline {
    protected Valve head;
    protected Valve tail;

    public Valve getHead() {
        return head;
    }

    public Valve getTail() {
        return tail;
    }

    public void setTail(Valve v) {
        tail = v;
    }

    public void addValve(Valve v) {
        if (head == null) {
            head = v;
            v.setNext(tail);
        } else {
            Valve current = head;
            while (current != null) {
                if (current.getNext() == tail) {
                    current.setNext(v);
                    v.setNext(tail);
                    break;
                }
                current = current.getNext();
            }
        }
    }
}
```

（5）组装管道，实现客户端调用。

```java
public class Client {
    public static void main(String[] args) {
        String s = "11,22,33";
        System.out.println("Input : " + s);
        StandardPipeline pipeline = new StandardPipeline();
        TailValve tail = new TailValve();
        FirstValve first = new FirstValve();
        SecondValve second = new SecondValve();

        pipeline.setTail(tail);
        pipeline.addValve(first);
        pipeline.addValve(second);

        pipeline.getHead().invoke(s);
    }
}
```

通过以上步骤，我们就实现了一个简单的管道模式。这里简单说一下工作流：不知道从什么时候开始，后端应用特别迷恋工作流引擎，然而从本质上看，很多工作流做的事情并不是流程的可视化和流程编排，而仅仅是对业务逻辑的组件化分治。

如果只是流程分治，那么**我强烈建议不要引入笨重的流程引擎**，凭空为应用增加很多**不必要的复杂度**。**简单的 Pipeline 是解决此类分治问题的最佳选择**。就像我曾经说过："保守估计，全天下 80%的流程引擎的使用可能都是得不偿失的。"

7.1.2　责任链模式

在责任链模式中，很多对象由一个对象对其下家的引用连接起来形成一条链。请求（Request）在这个链上传递，直到链上的某一个对象决定处理此请求。发出这个请求的客户端并不知道由链上的哪一个对象最终处理这个请求，因此系统可以在不影响客户端的情况下动态地重新组织和分配责任，其类结构如图 7-2 所示。

可以看到，责任链模式和管道模式在结构上是非常相似的，它们都由一组对象形成了一个处理请求的链表（想象一下 LinkedList 数据结构）。二者的不同之处在于语义，在管道模式中，每个 Valve 都需要处理请求；而在责任链中，每个 Handler 都有处理请求的责任，但最终这个请求只会被链条中满足条件的那一个 Handler 处理。其差别类似于组合（Composition）和聚合（Aggregation）的区别，代码结构一样，但语义不一样。

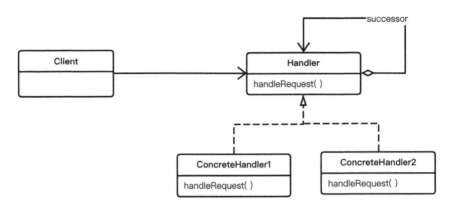

图 7-2   责任链模式类结构

由于这样的差异存在，很多被我们叫作 Chain 的设计实际上可能叫 Valve 更合适。比如，Servlet 中的 FilterChain 设计（如图 7-3 所示），它本质上不是一个责任链，而是一个过滤 HttpRequest 的管道，因为和 Valve 一样，每个 Filter 都需要对请求进行处理；而在责任链中，不是每个 Handler 都需要处理请求，只需有"责任"的那个来处理。

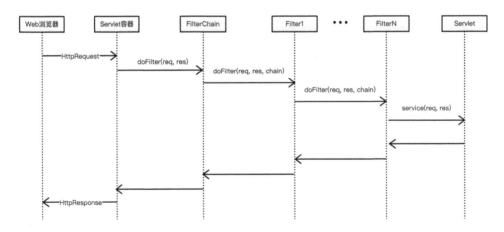

图 7-3   Servlet 中的 FilterChain

假设现在有一个请假系统，其请假的审批规则如下。

- 如果请假半天到 1 天，则由直接主管批准即可。

- 如果请假 1 天到 3 天，则需要由部门经理批准。

- 如果请假 3 天到 30 天，则需要由总经理审批。

- 如果请假多于 30 天，则正常情况下不会被批准。

为了实现上述场景，我们可以采用责任链设计模式。在员工请求发起申请到抽象的责任处理类中，根据员工的请假天数，由对应的处理类完成处理请求。每个责任处理类设置下面的节点，如果自身处理不了请求，则传递给下一个节点处理，其代码实现如下。

员工提交请求类：

```java
@Setter
@Getter
@NoArgsConstructor
@AllArgsConstructor
@Builder
public class LeaveRequest {
    /**天数*/
    private int leaveDays;

    /**姓名*/
    private String name;
}
```

抽象的请假责任处理类：

```java
public class AbstractLeaveHandler {

    /**直接主管审批处理的请假天数*/
    protected int MIN = 1;
    /**部门经理处理的请假天数*/
    protected int MIDDLE = 3;
    /**总经理处理的请假天数*/
    protected int MAX = 30;

    /**领导名称*/
    protected String handlerName;

    /**下一个处理节点（即更高级别的领导）*/
    protected AbstractLeaveHandler nextHandler;

    /**设置下一节点*/
    protected void setNextHandler(AbstractLeaveHandler handler){
        this.nextHandler = handler;
    }

    /**处理请假的请求，子类实现*/
    protected void handlerRequest(LeaveRequest request){

    }
}
```

直接主管处理类：

```
public class DirectLeaderLeaveHandler extends AbstractLeaveHandler{
    public DirectLeaderLeaveHandler(String name) {
        this.handlerName = name;
    }

    @Override
    protected void handlerRequest(LeaveRequest request) {
        if(request.getLeaveDays() <= this.MIN){
            System.out.println("直接主管:" + handlerName + ",已经处理;流程结束。");
            return;
        }

        if(null != this.nextHandler){
            this.nextHandler.handlerRequest(request);
        }else{
            System.out.println("审批拒绝!");
        }

    }
}
```

部门经理处理类：

```
public class DeptManagerLeaveHandler extends AbstractLeaveHandler {

    public DeptManagerLeaveHandler(String name) {
        this.handlerName = name;
    }

    @Override
    protected void handlerRequest(LeaveRequest request) {
        if(request.getLeaveDays() >this.MIN && request.getLeaveDays() <=
this.MIDDLE){
            System.out.println("部门经理:" + handlerName + ",已经处理;流程结束。");
            return;
        }

        if(null != this.nextHandler){
            this.nextHandler.handlerRequest(request);
        }else{
            System.out.println("审批拒绝!");
        }
    }
}
```

总经理处理类：

```
public class GManagerLeaveHandler extends AbstractLeaveHandler {
    public GManagerLeaveHandler(String name) {
        this.handlerName = name;
```

07 分治思维 | 137

```
    }

    @Override
    protected void handlerRequest(LeaveRequest request) {
        if(request.getLeaveDays() > this.MIDDLE && request.getLeaveDays() <=
this.MAX){
            System.out.println("总经理:" + handlerName + ",已经处理;流程结束。");
            return;
        }

        if(null != this.nextHandler){
            this.nextHandler.handlerRequest(request);
        }else{
            System.out.println("审批拒绝！");
        }
    }
}
```

测试类：

```
public class ResponsibilityChainTest {
    public static void main(String[] args) {
        LeaveRequest request = LeaveRequest.builder().leaveDays(20).name("小明
").build();

        AbstractLeaveHandler directLeaderLeaveHandler = new
DirectLeaderLeaveHandler("县令");
        DeptManagerLeaveHandler deptManagerLeaveHandler = new
DeptManagerLeaveHandler("知府");
        GManagerLeaveHandler gManagerLeaveHandler = new GManagerLeaveHandler("
京兆尹");

        directLeaderLeaveHandler.setNextHandler(deptManagerLeaveHandler);
        deptManagerLeaveHandler.setNextHandler(gManagerLeaveHandler);

        directLeaderLeaveHandler.handlerRequest(request);
    }
}
```

此外，在我们做过的一个 ChatBot（聊天机器人）项目中，也有一个非常适合使用责任链模式的场景。其业务场景是机器人的应答内容，会根据不同的页面、场景、类目、租户展现不同的内容。从优先级上来说，租户 Handler 的优先级最低，也就是说，如果前面的页面 Handler、场景 Handler、类目 Handler 都没有命中，那么租户 Handler 可以用来兜底。如图 7-4 所示，这种情况就特别适合使用责任链的分治策略。

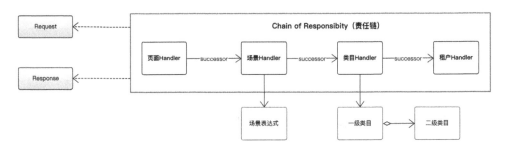

图 7-4 ChatBot 中的责任链

7.2 分布式系统

最宏大的分治非大型分布式系统莫属。面对动辄几亿用户、几十万的并发量、上 TB（Tera Byte，1TB=1024GB）的数据，传统的基于 IOE（IBM 的小型机、Oracle 的数据库、EMC 的存储）的纵向系统架构会遭遇瓶颈，急需一套"小而美"、可容错、分布式的水平扩展解决方案。随着各大互联网公司"去 IOE"动作的完成，以及容器化、微服务、云原生等技术的日趋完善，基于分治思想的分布式系统架构已成为大型互联网公司的标配。

分布式之所以强大，是因为它可以支撑"接近无限"的业务扩展诉求。在《架构真经》的第 2 章"分而治之"中，作者提出了 AKF 扩展立方[1]的概念，如图 7-5 所示。按照 x、y、z 这 3 个维度进行设计，这是一个可以支撑"接近无限扩展"的分布式系统扩展解决方案。

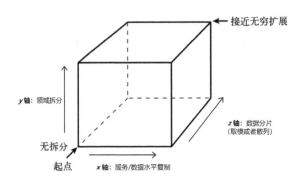

图 7-5 AKF 扩展立方

AKF 扩展立方的核心是 x、y、z 三条轴，每条轴都有一套相关的扩展性规则。立方体表示从最小规模（立方体的左前下角）到接近无限扩展性（立方体的右后上角）的扩展路径方法。并不是每个公司都需要用到 AKF 扩展立方，根据业务场景和规模的不同，很多

公司只选择 x、y 或 z 轴之一的拆分方式即可满足业务诉求。

7.2.1 x 轴拆分

x 轴拆分，通常叫作水平扩展，通过复制服务（也就是集群）或数据库已分散事务处理负载压力。

服务器集群比较容易做到（即通过负载均衡策略）将流量分配到多台服务器上，从而应对高并发的业务场景。其中的关键技术是服务治理中间件，这已经是比较成熟的技术，有大量的开源解决方案可供选择，比如 Dubbo、Spring Cloud。

真正的挑战不在于应用服务侧，而在于数据侧。即使应用服务做了集群，如果数据库还是单点的，那么所有的压力仍会全部聚集到数据库上，从而形成瓶颈。解决这个问题通常有两种方案，一种是数据的水平复制（x 轴），另一种是数据分片（z 轴）。我们通常说的数据库主从（Master-Slave）就属于水平复制方案，这个方案有以下两个好处。

（1）出于数据安全考虑的容灾备份。比如阿里巴巴很早就完成了"异地多活"的改造升级，即在多个数据中心互相备份数据。这样即使其中一个数据中心出现了毁灭性灾难（洪水、火灾），因为数据在其他地方还有备份，也不会影响业务正常运转。

（2）分担数据库压力。其原理和应用服务器集群是一样的，不同的是，应用服务器可以是无状态的，而数据库的复制需要考虑数据一致性问题。

数据同步需要时间，因此但凡使用数据复制的技术方案，都要考虑业务对数据一致性的时间敏感性问题。时间敏感性是指业务能否接受短暂的数据不一致，是否必须达到即时、实时的数据完全准确。

这里我们需要对 CAP 做取舍，即在一个分布式系统中，一致性（Consistency）、可用性（Availability）、分区容错性（Partition tolerance）这三个要素最多只能同时实现两个，不可能三者兼顾。对于数据库复制来说，P（分区容错性）是必选项，因此我们只能在 C（一致性）和 A（可用性）中选择一个。

好在我们的大部分业务没有那么高的数据一致性要求。例如，有一个订票业务（对数据一致性要求较高），主从数据同步，存在 90 秒的时间差，每天有 1 万单订票业务发生。假设这些订票活动均匀地分布在一天的时间范围里，那么平均每秒（0.86 秒）会有一单订票业务发生，那么发生某个客户的票被其他客户抢走的概率是 0.104%。即使只有 0.1% 的概率，万一这个事情发生了，还是会给客户带来不好的体验。我们可以考虑用产品手段来做一些规避，比如当用户提交购物车时做二次校验，如果 0.1% 的概率真的发生了，就提示用户：实在抱歉，这个座位已被抢占，请您重新选择。针对数据一致性的敏感性，我们还是要视具体的业务场景而定。假如这个订票业务是一个类似于 12306 的秒杀场景，0.1%的概率可能会被放大成 20%的碰撞可能性，那么该技术方案就不再适用了。

7.2.2 *y* 轴拆分

y 轴拆分，通常叫作领域拆分，不管是之前的面向服务的架构（Service Oriented Architecture，SOA）、面向资源的架构（Resource Oriented Architecture，ROA），还是现在的微服务，本质上都在做服务拆分的工作。

比如在电商领域，我们会拆分出会员域、商家域、商品域、店铺域、订单域、营销域、交易域、支付域及物流域等。SOA、ROA 只是拆分的方法论不一样，RPC、WebService、REST 只是实现的技术手段不一样而已。至于微服务，它既不是拆分的方法论，也不是技术手段，**所以千万不要误认为"微"就是微小的意思**。我曾经见过有的技术团队把原来的一个应用拆分成 70 个微服务，然后弄得一地鸡毛，最后不得不又花大力气做服务整合。

除了应用扩展上的价值，y 轴拆分**更大的价值体现在代码库拆分及其带来的研发效率的提升上**。根据布鲁克斯定律[①]：向进度落后的项目中增加人手，只会使项目更加落后。"三个和尚没水吃，厨师太多做坏汤"，人员增加带来的协作成本会抵消生产力，协调团队努力的沟通成本是团队规模的平方，因此随着团队规模不断加大，研发人员把越来越多的时间花费在协调上，生产力会不断降低。

我们可以通过拆分团队和拆分代码库来降低协作成本。复杂系统被拆分成多个小系统之后，每个团队可以在其服务中建立 API，每个团队都拥有自己的代码库，技术团队可以变成这些子系统的专家。

7.2.3 *z* 轴拆分

z 轴拆分，通常叫作数据分片（Partitioning），是把一个大数据集分割成多个小数据集的方法。

在分布式技术出现之前，数据库都是单体的。这种架构模式在用户规模小、数据量小的情况下，问题还不突出，但进入互联网时代，用户规模动辄上亿，数据动辄就是 PB 级别。

[①] 由 Frederick P. Brooks 在《人月神话》一书中提出。

以阿里巴巴的交易系统为例，每天都会增加上百亿条数据。传统的靠提升机器性能的向上扩展（Scale up）已经不能满足逐渐增长的用户需求，水平扩展（Scale out）才是解决问题的唯一选项。

具体到数据库层面，主要有两种扩展方案。

一种是基于领域的垂直切分，也叫竖切。比如，原来的电商数据都放在一个库中，我们可以按照领域拆分成商品库、会员库、交易库等，如图 7-6 所示。

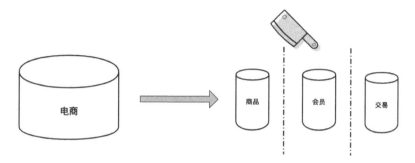

图 7-6 数据库的垂直切分

另一种是基于数据区间的水平切分，也叫横切。即通过一种数据路由算法对数据进行分片，从而减少一个数据库中的数据量。

比如，我们要将会员的交易数据切分成 10 个库，分别为交易 00 库、交易 01 库、交易 02 库……交易 09 库。我们可以用会员 ID 对 10 进行取模，来决定数据应该存放的位置。假如一个会员的 ID 为 10001，对 10 取模后的值为 1，那么该会员的所有交易数据就被放在交易 01 库中，如图 7-7 所示。

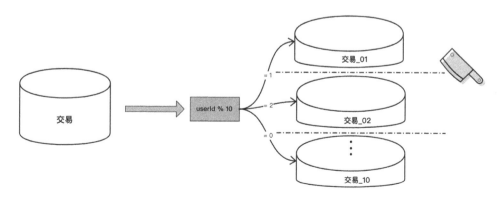

图 7-7 数据库的水平切分

7.2.4 *xyz* 轴拆分对比

实践证明，使用 *xyz* 轴拆分方案，可以实现接近无限的业务发展需要。沿着 *x*、*y* 和 *z* 轴的拆分各有优势，从软件设计和研发的角度考虑，通常 *x* 轴拆分的成本最低，*y* 轴和 *z* 轴的拆分方案设计更具挑战性，但也有更多的灵活性，可以进一步拆分服务、数据，甚至技术团队。深入理解并掌握 AKF 扩展立方，对解决可扩展性相关的问题是大有裨益的。为了加深读者的理解，下面简单对比一下 *x*、*y* 和 *z* 轴拆分的不同之处。

- **x 轴，通过克隆进行扩展**。通过克隆或复制服务和数据，以便于扩展事务。

- **y 轴，通过拆分不同的东西进行扩展**。通过领域拆分，将复杂系统拆分成多个小系统，由不同的技术团队"分而治之"。如果正确完成，那么可以显著降低复杂度，提升研发效率及系统的可扩展性。

- **z 轴，通过拆分类似的东西进行扩展**。通过对数据进行分片（即对数据进行按领域"竖切"），以及依据数据属性（比如客户 id）散列或取模的方式进行"竖切"，降低单个数据库承载的数量，这种方式可以实现无限扩展。

7.3 分治算法

我清楚地记得在学校的算法课上，老师介绍的第一个算法就是分治算法。这是一种高效、简洁、优美的算法思想。**分治算法主要包含 3 个步骤：分、治、并。**

"分"是递归地将原问题分解成小问题；"治"是在解决了各个小问题之后（各个击破之后）合并小问题的解，从而得到整个问题的解；"并"是按原问题的要求，将子问题的解逐层合并，构成原问题的解。

以归并排序为例，该算法在 1945 年由冯·诺伊曼首次提出，是采用分治法的一个非常典型的应用。

如图 7-8 所示，归并排序算法的基本思想也遵循这 3 个步骤。

（1）分解：将待排序的数组不断地切分成若干个子数组，直到每个子数组只包含一个元素，这时可以认为只包含一个元素的子数组是有序的。

（2）治理：就是对子数组的排序。

（3）合并：将排好序的子数组两两合并，每合并一次，就会产生一个新的且更长的有序数组。重复这一步骤，直到最后只剩下一个子数组，这个子数组就是排好序的数组。

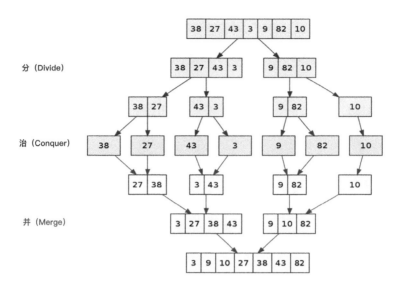

图 7-8 归并排序算法

有意思的是，当我观察分治算法的处理过程图示结构的时候，发现其结构和我提过的一个解决问题的方法论——解决问题的黄金三步——非常相似。

7.4 解决问题的黄金三步

传统的分而治之是把一个大问题分解为多个小问题，各个击破。但是从上面的分治算法中我们可以看到，在分治之后，还有一个合并的过程。之所以有合并的步骤，是因为我们需要把分解之后的元素整合成一个新的有序序列，从而达到排序的目的。

并不是所有的分治都需要合并的步骤，比如上文提到的管道模式、责任链模式，只需要完成分而治之就好了。然而，也有很多的场景需要用到第三步——合并，比如分治算法，形成分治并的形式。

在我的工作经验中，我发现分治并有时比分治更有用。因为，"并"在本质上就是对分解后的问题元素进行重新归并、整合，形成新的结构的过程，而这正是第 3 章结构化思维中所倡导的方法。

因此，更泛化地来看待这个问题，我将分治并演化为一个通用的解决问题的框架——黄金三步。即我们可以用以下 3 个步骤来解决一些需要分治并的问题，如图 7-9 所示。

- 第一步：定义问题，弄清楚我们要解决的问题究竟是什么。

- 第二步：分解问题，把一个大问题拆解成多个子问题。

- 第三步：合并问题，对拆解后的子问题，我们有必要再进行一次合并归类。

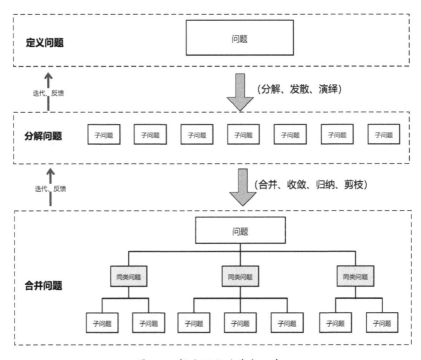

图 7-9　解决问题的黄金三步

实际上，黄金三步和我们通常说的"定义问题、分析问题、解决问题"是一一对应的。定义问题无须多言，问题分解（分治）是我们分析问题的常用手段，最后的合并问题才是真正解决问题，因为只有对子问题的整合才能最终解决问题。当然，这样的整合不是对子问题的随意拼凑，而是基于逻辑范畴的结构化重构。该方法具有很好的通用性，因此我给它起了个名字——"解决问题的黄金三步"。

7.5　"分治并"的应用

分治并（即定义问题、分析问题、解决问题）的应用非常广泛，除了分治算法，在很多地方都能看到分治并的应用，比如我们常见的流式计算和分布式数据库。

7.5.1 流式计算

不知道你有没有好奇过：为什么在使用 Java 8 的 Stream API 的时候，数据流操作的最后都需要一个终端操作（例如 collect、foreach、count 等方法），操作才会真正被执行？

假设现在要使用 Stream 筛选 3 位年龄大于 18 岁的学生，并输出他们的姓名。

如果代码如下所示，那么只能通过 filter 过滤掉 18 岁以下的学生，通过 map 获得学生姓名，通过 limit 限制人数。

```
List<Student> students = Arrays.asList(
            new Student("Frank", 32),
            new Student("Lucy", 23),
            new Student("Alex", 13),
            new Student("Martin", 17)
    );

List<String> studentNames = students.stream()
        //过滤掉18岁以下学生
        .filter(s -> s.getAge() > 18)
        //打印姓名
        .map(s -> {
            System.out.println("name : " + s.getName());
            return s.getName();
        })
        //限制数量
        .limit(3)
```

那么，在 IDE 中运行这段代码，是不会有任何输出的。

其原因在于 Stream 流操作，首先要通过“中间操作”构建流式计算的管道（ReferencePipeline）数据结构，然后通过“终端操作”触发执行，如图 7-10 所示。因为上面的案例中没有“终端操作”，自然也就不会被执行了。

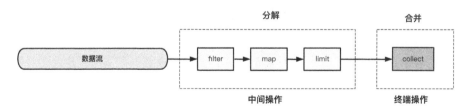

图 7-10　流式计算的分治并

在这里，终端操作起到了合并的作用，这一步合并非常关键。正是有了合并的步骤，我们才能实现流的延迟执行、流的截断、流的并行等一系列 Stream API 中最重要的功能。

回到输出学生姓名的问题，正确的方式应该是在 limit 方法后加上一个起合并作用的终端操作，比如 collect 方法。

```
students.stream().filter(s -> s.getAge() > 18).map(s ->
s.getName()).limit(3).collect(Collectors.toList());
```

7.5.2　分布式数据库

在 AKF 扩展立方中，我们可以看到分布式架构中的"分"字，这充分体现了分治的思想。然而，"分"是分布式架构显性化的特征，其背后同样隐含了"合"的思想。

以分布式数据库为例。在完成了基于领域的垂直切分（竖切）和基于数据区间的水平切分（横切）之后，如何使用这些数据库呢？总不能让应用层点对点地去对接这么多库吧。因此，必须要有一个中间层，将这些分解后的数据库按照一定的逻辑组合起来，用中间层来屏蔽分解造成的复杂度。这样从应用层的角度看起来，就如同在使用一个"单体"数据库。其工作原理如图 7-11 所示，将物理上分布的数据源通过中间件进行逻辑的合并，让上层的应用在使用时就如同在使用一个单体数据库，而不是分布式数据库。

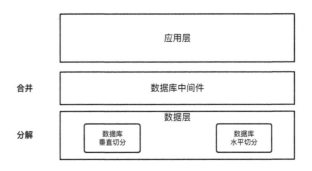

图 7-11　分布式数据库的工作原理

在阿里巴巴，这个负责分布式数据访问的中间件叫作 TDDL（Taobao Distributed Data Layer）。TDDL 主要部署在 iBATIS 或其他 ORM 框架之下、JDBC Driver 之上。整个中间件实现了 JDBC 规范，所以可以将 TDDL 当作普通数据源实例，并且注入各种 ORM 框架中使用。其整体架构如图 7-12 所示，主要包含 3 个模块。

（1）matrix 模块：提供 DataSource 的封装，可以把物理数据库看作一个完整的逻辑数据库。

（2）group 模块：提供针对物理库的读写分离封装，并提供读写权重配置的修改。

（3）atom 模块：真正和物理数据库交互，提供数据库配置动态修改能力。

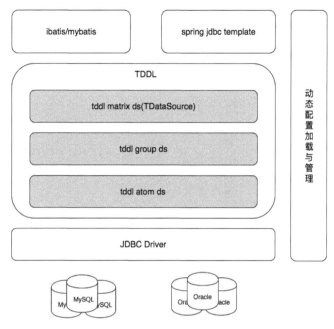

图 7-12　TDDL 的整体架构

假设 2 库 4 表，根据 id 进行分库分表（分库分表键可以不同，字段类型可以为数字、日期等，读写时建议带上该字段），我们需要做如下配置：

```xml
<?xml version="1.0" encoding="UTF-8"?>
<!DOCTYPE beans PUBLIC "-//SPRING//DTD BEAN//EN"
"http://www.springframework.org/dtd/spring-beans.dtd">
<beans>
  <bean id="vtabroot" class="com.taobao.tddl.interact.rule.VirtualTableRoot"
init-method="init">
    <property name="dbType" value="MYSQL" />
    <property name="tableRules">
      <map>
        <entry key="rule_table" value-ref="rule_table" />
      </map>
    </property>
  </bean>
  <bean id="rule_table" class="com.taobao.tddl.interact.rule.TableRule">
    <property name="dbNamePattern" value="RULE_DB_{0000}_GROUP" />
    <property name="tbNamePattern" value="rule_table_{0000}" />
    <property name="dbRuleArray" value="((#id,1,4#).longValue().abs() %
4).intdiv(2)" />
    <property name="tbRuleArray" value="((#id,1,4#).longValue().abs() % 4)" />
    <property name="allowFullTableScan" value="false" />
  </bean>
</beans>
```

关于配置项 dbRuleArray 的内容 (#id,1,4#).longValue().abs() % 4).intdiv(2)，其解释如下。

- id 为分区键。

- 1 代表步长（全表扫描时，每次增加的长度）。

- 4 代表枚举次数（全表扫描时，总共迭代的次数）。

- longValue()代表转化为 long 类型值。

- %4 表示对 4 取模（其中 4 为分表数量）。

- intdiv(2)表示将结果再除以 2，取整数（一般为分表数量/分库数量）。

详细的配置说明如表 7-1 所示。

表 7-1　TDDL 的配置说明

属性名	说　　明	默认值
dbNamePattern	定义库名。 （1）TDDL_SAMPLE_GROUP_{0000}为占位表达式，dbRule 计算结果替换{0000}； （2）TDDL_SAMPLE_GROUP_0 为直接库名，不需要替换	无
dbRuleArray	定义分库规则。例如 (#user_id,1,1024#.longValue() % 1024).intdiv(32)	无
tbNamePattern	定义表名。 （1）TDDL_SAMPLE_{0000}为占位表达式，tbRule 计算结果替换{0000}； （2）TDDL_SAMPLE_0 为直接表名，不需要替换	无
tbRuleArray	定义分表规则。例如#user_id,1,1024#.longValue() % 1024	无
allowFullTableScan	是否允许进行全表扫描	false
broadcast	是否为广播表或全局表	false
joinGroup	一个特殊标识，用途是当两张有分库的表进行 join 时，尝试下推到每个数据库分库上执行 join。 （1）如果有定义 joinGroup 但值不同，则认为不是同一个 joinGroup，不可下推； （2）如果未定义 joinGroup，则自动通过分库分表结果判断，相同则下推 join	null

续表

属性名	说　明	默认值
extraPackages	groovy rule 计算的扩展代码，定义后，static 方法可在 rule 中直接引用	无
dbType	数据库类型，目前暂无用，后续引入其他存储时会启用	MYSQL

7.6　精华回顾

- 解决复杂问题要分治，计算机涉及的问题都比较复杂，需要分而治之来解决。

- 软件中存在大量的分治思想，比如管道模式、分层架构、分布式架构等，无不体现了分治的强大。

- "分治并"是分治的进阶，有些问题除了分治，还需要整合、合并。

- "分治并"本质上对应的是定义问题、分析问题、解决问题的通用步骤。

- 很多问题在解决过程中都显性或隐性地使用到了"分治并"，比如分治算法、流式计算、分布式数据库系统。

参考文献

[1] ABBOTT M L，FISHER M T. 架构真经：互联网技术架构的设计原则[M]. 陈斌，译. 2 版. 北京：机械工业出版社，2017.

08

简单思维

一旦做到了简洁，你将无所不能。

——乔布斯

《UNIX 编程艺术》的作者在书中提到，**所有的 UNIX 哲学浓缩为一条铁律，那就是各地编程大师们奉为圭臬的"KISS（Keep It Simple and Stupid）原则"。**

在 2021 年的微信产品公开课上，张小龙说，简单是一个非常高的目标，不是一个简单的目标。他认为，简单能代替美观、合理、优雅，可能很多人并不认同，但在他看来，简单是很美的、最简单的，也可能是最好的。十年来，微信增加了很多功能，但让他庆幸的是，现在的微信还几乎和十年前的微信一样简单。虽然比十年前多了非常多功能，但这些功能用的已经是最简单的办法了，所以增加的复杂度会小。简单才会好用，特别是一个产品有十亿人在用的时候。

然而，简单的做法往往难以实现，一方面受制于工程师的认知和能力，有时无法把复杂的问题抽丝剥茧进行简化；另一方面，迫于晋升的压力，特别是在大公司，要想法设法地证明自己的技术价值，重复造轮子，做所谓的技术沉淀，从而把简单的事情复杂化。

正如人们所说，**把一件事情搞复杂是一件简单的事，但要把一件复杂的事变简单，这是一件复杂的事。**

把事情做简单的确是一件不容易的事情，它需要我们有打破常规、不破不立的勇气；有洞察事物本质、化繁为简的能力。当然，它更需要我们有一颗不骄不躁、朴素的匠心。

作为有追求的程序员，我们应该尽量把复杂留给自己，把简单留给他人，而不是反过来。KISS 原则一直是我在软件设计中的目标之一，无论是写状态机引擎，还是 COLA 的迭代发展，其中都有 KISS 的身影。

8.1　简化是逆向做功

简化本质上是一个熵减活动。所有的事物都在缓慢熵增，就像凯文·凯利在《必然》一书中提到，世间万物都需要额外的能量和秩序来维持自身，无一例外。这就是著名的热力学第二定律，即所有的事物都在缓慢地分崩离析。而熵减就是逆向做功，即通过更多的努力让混乱的系统重新归于秩序。

对于技术人员来说，我们可以通过以下手段来实现系统的简化。

8.1.1　压缩、隐藏与赋予

在《简单法则：设计、技术、商务、生活的完美融合》一书中，作者提到了一个 SHE 简化法则——S 是 Shrink（压缩），H 是 Hide（隐藏），E 是 Embody（赋予）。

对于小的东西，人们对它的期望值会比较低，如果它同时功能强大到超出人们的预期，那么自然可以带给人惊喜。科技本身就是在做压缩，比如，计算机在诞生之初是重达 27.2 吨、占地 167 平方米的庞然大物，现在芯片可以压缩到小拇指指甲盖的十分之一大小。艺术借助轻巧单薄的形象来唤起人们的情感，对抗复杂本质的力量是脆弱，因为它可以引发怜爱，怜爱让人无法抗拒。

隐藏复杂可以让用户管理自身的期望，因此需要通过强制性手段把复杂隐藏起来。例如，瑞士军刀就做到了把复杂的工具都隐藏起来，曾经的翻盖手机也是为了看起来更整洁而隐藏了不必要的功能。

面向对象设计中的封装也是同样的道理。如图 8-1 所示，好的模块设计应该是像左边那样深且厚的，因为更少的接口意味着更低的理解成本和复杂度，更厚的深度可以提供更多的功能；而那些浅而薄的模块，看起来不仅复杂，而且用处不大。

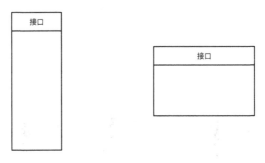

图 8-1　两种模块设计

关于这种深且厚的 API 设计，Linux 操作系统中的 File API 是非常优秀的案例。回顾一下 File API 的主要接口（以 C 为例）：

```
int open(const char *path, int oflag, .../*,mode_t mode */);
int close (int filedes);
int remove( const char *fname );
ssize_t write(int fildes, const void *buf, size_t nbyte);
ssize_t read(int fildes, void *buf, size_t nbyte);
```

此 API 提供了非常清晰的概念模型，我们能够很快理解这套 API 背后的基础概念：什么是文件，以及相关联的操作（open、close、read、write）。另外，File 支持很多的不同文件系统实现，这些系统实现甚至属于类型截然不同的设备，例如磁盘、块设备、管道、共享内存、网络、终端等。这些设备有的支持随机访问，有的只支持顺序访问；有的是持久化的，有的则不是。然而所有不同设备的不同文件系统实现都可以采用同样的接口，使得上层系统不必关注底层实现的不同，这正是此 API 强大生命力的体现。

基于这些原因，我们知道 File API 为什么能够如此成功。事实上，正是因为它的成功，以至于今天的 Linux 操作系统都是基于文件的（everything is filed based）。

赋予是指通过材料上的加强和其他暗示性信息来赋予产品更强的品质感，以达到压缩隐藏产品直观感受的平衡，同时要兼顾设计、科技和商业，达成最终的决策。**总之，缩减你所能缩减的，在不失内在价值感的前提下把其他所有都尽可能隐藏起来。**

8.1.2　减少选择

正如乔布斯所说，

专注与简洁一直是我的格言。简洁比复杂困难得多，因为你只有努力简化思维，才能把东西做得简洁。但这么做是值得的，因为一旦做到了这一点，你就能改变世界。

　　实际上，苹果 iPod 的成功就在于产品更简单、外形更简洁、功能更强大。对于一个音乐播放器来说，最重要的是播放键。荷兰皇家飞利浦电子公司的品牌理念——"精于心，简于形"（Sense and Simplicity）表达的也是同样的道理。

　　好的产品并不是要做到大而全，而是有节制。**给用户太多的选择，有时还不如不给选择**，因为用户自己也不知道自己想要什么。例如，即时通讯（Instant Message，IM）工具 QQ 提供了非常丰富的文本编辑功能，字体类型、大小、颜色和样式等选择应有尽有。然而，IM 的本质是传递信息，这些"锦上添花"的功能并不是核心。因此，微信虽然并没有给用户提供这些选项，但是并不妨碍用户的使用，反而成就了一个更伟大的产品。

　　在 Java 应用中使用 Logger 框架有很多选择，比如 log4j、logback、common logging 等，每个 Logger 的 API 和用法都稍有不同，有的需要用 isLoggable() 进行预判断以便提高性能，有的则不需要。此外，每个 API 都提供了非常多的方法，以 logback 的 Logger 为例，如图 8-2 所示，它总共提供了 79 个方法。

图 8-2　logback 中的 Logger API

如图 8-3 所示，面对这么多的 Logger 及众多的方法，我们该如何选择呢？直接依赖日志框架会造成变更框架时的巨大麻烦，因为要改动代码的地方非常多，所以可以看到，在从 commons logging 向 log4j，以及从 log4j 向 logback 迁移的过程中，出现了很多桥接（bridge）组件。

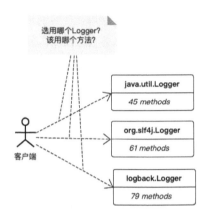

图 8-3　众多的 Logger 选择

实际上，我们可以遵循依赖倒置原则，在进行依赖解耦的同时减少方法的数量。如图 8-4 所示，依赖倒置就是反转依赖的方向，让原来紧耦合的依赖关系得以解耦，这样依赖方和被依赖方都有更高的灵活度。

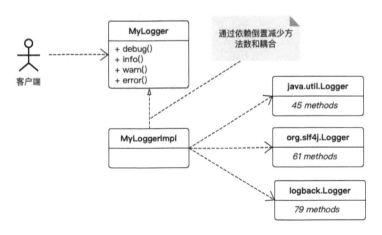

图 8-4　依赖倒置后的 Logger

所以不管是做产品，还是设计 API，我们都应该给客户（客户端）提供简洁的接口，更少的选择也意味着更低的复杂度。

8.1.3 奥卡姆剃刀

奥卡姆剃刀原理，是指如无必要，勿增实体（Entities should not be multiplied unnecessarily），即"简单有效原理"。正如奥卡姆在《箴言书注》第 2 卷 15 题中提到，切勿浪费较多东西，去做用较少的东西同样可以做好的事情。

在具体的应用过程中，我们可以遵循以下原则去做事情：如果同一个现象有 n 种理论，最简单的那个便是最正确的。能用 n 个动作做好事情，那就不要有第 n+1 个动作。

比如，在《皇帝的新衣》中，皇帝到底穿没穿衣服呢？如果你在现场，你很有可能也是大臣之一。如果你懂得了奥卡姆剃刀原理，就可以用逻辑手段判断谁是真理。

第一种逻辑：假设皇帝真的穿了衣服→愚蠢的人看不见→假设你就是愚蠢的人→所以你没看见皇帝穿衣服。

第二种逻辑：假设皇帝没穿衣服→所以你没看见皇帝穿衣服。

同样看见没穿衣服的皇帝，第二种解释简单明了。而第一种解释，正因为它是错误的，所以需要更多的假设来补救漏洞，就像说谎和圆谎一样。真相不需要伪装掩饰。

再比如，地心说和日心说，托勒密的地心说模型是一个本轮均轮模型，人们可以按照这个模型定量计算行星的运动，据此推测行星所在的位置。

到了中世纪后期，随着观察仪器的不断改进，人们能够更精确地测量行星的位置和运动，并观测到行星的实际位置与这个模型的计算结果存在偏差，一开始还能勉强应付，后来**小本轮增加到八十多个**，却仍然不能精确地计算行星的准确位置。

1543 年，波兰天文学家哥白尼在临终时发表了一部具有历史意义的著作——《天体运行论》。这个理论体系提出了一个明确的观点：太阳是宇宙的中心，一切行星都在围绕太阳旋转。该理论认为，地球也是行星之一，它一方面像陀螺一样自转，另一方面又和其他行星一样围绕太阳转动。

哥白尼的计算不仅结构严谨，而且计算简单，与已经加到八十余个本轮的地心说相比，哥白尼的计算与实际观测资料能实现更好的吻合。因此，地心说最终被日心说取代。

8.2　干掉流程引擎

在业务技术领域，流程引擎绝对是一个"奇葩"的存在。我刚毕业后，曾在交通银行工作，当时 IBM 给银行提供了一个很重的解决方案，用了 IBM 自己的业务流程管理（Business Process Management，BPM）软件。我记得当时只是培训我们如何使用这个软件就花了很长时间，即使这样，在实际落地开发的过程中，仍然出现了一堆问题。本来并不复杂的业务流程，在 BPM 的"搅和"下变得晦涩难懂，当出现问题时，做问题调试和排查更是难上加难，这简直成了工程师的噩梦。

如果说银行使用 BPM 是因为其技术能力比较薄弱，容易被大公司忽悠。那么为什么我后来到外企，甚至再后来到了阿里巴巴，情况都没有得到明显改观，滥用流程引擎的情况还是很常见呢？

我曾经一度困惑：作为一个领域专用语言（Domain Specific Language，DSL），流程引擎为何会有如此的魅力，被这么多人奉为圭臬？

我想可能是出于以下两点原因。

（1）业务比较复杂，所以需要一个工具来帮我治理复杂度，而市面上最常用的解决方案莫过于流程引擎了。

（2）作为业务技术人员，我需要一个东西来体现自身的技术价值，出于技术沉淀的需要，要有一些看起来比较有"技术感"的东西。

但是深入思考一下就不难发现，流程引擎并不能降低复杂度，反而会添加新的复杂度。比如，基于数据库的配置，我在代码中看不到流程的全貌，如果要看整个执行步骤，那么必须借助数据库的配置数据，这严重影响了代码的可读性和系统的可维护性。**像这种可有可无的流程引擎，我们完全可以用奥卡姆剃刀把它砍掉。**

从实际使用情况来看，在大部分的业务场景中，流程引擎并没有帮助我们解决问题。首先，流程引擎会引入额外的复杂度，特别是那些需要持久化状态的流程引擎，还要维护其额外的存储；其次，流程引擎会割裂代码，导致阅读代码不顺畅。大胆断言一下：全天下估计 80% 对流程引擎的使用都是得不偿失的。也就是说，不用流程引擎，代码也许会更简单、更美好。

综上，**我的建议是，除非你的应用有极强的流程可视化和编排的诉求，比如对灵活性要求极高的 SaaS 低代码（low-code）平台，否则不推荐使用流程引擎等工具。**

实际上对于这些流程性的业务逻辑，我们有更简单的解决方案。一种方案是使用 1.5.4 节中介绍的组合方法模式，即通过结构化思维梳理业务的逻辑层次和关系，然后遵循抽象层次一致性的原则来构建组合方法。这样做的好处是简单直观，但坏处是硬编码（hard code），即流程代码是被写死的，在做流程编排时会不够灵活。为了应对这种不灵活性，我们可以考虑另一种方案——7.1.1 节中介绍的管道模式，即通过 Valve 的抽象，使得增加和删减 Valve 都变得灵活。

8.3　极简状态机的实现

相比于流程引擎，状态机已经是比较轻量级的流转表达了。即使是这样，市面上主流的状态机引擎还是太复杂了，因为它们不顾及真实的业务诉求，尝试做到大而全，而实际上其中大部分的功能开发者都用不上。

以现在开源社区被使用最多的两个状态机引擎 Spring State Machine 和 Squirrel State Machine 为例，它们是在 GitHub 中排在前两名的状态机引擎，**优点是功能很完备，缺点也是功能很完备**。

这些状态机引擎尝试去支持 UML State Machine（见链接 8-1）上所有的功能点，其中包括状态的嵌套（substate）、状态的并行（parallel、fork、join）、子状态机（sub-state machine）等。然而现实情况是，我们大部分的业务场景只需要一个业务状态流转的显性化业务语义表达，即一个简单 DSL。

除此之外，这些状态机都是有状态的，因为有状态，状态机的实例就不是线程安全的。而我们的应用服务器是分布式多线程的，所以每次状态机在接受请求时，都不得不新建一个全新的状态机实例，这就给应用服务器带来很大的性能开销。

以电商交易为例，在用户下单后，调用状态机实例将状态改为"Order Placed"，如图 8-5 所示。当用户支付订单的时候，可能是另一个线程，也可能是另一台服务器，所以我们必须重新创建一个状态机实例。因为原来的实例不是线程安全的，这就导致当系统的每秒访问量（Query Per Seconds，QPS）很高时，肯定会遇到性能问题。

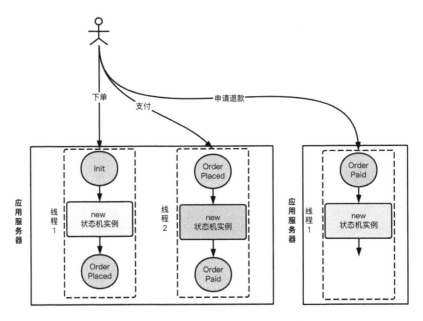

图 8-5 有状态的状态机

8.3.1 领域专用语言的分类

鉴于这种情况,我们可以考虑使用领域专用语言(DSL)实现一个极简的"无状态"状态机,只负责状态流转的业务语义显性化表达,而且不维护状态。

关于 DSL,Martin Fowler 中《领域特定语言》一书中提到,DSL 可以分为三类,分别是内部 DSL(Internal DSL)、外部 DSL(External DSL),以及语言工作台(Language Workbench)。

(1)内部 DSL 是一种通用语言的特定用法。用内部 DSL 写成的脚本是一段合法的程序,但是它具有特定的风格,而且只用到了语言的一部分特性,用于处理整个系统中一小方面的问题。用这种 DSL 写出的程序有一种自定义语言的风格,与其所使用的宿主语言有区别。比如接下来要介绍的"极简状态机",它不支持脚本配置,使用的是 Java 语言,但并不妨碍它也是 DSL。

```
builder.externalTransition()
        .from(States.STATE1)
        .to(States.STATE2)
        .on(Events.EVENT1)
        .when(checkCondition())
        .perform(doAction());
```

（2）外部 DSL 是一种"不同于应用系统主要使用语言"的语言。外部 DSL 通常采用自定义语法，不过选择其他语言的语法也很常见（XML 就是一个常见选择），比如像 Struts 和 Hibernate 这样的系统所使用的 XML 配置文件。

（3）工作台是一个专用的 IDE。简单点说，工作台是 DSL 的产品化和可视化形态。

3 个类别的 DSL 从前往后存在一种递进关系，内部 DSL 最简单，实现成本也低，但是不支持"外部配置"；工作台不仅实现了配置化，还实现了可视化，但是其实现成本也最高。它们的关系如图 8-6 所示。

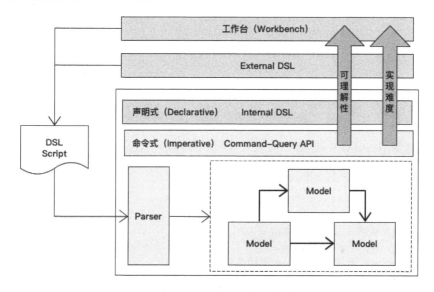

图 8-6　DSL 的分类和关系

我们使用的大部分的状态机，其主要目的是代码业务语义显性化表达，不需要配置化和可视化。所以对于实现一个简单易用的状态机引擎来说，成本比较低的内部 DSL 的方式是一个不错的选择。

8.3.2　极简状态机的模型设计

我们的诉求是实现一个仅支持简单状态流转的状态机，主要目的是实现状态流转的语义显性化表达，因为不涉及复杂的状态嵌套及分叉、合并。极简状态机的主要功能可以简化为图 8-7，只负责状态的流转，包括外部流转和内部流转。

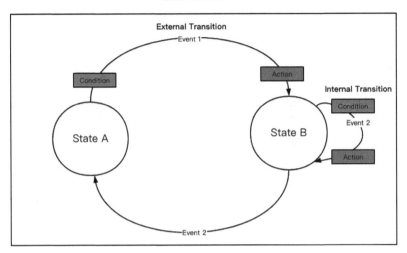

图 8-7　极简状态机的主要功能图

在这个简洁的模型中，其核心概念无外乎以下内容。

- State Machine：状态机。

- State：状态。

- Event：事件，状态由事件触发，引起变化。

- Transition：流转，表示从一个状态到另一个状态。

- External Transition：外部流转，两个不同状态之间的流转。

- Internal Transition：内部流转，同一个状态之间的流转。

- Condition：条件，表示是否允许到达某个状态。

- Action：动作，到达某个状态之后，可以做什么。

整个状态机的核心语义模型（Semantic Model）也很简单，如图 8-8 所示。

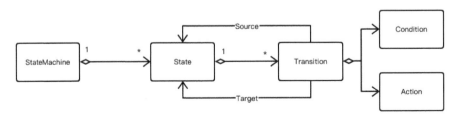

图 8-8　状态机语义模型

　　注意，"语义模型"是《领域特定语言》一书中的术语，我们可以将它理解为"状态机的领域模型"。Martin Fowler 用"Semantic"一词是想说，外部的 DSL 脚本代表语法（Syntax），内部的模型代表语义（Semantic）。我认为这个隐喻是很恰当的。

　　基于这个语义模型，其模型对象的核心代码如下所示：

```
//StateMachine
public class StateMachineImpl<S,E,C> implements StateMachine<S, E, C> {

    private String machineId;

    private final Map<S, State<S,E,C>> stateMap;

    ...
}

//State
public class StateImpl<S,E,C> implements State<S,E,C> {
    protected final S stateId;

    private Map<E, Transition<S, E,C>> transitions = new HashMap<>();

    ...
}

//Transition
public class TransitionImpl<S,E,C> implements Transition<S,E,C> {

    private State<S, E, C> source;

    private State<S, E, C> target;

    private E event;

    private Condition<C> condition;

    private Action<S,E,C> action;

    ...
}
```

8.3.3　连贯接口设计

　　在编写软件库的时候，我们有两种选择，一种是提供 Command-Query API，另一种是连贯接口（Fluent Interface）（见链接 8-2）。比如，Mockito 的 API 中的 when(mockedList.get(anyInt())).thenReturn("element")就是一种典型的连贯接口。

连贯接口是实现 Internal DSL 的重要方式，因为这种连贯性能带来可读性和可理解性的提升，其本质不仅是提供 API，更是一种领域语言、一种内部 DSL。比如，在 Mockito 的 API 中，when(mockedList.get(anyInt())).thenReturn("element")就非常适合用 Fluent 的形式，实际上，它也是单元测试这个特定领域的 DSL。如果把这个 Fluent 换成 Command-Query API，其写法会变成：

```
String element = mockedList.get(anyInt());
boolean isExpected = "element".equals(element);
```

这样的写法显然很难表达出测试框架的领域特性。

这里需要注意的是，连贯接口不仅可以提供类似于 Method Chaining 和 Builder 模式的方法级联调用，比如 OkHttpClient 中的 Builder：

```
OkHttpClient.Builder builder=new OkHttpClient.Builder();
    OkHttpClient okHttpClient=builder
            .readTimeout(5*1000, TimeUnit.SECONDS)
            .writeTimeout(5*1000, TimeUnit.SECONDS)
            .connectTimeout(5*1000, TimeUnit.SECONDS)
            .build();
```

连贯接口更重要的作用是，限定方法调用的顺序。比如，在构建状态机的时候，我们只有在调用了 from 方法后才能调用 to 方法，Builder 模式没有这个功能。

实际上，在实现这个状态机的时候，用来写 Builder 和 Fluent Interface 的代码甚至比核心代码还要多，比如 TransitionBuilder 是这样写的：

```
class TransitionBuilderImpl<S,E,C> implements ExternalTransitionBuilder<S,E,C>,
InternalTransitionBuilder<S,E,C>, From<S,E,C>, On<S,E,C>, To<S,E,C> {

    final Map<S, State<S, E, C>> stateMap;

    private State<S, E, C> source;

    protected State<S, E, C> target;

    private Transition<S, E, C> transition;

    final TransitionType transitionType;

    public TransitionBuilderImpl(Map<S, State<S, E, C>> stateMap, TransitionType
transitionType) {
        this.stateMap = stateMap;
        this.transitionType = transitionType;
    }

    @Override
```

```java
public From<S, E, C> from(S stateId) {
    source = StateHelper.getState(stateMap, stateId);
    return this;
}

@Override
public To<S, E, C> to(S stateId) {
    target = StateHelper.getState(stateMap, stateId);
    return this;
}

@Override
public To<S, E, C> within(S stateId) {
    source = target = StateHelper.getState(stateMap, stateId);
    return this;
}

@Override
public When<S, E, C> when(Condition<C> condition) {
    transition.setCondition(condition);
    return this;
}

@Override
public On<S, E, C> on(E event) {
    transition = source.addTransition(event, target, transitionType);
    return this;
}

@Override
public void perform(Action<S, E, C> action) {
    transition.setAction(action);
}

}
```

通过这种连贯接口的方式，我们确保了 Fluent 调用的顺序。如图 8-9 所示，在 externalTransition 的后面只能调用 from，在 from 的后面只能调用 to，从而保证了状态机构建的语义正确性和连贯性。

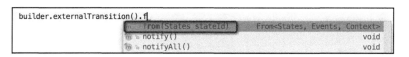

图 8-9 Fluent 形式的状态机构建

8.3.4 无状态设计

在去掉状态之前，我们首先要知道为什么要维护状态？这个状态有什么作用？

分析一下市面上的开源状态机引擎，不难发现，它们之所以有状态，主要是因为在状态机中维护了两个状态：初始状态（initial state）和当前状态（current state）。如果我们能把这两个实例变量去掉，那么就可以实现无状态，从而实现一个状态机只需要有一个实例就够了。

那么这两个状态可以不要吗？这和我们的设计目标有关系，如果是一个单体应用，并且我们需要随时从状态机中获取当前状态信息，那么这个状态机必须要维护状态。而对于分布式应用来说，其本身就是无状态（stateless）的，也没有获取当前状态的诉求，那么在理论上，这样的状态机是可以不维护状态的。

基于这样的思考，我们可以把状态机设计成无状态的，唯一的副作用是我们无法获取状态机的当前状态。然而，我也不需要知道，因为我们使用状态机仅仅是为了接受一下源状态（source state），检查一下条件（condition），执行一下动作（action），然后返回目标状态（target state）。它只是实现了一个状态流转的 DSL 表达，仅此而已，全程操作完全可以是无状态的。

如图 8-10 所示，采用了无状态设计之后，我们就可以使用一个状态机实例来响应所有的请求了，性能会得到显著提升。

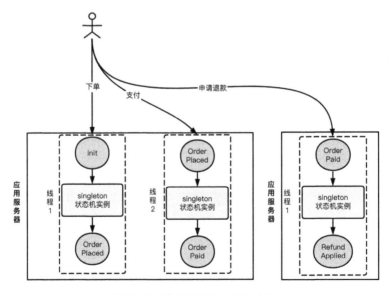

图 8-10　单实例无状态的状态机

这就是奥卡姆剃刀的魅力所在,相比于传统的状态机引擎,剔除了状态的状态机变得更简单、更轻便,性能也更好。

8.3.5 极简状态机的使用

对于状态机的使用者来说,关键在于构建状态机。下面的代码展示了极简状态机的 3 种状态转换(transition)方式,分别是内部转换、外部转换和多目标状态转换。

```
StateMachineBuilder<States, Events, Context> builder =
StateMachineBuilderFactory.create();
    //external transition
    builder.externalTransition()
        .from(States.STATE1)
        .to(States.STATE2)
        .on(Events.EVENT1)
        .when(checkCondition())
        .perform(doAction());

    //internal transition
    builder.internalTransition()
        .within(States.STATE2)
        .on(Events.INTERNAL_EVENT)
        .when(checkCondition())
        .perform(doAction());

    //external transitions
    builder.externalTransitions()
        .fromAmong(States.STATE1, States.STATE2, States.STATE3)
        .to(States.STATE4)
        .on(Events.EVENT4)
        .when(checkCondition())
        .perform(doAction());

    builder.build(machineId);

    StateMachine<States, Events, Context> stateMachine =
StateMachineFactory.get(machineId);
    stateMachine.showStateMachine();
```

可以看到,内部 DSL 的状态机实现显著提升了代码的可读性和可理解性。特别是在相对复杂的业务状态流转中,这种代码的可维护性显然更好。不仅如此,我在构建状态机时使用了访问者模式(Visitor Pattern),该模式可以使我轻松地定制不同形式的状态机输出。下面是我们在实际项目中通过状态机生成的 PlantUML 脚本:

```
@startuml
Supplier_Manager_Processing --> Price_Manager_Processing : Apply_Over_P0_Sell
```

```
Supplier_Manager_Processing --> Closed : P0_Changed
Supplier_Manager_Processing --> Closed : Supplier_Agree
Supplier_Manager_Processing --> Closed : Page_Price_changed
Supplier_Manager_Processing --> Supplier_Manager_Processing : Normal_Update
Price_Manager_Processing --> Closed : Agree_Over_P0_Sell
Price_Manager_Processing --> Supplier_Manager_Processing : Reject_Over_P0_Sell
Price_Manager_Processing --> Closed : P0_Changed
Price_Manager_Processing --> Closed : Supplier_Agree
Price_Manager_Processing --> Closed : Page_Price_changed
Price_Manager_Processing --> Price_Manager_Processing : Normal_Update
None --> Supplier_Processing : Create
Supplier_Processing --> Supplier_Manager_Processing : Supplier_Reject
Supplier_Processing --> Closed : P0_Changed
Supplier_Processing --> Closed : Supplier_Agree
Supplier_Processing --> Closed : Page_Price_changed
Supplier_Processing --> Supplier_Manager_Processing : Supplier_Timeout
Supplier_Processing --> Supplier_Processing : Normal_Update
@enduml
```

其对应的 PlantUML 的状态图如图 8-11 所示，这种状态图更有助于我们看清业务的全貌。得益于状态机的辅助，我们可以更好地实现和维护这种比较复杂的业务。

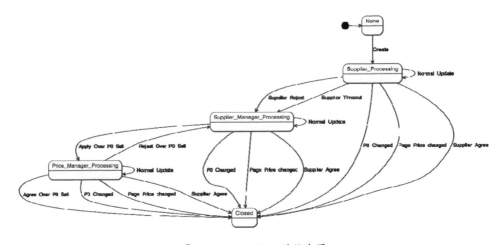

图 8-11　PlantUML 的状态图

最后，关于状态机（cola-statemachine）的更多实现细节和完整的代码，读者可以在链接 8-3 中查看。

8.4　COLA 的壮士断腕

COLA 从 1.0 版本到 4.0 版本是一个不断化繁为简、不断精简的过程。

比如在 COLA 1.0 中，为了遵循命令查询分离（Command Query Responsibility Seperation，CQRS）模式，而采用了命令模式来处理用户请求。设计的初衷是通过框架，一方面强制约束 Command 和 Query 的处理方式，另一方面把服务门面（Service Facade）中的逻辑强制拆分到 CommandExecutor 中去，防止服务代码膨胀过快。

既然这样，为何不用奥卡姆剃刀把 CommandBus 剔除呢？去除 CommandBus 之后，代码的可理解性和可维护性得到了显著提升，如果需要查看对应的 Executor，只需用鼠标在 IDE 上点击一下就好了，简单直观。

再比如拦截器（Interceptor）功能，之前的想法是作为一个框架，COLA 要像其他的框架一样提供框架级别的拦截器功能，而这个拦截器是以 CommandBus 为基础的，如果去掉了 CommandBus，这个功能也就不能用了。

对于业务代码来说，拦截器本质上就是处理业务的切面（Aspect）问题，比如统一的鉴权、异常处理、日志等。然而，关于面向切面编程（Aspect Oriented Programming，AOP），Spring 已经提供了非常完善的功能，因此，拦截器这个设计也有点"鸡肋"。此外，因为拦截器的存在，导致我们在习惯上容易把鉴权、异常处理、日志等公共事务代码写在应用内部，这也不利于技术组件的抽取和复用。事实证明，大家（包括我自己）在使用 COLA 的时候，很少会使用拦截器，既然如此，那么不用也罢。

经过多次迭代之后，COLA 变得更纯粹、更简单、更易用。然而，身为设计者的我深知这种简单来之不易，它不是我在 COLA 1.0 阶段就能认识到的，而是在我不断实践、不断犯错、不断学习后才领悟到的。

关于 COLA 设计的更多细节，会在第 18 章中详细介绍。

8.5　复杂的产品没人用

我在零售通工作时，其业务是类自营的模式，即商家在平台报价，并把货送到我们的仓库，然后由平台帮助销售和履约。为了维护平台的价格形象，我们要对商家的报价进行审核，然而每天都有成千上万的商家在提报商品，为了节省运营的人力，我们发起了价格自动审核项目。

价格自动审核的逻辑是，我们有一个价格锚点（基础价格），运营人员可以针对不同品类的商品设置一个价格区间。当商家提报的价格在自动审核的价格区间内，就可以自动审核通过，并上架销售。其价格规则设置的产品界面如图 8-12 所示，运营人员可以在一级类目、二级类目、品牌、商品分层、仓库类型 5 个维度上分别设置价格规则。

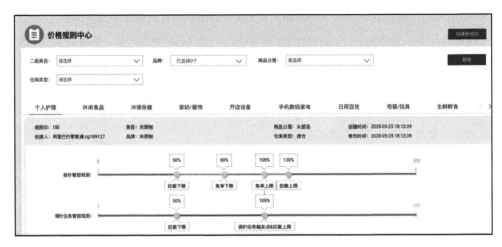

图 8-12　价格规则配置中心

产品上线半年后，取得了不错的业务效果，大概有 30%的商品都能通过自动审核上架销售，节省了不少人力。只是有一点，我在观察后台的配置数据时，发现自从半年前上线的那一刻起，这些管控规则就从来没有被人修改过。

通过进一步调查，我发现，这个价格规则实际上比我想象的要复杂得多。在规则中，除了一级类目和仓库类型是必选项，二级类目、品牌、商品分层都是可选项，而当可选项没有被选中时，其默认规则是全选。如表 8-1 所示，必选和可选的价格规则搭配总共有 8 种可能性。

表 8-1　价格规则排列

一级类目	仓库类型	二级类目	品　　牌	商品分层
必填	必填	选填	选填	选填
必填	必填	选填	选填	未填（ALL）
必填	必填	选填	未填（ALL）	选填
必填	必填	未填（ALL）	选填	选填
必填	必填	选填	未填（ALL）	未填（ALL）
必填	必填	未填（ALL）	选填	未填（ALL）
必填	必填	未填（ALL）	未填（ALL）	选填
必填	必填	未填（ALL）	未填（ALL）	未填（ALL）

面对如此复杂的规则设置，不要说运营人员，就是设计系统的产品经理和开发人员也

没有弄得很明白。况且，我们当时的运营能力还处在比较粗犷的阶段，做不到精细化运营。实际上，在我把这些规则显性化地整理出来之前，其产品逻辑和代码逻辑也都是不正确的。

针对这种情况，我果断地对系统进行了重构，使用奥卡姆剃刀，把 5 个维度的规则配置精简到 2 个，废除了运营的配置界面，改用阿里巴巴内部中间件团队提供的 Switch（分布式配置中间件）简单支持配置。这种简化不仅消除了之前的系统 bug，而且没有影响到业务，价格的自动审核通过率在原来的基础上还有所提升。

这段经历使我明白，作为技术人员，我们要有把控产品的能力，B 端产品和 C 端产品一样，都是给"人"用的，都不宜设计得过于复杂，简单易用永远是产品设计的真谛。

8.6　精华回顾

- 简单不是一个简单的目标，而是一个非常高的目标。所有的 UNIX 哲学浓缩为一条铁律就是 KISS 原则。

- 简单不是简陋。简单是一种洞察问题本质、化繁为简的能力，简陋是对问题不加思考地简单处理，二者有本质区别。简单需要我们付出很多的精力，对问题深入思考，进行熵减逆向做功。往往需要经历简单—复杂—简单的演化过程。

- 我们可以利用隐藏、减少选择及奥卡姆剃刀来实现简化的目的。

- $E=mc^2$ 和 $F=ma$ 证明，上帝似乎不是一个喜欢复杂的人。

- 不管是弃用流程引擎、重新设计状态机引擎，还是 COLA 的迭代、产品的博弈，我总是能从化繁为简中受益。

09

成长型思维

只有一条路不能选择，那就是放弃的路；只有一条路不能拒绝，那就是成长的路。

如果我告诉你"明天的你会比今天更优秀"，那么你还会介怀今天的失败吗？

决定你成长的第一步不是你是否努力，而是你是否相信努力。比起智商和情商，思维模式的差异也许才是人生的分水岭。比如，你更关心别人眼里的你是否聪明，还是怎么才能变得聪明？你想变得完美了再参加比赛，还是想在比赛中变得完美？成功往往是一时的，而成长才是一辈子的，况且没有成长，也不会有真正的成功。

成长美学的特征就是相信积累的效应，对人生持有固定论，本质只是为拒绝改变寻找的理由和借口。相信发展，相信改变，容易形成正反馈，以微弱优势聚沙成塔，成功世界本就来自一只蝴蝶挥挥翅膀的触发，这就是我能从低谷爬起来，并持续成长的秘密。

9.1 走过至暗时刻

2014 年 7 月，我离开 eBay，以 P8 级（高级技术专家）的身份加入阿里巴巴，高处不胜寒，接下来发生的事并不美好。我经常和别人开玩笑说，正常落地是 landing（着陆），而我是 crash（坠机）。

2014 年的 P8 应该算是绝对的"高 P"了，当时，整个 1688 技术部也就几个 P8 而已。我在入职的前两个月工作还算顺利，作为一个新人，学习吸收就好了。然而在试用期过后，为了快速地证明自己的技术能力，我在部门里筹建了一个虚拟技术小组，想带领大家做一些有"技术价值"的事情。

可是在一个业务技术部门中，能做的有技术价值的事情并不多，加上虚拟技术小组真的很"虚拟"，大家都很忙，想做的事情基本只有我在做。另外，我以前在 eBay 是一个 IC，即个人贡献者（Individual Contributor），而现在要管理一个七八人规模的团队，对我来说也是一个挑战。种种"不如意"给我带来了不小的压力，一种才不配位的念头开始在我心头萦绕。

花了差不多一个月的时间，我终于"成功"地将这种"自我质疑"演变成"自我否定"。我开始觉得自己"没有能力""没有希望"，其至"一无是处"。这种消极的情绪压得我喘不过气，我开始整夜整夜地失眠。即使晚上失眠，白天还要硬撑着去上班，说是上班，实际上更像梦游，昏沉的头脑几乎让我失去了思考的能力。好不容易撑到中午，想靠在椅子上睡一会儿，可闭上眼睛，还是被不安笼罩，生活彻底坠入了焦虑的恶性循环。

2014 年年底的时候，差不多是我人生的至暗时刻了，连续一个月的失眠让心情变得很抑郁，最后不得不去医院……

当然，最后我还是从黑暗中走出来了。我想我之所以能走出来，除了家人和朋友的支持，另一个重要的原因是我开始意识到，我的痛苦很大程度上不是来自外界（实际上，身边的同事都挺认可我的能力），而是来自我自己，是"我觉得我没有能力""我觉得我不行""我觉得我一无是处"，这些"我觉得……"导致我丧失信念，信心全无。

这种把外部事件和自己能力水平画等号的思维方式，是典型的固定型思维（Fixed Mindset），而更好的思维方式应该是成长型思维（Growth Mindset）。我能从逆境中走出来，得益于我从卡罗尔教授那里学习到了成长型思维。

9.2　成长型思维与固定型思维

成长型思维源自斯坦福大学心理学教授卡罗尔·德韦克写的《终身成长：重新定义成功的思维模式》（*Mindset：The New Psychology of Success*）一书。

比尔·盖茨在给本书作序时写到：

"我爱这本书的一个原因是，它不仅提供了理论，还阐明了方法。德韦克帮助固定型思维模式者转变为成长型思维模式者的方法表明，仅仅对成长型思维模式进行一番深入了解，你就能让自己的思想和生活彻底改变。"

的确如此，《终身成长》是对我影响最大的书之一，**我能从一个固定型思维者转变为成长型思维者，完全是得益于这本书的启发。**

不同的人在面对竞争、失败、挫折的时候，会有不同的想法和做法，这个反应就是你的思维模式。卡罗尔教授把这种思维模式分为两种——成长型思维和固定型思维。

在固定型思维模式的世界中，个人能力是固定的，天赋带领你走向成功，你需要不断证明自己的能力与价值。拥有固定型思维的人急于一遍遍地证明自己的能力，他们会把发生的事当作衡量自己能力和价值的标尺，就像我初入阿里巴巴时那样。

他们认为：成功是智力的证明，意味着自己比其他人更有天赋，拥有更多的特权；失败意味着缺乏个人技能或潜力，并会给自己贴标签，产生彻底的失败感和无力感。只有那些无法依靠天赋成功的人才需要努力，完美无缺是人的与众不同之处，努力会贬低价值。**他们追求完美无缺，害怕自己努力后的失败会证明自己无能，因而恐惧挑战，拒绝学习新事物。**

拥有成长型思维的人认为成功是学习的结果，努力是通往成功的关键。在成长型思维模式的世界中，个人能力是可以改变的，你需要提高自己，去学习新的知识，从失败中吸取经验教训，拓展自己的才能。

他们认为：成功是学习的结果，意味着做到最好的自己，但自己仍是普通人；失败是一次机会，无法成为永久的定义；努力是通往成功的关键，无论个人的能力有多强，只有努力才能激发和拓展能力，取得最终的成就。

他们追求不断进取，直面挑战，努力做到更好。正如卡罗尔所言，**成功个体的标志，在于他们热爱学习、喜欢挑战、重视努力，并在面对苦难时坚韧不拔。**

具有成长型思维的人相信可以通过学习来实现自我提升，相信学习和成长的力量，相信努力可以改变智力和能力。我们可以通过图 9-1 的对比来判断一个人是具有成长型思维还是固定型思维。

1. 我的态度和汗水决定了一切
2. 我可以学会任何我想学的东西
3. 我想要挑战我自己
4. 当我失败的时候，我会学多东西
5. 我希望你表扬我很努力
6. 如果别人成功了，我会受别人的启发

1. 我的聪明才智决定了一切
2. 我擅长某些事，不擅长另外一些事
3. 我不想要尝试我可能不擅长的东西
4. 如果我失败了，我就无地自容
5. 我希望你表扬我很聪明
6. 如果别人成功了，他会威胁到我

图 9-1　成长型思维与固定型思维

9.3　大脑的可塑性

相信成长的力量，并不是空穴来风的"鸡汤"，而是有脑科学作为依据的。

传统观点认为，成年后的大脑功能固定且不可改变。而诺曼·道伊奇经科学研究发现：大脑的功能并不是一成不变的，而是拥有一定可塑性，通过合理的训练和调整，只要掌握正确的方法，持续成长是有可能的。

如图 9-2 所示，我们的大脑是由无数个神经元组成的，思考是通过神经元之间的相互连接和传递信号完成的。大脑和肌肉有点相似，锻炼可以增强肌肉，同样，训练大脑也可以增强神经元之间的连接或产生新的神经元连接。

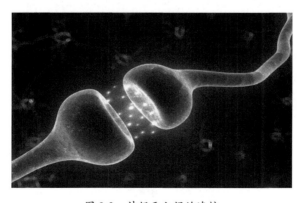

图 9-2　神经元之间的连接

随着思考力和能力水平的提升，我们的大脑会得到重塑，天赋、智商并不是在出生那一刻就被决定了的，而是可以通过学习、锻炼、挑战不断提升的，因此我们应该秉持"终身成长"的信念。

相信这一点很重要，因为相信大脑拥有可塑性，我们就有了改变人生的机会。病人因此有希望减少大脑损伤带来的影响，老人有机会延缓大脑的衰老，普通人也可期冀自我的提升。既然大脑可以被重塑，那么人生也有被重塑的可能性。

9.4　培养成长型思维

想要培养自己的成长型思维，**首先要学会正确评价自己**，也就是要学会客观地看待自己的状况和水平，不要自视过高，也不要妄自菲薄。其次，**不要过分相信天分**。一个人一旦相信了天分，就等于相信了自己的水平是基本不变的，就会给自己设限，觉得我只能做这个，我不适合干那个，甚至会觉得努力是一件丢脸的事情，只有笨人才需要努力。看过《刻意练习：如何从新手到大师》一书的人应该知道，很多所谓的天才，其实靠的并不是天分，而是努力！

想要让自己获得成长和改变，就一定要学会用成长型思维去看待和处理问题，其关键在于不要自我设限。

比如，总是觉得自己没有准备好。事实上，无论什么事情，我们都很难一次性做到尽善尽美，通常只能是通过一次次的试错、一次次的调整，才能让事情趋近于完美。正是在这样的试错和调整中，我们能获得进步和成长。就像提交给上级领导的方案，不管你如何做，领导多多少少总能找到一些瑕疵，但也正是因为他提出的这些瑕疵，才能让你下次做得更好。所以，不要总是等什么都准备好了才开始行动。

又比如，觉得为时已晚而止步。"种一棵树的最好时间是十年前，其次是现在"，只要你想、你愿意，什么时候开始都不晚。现在的你是由过去的你塑造的，而未来的你则需要靠现在的你来塑造。现在的每一个改变都会让以后的你变得不一样，所以不要再把"来不及"当作借口了，现在可能确实错过了最好的时机，但并不是没有可能。

再比如，觉得自己不擅长做某件事而放弃。可请你仔细回想一下，你现在所擅长的事情中，哪一件是你从一开始就擅长的？所谓擅长，只是因为你做得多了，掌握了规律和技巧，从而熟练了而已。就像写作这件事，大多数人一开始很难写出东西，但随着不断地阅读积累，坚持动笔写，反复修改，会写得越来越顺畅。上台演讲也是一样，我们一开始可能会特别紧张，讲话磕磕巴巴，整个过程还会微微颤抖，但随着不断上台历练，慢慢会做得越来越好，越来越擅长当众讲话。

9.4.1 明确努力的意义

我们从小都听过龟兔赛跑的故事，这个故事想告诉我们乌龟的缓慢和稳健最终赢得了比赛。但是，真的有人希望自己是那只乌龟吗？

不！我们只希望当一只不那么傻的兔子。我们希望像风一样敏捷，但同时也要有策略性——不要在终点之前打那么久的瞌睡。

龟兔赛跑的故事本想强调努力的重要性，却给了努力一个坏名声——它传递给人们"只有缺乏天赋的人才需要努力"的观念，并让人们以为只有在非常罕见的情况下，当有天赋的人失误时，后进者才有机可乘。

卡罗尔教授在《终身成长》一书中提到，

> 在固定型思维模式者的眼中，努力是有缺陷和不足的人需要做的。当一个人已经知道自己有缺陷，那么努力不会给他带来什么损失；但如果完美无缺正是你的与众不同之处——如果你被外界认为是天才、人才或者具有某些才能，那么你会损失很多东西。努力会贬低你的价值。

这段话就像是专门对我说的。回想起来，我从小到大一直抱有这样的想法。小时候，我最开心的事情就是别人夸我聪明，最羡慕那些经常看课外书、打球、逃课还成绩很好的同学。我会认为天分是第一性的，只有笨蛋才用得着努力，所以即使自己努力了，也要装出一副"不努力"的样子。

这种过分相信天分的固定型思维，导致我在遇到挫折的时候很容易进行自我否定，而忽视了努力的意义。

9.4.2 改变归因习惯

所谓"归因"，说简单一点，就是找原因。但是原因又分为主观原因和客观原因，如果找不对原因，那么会对我们的情绪和接下来的行为产生非常大的影响。

在认知心理学中，有一个著名的情绪 ABC 理论。如图 9-3 所示，激发事件 A（Activating Event 的第一个英文字母）只是引发情绪和行为后果 C（Consequence 的第一个英文字母）的间接原因，而引起 C 的直接原因则是个体因对激发事件 A 的认知和评价而产生的信念 B

（Belief 的第一个英文字母）。即人的消极情绪和行为障碍结果（C）不是由某一激发事件（A）直接引发的，而是由经受这一事件的个体对它不正确的认知和评价所产生的错误信念（B）直接引起的。错误信念也被称为非理性信念。

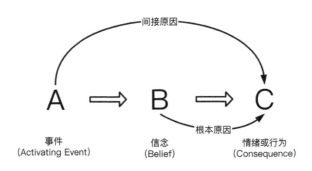

图 9-3　ABC 理论

例如考试失利了，有人会说："这次的试卷怎么这么难？"也有人会说："我没有复习好，很多重点都没有复习到。"还有一些人则会说："我就不是学习的料，是自己太笨了。"

同样一件事情（Activating Event），不同的人会有不同的理解方式（Belief），其产生的后果（Consequence）是不一样的。固定型思维的人可能会把考试失利归因为"自己笨"，而成长型思维的人可能会认为是"自己努力不够"。

将失败相对化，归因于偶发的因素，而不是归因于普遍化、人格化，也是培养成长型思维的重要方法。

我刚入职阿里巴巴时的焦虑就和错误的归因有关系，因为错误的归因造成对自己的否定，在丧失信心后，工作表现更差，差劲的表现进一步加重了焦虑，从而陷入不能自拔的恶性循环。如果能重新来过的话，我一定不会让信念（Belief）如此轻易地被扭曲，而是会充分相信自己，抛开他人的眼光和自己脆弱的自尊心，给自己时间，用学习和努力代替无谓的焦虑和内耗。

9.4.3　摆脱精神内耗

生活中，最好的状态是什么？就是全神贯注地做你当前正在做的事情，不论是学习、工作、思考，还是娱乐。但对于有些人来说，这种状态可能是一种"奢侈品"。

不管什么时候，他们的脑子总在转动，处理大量的信息，无法放空。这就导致他们特别容易产生一种现象——"想太多"。因为他们不得不把大量的脑力和精力都用在应对脑海中不自觉产生的这些想法上，因此每天的生活几乎都处于一种"满负荷运转"的状态下。即使每天没干什么，也特别容易感到疲惫不堪。

打个比方，正常人可能有 80% 的精力可以用在行动上，但"想太多"的人只有 30%~40% 的精力可以用于行动，而这部分精力还要与占据了 50%~60% 脑力的"胡思乱想"做斗争。**心理学上把这种现象叫作过度思虑（Overthinking），它还有一个更常见的名字——精神内耗。**

显而易见，这种现象容易发生在一个内向、敏感的人身上，他们更容易成为精神内耗的主要受害者。我不算很内向，但比较敏感。我之前的"坠机"事件就与精神内耗有着很大的关系，因为我的大部分精力不是在应对工作，而是在内耗："如何才能证明我有 P8 的能力呢？""老板会不会对我很失望？""身边的同事看我的眼光怪怪的，会不会觉得我是个'水货'？""我要如何做才能体现出技术价值呢？""已经好几天没睡好了，今晚必须要好好睡，要不明天咋办？"

我们的大脑在什么也不干的情况下，其实也是在运转的。这时，大脑的运转模式叫作默认模式网络（Default Mode Network，DMN）。DMN 的作用是把大脑后台零碎的信息进行梳理，重新激活那些可能被遗忘的信息。用计算机的术语来说，就是对大脑进行"索引"（Indexing）。

DMN 过分活跃是导致精神内耗的主要原因。一方面，DMN 的过度活跃使得我们在专注工作时仍然无法集中注意力，因为 DMN 会不断地与专注网络（Task Positive Network，TPN）争夺注意力资源。另一方面，当 DMN 不受 TPN 的钳制时，就更加"放飞自我"了，它会源源不断地把记忆里各种负面的想法输送到意识里，不断地提醒我们它们的存在，不管它们是大的、小的、过去的、未来的、长期的、短期的、严重的、轻微的……

我们可以通过提升专注力和行动力来抑制 DMN，正念和瑜伽都是提升专注力很好的方法。除此之外，让自己沉浸在自己做的事情当中，进入心流（flow）状态，也可以提升专注力。比如，我在写作的时候，喜欢用苹果电脑的专注模式，这样我就看不到随时跳出来的钉钉或者微信消息，免得被打扰，当我需要检查信息的时候，再做多屏切换。

只有专注力提升了，我们才可能减少精神内耗。在《刻意练习：如何从新手到大师》一书中，安德斯提到了刻意练习的 3F 原则，即 Focus（专注）、Feedback（反馈）、Fix it（纠正）。专注是排在第一位的，当然，除了专注力，行动力也很重要。

对于一件事情，如果你想不到特别有力的不去做的原因，那么就优先选择去做。也可以把这句话作为我们提升行动力的信条。

通常，不去做可能有很多种原因，可能是怕麻烦，可能是权衡得失，可能是害怕不确定性……但不去做，这些原因就永远都是未知的，问题永远都不会得到解决，会一直残留在你的记忆里，随着 DMN 的激活而挤占你的认知资源。

只有去行动了，你才能把未知变成已知，把不确定变成确定，让它们在大脑中得到安放和处置，不再干扰你的思考。对于"如何做才能体现出我的技术价值？"这个问题，如果我一直只停留在思考的层面，而没有行动的话，就不会诞生 COLA，也不会连续三年获得阿里巴巴技术协会（Alibaba Technology Academy，ATA）最佳作者，当然，更不会写出《代码精进之路》和你正在看的这本书，不行动的结果很可能是我一直不能从黑暗的漩涡中走出来。

9.4.4 持续精进

精进是大乘佛法的六度之一，就是你每次必须比上一次进步一点点！记住，慢也是快。如图 9-4 所示，千万不要忽视每天进步一点点的力量，也不要试图"一口吃成胖子"，真正的进步是滴水穿石的累积，这就叫"精进"。

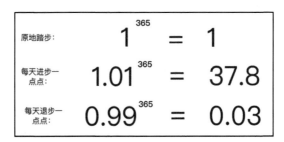

$$原地踏步：\quad 1^{365} = 1$$
$$每天进步一点点：\quad 1.01^{365} = 37.8$$
$$每天退步一点点：\quad 0.99^{365} = 0.03$$

图 9-4 精进的力量

巴菲特说，人生就像滚雪球，关键是要找到足够湿的雪和足够长的坡。好在，在技术领域，"雪"是足够多的，而且"坡"也足够长，关键看我们能不能坚持下去，但凡能持续学习和持续精进的人，其结果都不会差。

人生的进度条，不会出现从 0 到 1 的突然跃迁，而是要 0.1%、0.2% 地慢慢往前递进。不管是 1 万小时定律，还是成长型思维，都在教导我们做好"持久战"的准备。只有在一个领域持续地学习、思考、实践，才有可能成为这个领域的专家，才能把进度条拉满。

因为我在公司内外有一些影响力，所以经常有技术部门的同事找我咨询问题，他们有时会称呼我"大佬""大神"。但我心里时常会想：我既不"佬"也不"神"，我只是这么多年一直没有放弃技术，一直在持续学习，比一般人多学习了一点、多努力了一点而已。

9.4.5　保持好奇心

成长需要好奇心的牵引，要学会苦中作乐。

学习并不总是轻松的，特别是学习技术，有时会很枯燥。但成长型思维并不是我们拥有"终身成长""活到老，学到老"的信念就可以，还需要我们付出实实在在的行动和努力，这样才能有所成就。

学习的动力不应该仅仅来自外界的压力，更应该来自内在，来自我们内心对学习的渴望和好奇心。比如，达·芬奇被称为"最具好奇心的人"，正是在好奇心的驱使下，他在绘画、解剖学、地质学、机械设计、光学、植物学等多个领域都做出了杰出贡献。

好奇心也是创新的驱动力。首先，它使我们打破现有的思维局限，灵活思考，从而可以不断突破自己，完善自己的工作方式。其次，机会总是留给有准备的人的，好奇心会促使我们张开翅膀在未知的领域里飞翔，给自己和公司带来新的机会。再次，拥有好奇心的人常常是快乐的，因为一切事物都是那么新奇，你会因为工作中取得的一点小突破而感到快乐，你会因为同事或领导的一句肯定而快乐，你更会因为在工作中获取新知识、新技能并创造价值而快乐。最后，好奇心能使我们在工作中不断学习、积累经验，从而提高工作效率。

出于对缩写词来历的好奇，我曾经写了一篇《阿里巴巴缩写大全》，我把我所能碰到的所有缩写的全称、含义和来历都写在了里面。在文章的开头，我特意写了一句话："**亲，我懂你，不了解缩写背后的全称，你晚上睡不着。**"表 9-1 展示了这份缩写大全的部分片段。

表 9-1　阿里巴巴缩写大全片段

缩　　写	全　　称	解　　释
HSF	High-speed Service Framework	阿里分布式服务框架
TDDL	Taobao Distributed Data Layer	分布式数据访问引擎
Notify	Notify	消息中间件（Push 实现）
MetaQ	Metamorphosis Queue	消息中间件（Pull 实现），Metamorphosis 的寓意是向 Kafka 致敬
TMQ	Timer Message Queue	有定时任务触发诉求的可以用这个，TOC 太重

缩　写	全　称	解　释
Tair	Taobao key-value pair	分布式 Key-Value 存储系统
CS	Configure Server	非持久配置中心，为 HSF、Notify 提供地址发现服务

截至本书写作时，《阿里巴巴缩写大全》这篇文章已经被多个部门纳入新人培训资料中，在技术社区中总共获得 30 万的浏览数、4000 的点赞数和 7000 的收藏数，应该称得上技术社区中最成功的文章之一了。我当初怎么也想不到，一个出于好奇心的总结，竟然能帮助这么多人。

9.4.6　守住平常心

也许你也时常能听到这样的说法："某某炒股赚了 100 万。""谁谁都晋升到副总了，你都 30 岁了，怎么还在写代码？"在这个时代，人极易变得浮躁。也难怪，同龄人之间巨大的竞争压力，家庭沉重的经济负担……即使是"佛系"的技术男，也难逃世俗的漩涡。

平和的心态是我们持续成长的基础，因为人的专注力是有限的，内心平和的人可以更多地专注在学习和工作上；而内心挣扎的人，需要支配更多的精力去应付内耗，那么投入在学习和工作上的精力自然就少了。因此，拥有一颗平常心，不患得患失，不急功近利，非常重要。这样在你遇到困难时，才知道怎样与自己和解，并知道如何应对焦虑，把精力专注在解决问题而不是内耗上。

追求内心平和有一个简单技巧——正念呼吸，即每天花一些时间，把思绪都集中到呼吸上，抛开杂念，只专注呼吸，让眉头舒展开，让僵硬的肩膀放松下来……经常这样锻炼，可以让自己平静。比如，在跑完步之后，我喜欢闭上眼睛坐在那里，感受汗水，聆听心跳，享受运动带来的"成就感"；在吃柚子之前，我喜欢闻一闻柚子的清香味，感受食物的美好。

另一种锻炼方式是先停下手头在做的一切事情，先深呼吸一到两次，然后按顺序问自己：**我现在看到了什么东西？听到了什么声音？嗅到了什么味道？我的手和脚触碰到了什么？感觉是什么样的？**也可以闭上眼睛，依靠自己的感官走几步，在这个过程中专注于感受感官传来的信息。

我特别喜欢尤瓦尔·赫拉利在《人类简史：从动物到上帝》中关于平和的一段描述，可谓道出了平和的精髓。

平和的强大之处在于，真正平和的人了解自己所有的主观感受都只是一瞬间的波动。虽然疼痛，但不再感到悲惨；虽然愉悦，但不再干扰到心灵的平静。于是，心灵变得一片澄明、自在。这样产生的心灵平静力量之强大，是那些穷极一生疯狂追求愉悦心情的人完全难以想象的。

就像有人已经在海滩上站了数十年，总想抓住"好的海浪"，让这些海浪永远留下来；同时又想躲开某些"坏的海浪"，希望这些海浪永远别靠近。就这样一天又一天，这个人站在海滩上徒劳无功，被自己累得几乎发疯，最后终于气力用尽，瘫坐在海滩上，让海浪就这样自由来去。忽然发现，这样多么平静啊！

9.4.7　慢也是快

一位学僧问禅师："师父，以我的资质多久可以开悟？"

禅师说："十年。"

学僧又问："要十年吗？师父，如果我加倍苦修，又需要多久开悟呢？"

禅师说："得要二十年。"

学僧很是疑惑，于是又问："如果我夜以继日，不休不眠，只为禅修，又需要多久开悟呢？"

禅师说："那样你永无开悟之日。"

学僧惊讶道："为什么？"

禅师说："你只在意禅修的结果，又如何有时间来关注自己呢？"

当我们因太注重结果而匆忙赶路的时候，双脚触及地面的力度会减轻，行走的步调会紊乱，如此生活就会有失踏实感，进而降低生活的质量，难以接近成功。为此，禅师才劝诫学僧，凡事切不可急躁冒进，戒除急躁，真正静下心来，看清自己的内心真正想追求什么。

《道德经》有云："大方无隅，大器晚成，大音希声，大象无形。"不论游戏，还是人生，少就是多，慢也是快。

据说，曾国藩少年时乘夜读书，恰有一小偷在梁上，想等着曾国藩睡了之后行窃。想不到，一篇文章反反复复地诵读，曾国藩就是背不下来。最终，小偷一怒之下跳下房梁，将这篇文章给曾国藩背了一遍，并且扬言："你这脑子，就不要读书了！"

可见曾国藩资质之平庸，但正因为他自知自己非聪明人，所以读书做事不求捷径，用最扎实的方法慢慢来！读懂上一句，再读下一句；读完这本书，再开始读下一本书；完成一天的学习任务，再去睡觉！

他自知没有智力优势，因此比别人更虚心；他从小接受挫折教育，因此抗打击能力更强；他做事不懂取巧，遇到问题只知硬钻，因此不留死角。

所以曾国藩考了七次科举才考中秀才，但是一旦开窍，后面的路就越来越顺。中了秀才的第二年，他就中了举人；又四年，高中进士。这才有他出将入相的一生，没有起伏蹉跌，实属罕见。

相反，那些有小聪明的人往往不愿意下苦功，做事总想找捷径，遇到困难绕着走，基础松松垮垮，结果平庸一生！有些方法看起来慢，其实却是最快的，因为它扎扎实实、不留疏漏！

慢不等于懒惰，不等于停滞不前。慢是将自己内心与头脑中的焦虑与浮躁放下来，活在当下，认真、耐心、从容地对待每一刻，去努力——最终，江流汇聚成海。

越慢，越快。少了几分挣扎、内耗与恐慌，多了**一些平静和从容，最终得到平静、成功与幸福。**可惜，2014 年的我并不知道这个道理，欲速则不达，因而陷入了抑郁和焦虑。

培养成长型思维，就是要我们戒骄戒躁。人生是一场马拉松，不用在乎一时的得失，用好奇的眼光去探索这个世界，学会欣赏身边的风景，拥有一颗平常心，相信成长的力量。**对于结果，切忌急功近利，"慢也是快"，徐徐图之就好。**

9.4.8 掌握表扬的技巧

培养成长型思维，最好从娃娃抓起，为人父母的我们要注意和孩子的沟通语言。一不留神，我们可能就会成为养成固定型思维的助推器。

赞扬孩子的天赋，而不是他的努力、策略和选择，就是在用缓慢的方式扼杀他的成长型思维。当孩子表现良好时，夸大他的"棒"和"聪明"，这会使他认为自己的能力只与那些定量的天赋有关。因此在表扬孩子时，不要夸孩子"你真棒"。

我们可以取而代之，使用以下的夸奖方式。

（1）你很努力啊——**表扬努力。**当孩子给你看一件漂亮的作品时，不要被喜悦所迷惑，请记住要肯定他所付出的艰辛和努力。

（2）这很难，但你并没有放弃——**表扬毅力。**当孩子完成了一些有挑战性的事情，比如破围棋阵局、尝试攀岩，在他经历了数次尝试和失败后，请记住肯定他的耐心和毅力。

（3）你做事的态度很好——**表扬态度**。当孩子用很积极的态度去完成任务时，不要忘了抓住机会说些好话。

（4）你取得了很大的进步——**表扬细节**。当孩子的能力在某种程度上得到了提高，记得表扬细节，越具体越好。例如，宝宝，你现在的游泳姿势更标准了，而换气频率更均匀，与之前相比取得了很大的进步，真棒！

（5）这个方法真的很有新意——**表扬创意**。这是最重要、最需要注意的地方，看到孩子那些天马行空的想法，最容易让人与"聪明"联系起来，但天马行空甚至奇怪真的是"聪明"吗？它应该是创造性和思维的积累。在尝试无数的可能性之后，孩子脑洞大开，所以表扬孩子有创意就行了！

（6）你和你的伙伴合作得真棒——**表扬合作精神**。一个人无论多么能干，能力也是有限的。如果孩子和小伙伴一起努力完成了某件事，请一定抓住机会，肯定孩子的合作和沟通技巧。

（7）这件事你负责得很好——**表扬领导能力**。虽然有些事情不是完全由孩子自己做的，但他负责管理，也证明他做得很好，因为他有很强的责任感和领导能力。这一点一定要表扬，让孩子知道虽然他没有亲自参与每一步，但是实现了结果，这是一个非常重要的因素。

（8）你一点也不怕困难，太难得了——**表扬勇气**。表扬孩子的勇气是帮助他提高自信指数的最佳方式。

（9）我相信你，因为……——**表扬信用**。良好的信用会使孩子的生活更顺利，所以我们应该及时帮助他建立信用的概念。例如，当你和孩子有一个约定时，你可以说"我相信你，因为你以前说的话都兑现了"或"我相信你，你会找到一个好办法"……

（10）你尊重别人的意见，你做得很好——**表扬虚心开放**。从别人那里汲取好的建议和经验，也会提高自己的能力，具有成长型思维的人一般都有虚心开放的心态。

（11）我很高兴你做出了这样的选择——**表扬选择**。孩子能够很好地完成任务，有时是因为努力，有时是因为做出了正确的选择，表扬策略和选择也是培养成长型思维的关键。

（12）你还记得这样做，想得真棒——**表扬细心**。细节往往体现在一些小事上，而且体现在孩子具有综合性和多角度的思考上。当你出去玩的时候，孩子提醒你不要忘记带雨伞，或者出门前孩子会留意天气预报，这时爸爸妈妈应该表扬他细心周到。

9.5 成功人士的成长型思维

成长的过程不可能是一帆风顺的，肯定会有痛、有阻力、有挫折。

在那些有固定型思维的人看来，成功来源于证明自己有多棒。努力是一个不好的预兆——假如你需要努力尝试，还要不断地问问题，那显然说明你不够优秀。而当这些人找到了自己能够做好的事情时，他们就会想着重复它，以显示自己对这些事有多么在行。

而在那些有成长型思维的人看来，成功来源于成长，其中的精髓就是努力——因为只有努力，才会成长。当你已经非常擅长某件事情的时候，你就会把它放在一边，并继续寻找那些更有挑战性的事情，因为这样你才能持续成长。

放眼望去，那些在各自领域有着杰出贡献的成功人士，大部分都具备成长型思维。

比如 IBM 的前 CEO 路易斯·郭士纳，他于 1993 年接手 IBM，在新闻发布会上，人们对他充满好奇和期待，让一位外行来执掌全球最大的计算机公司，这在极为保守的 IBM 内实在令人不可思议。

在发布会上，当有记者问郭士纳将如何治理 IBM 的时候，郭士纳说：**"我是新来的，别问我问题在哪儿或是有什么解答，我不知道。"**

说实话，当我看到这个故事的时候，内心非常受震撼。作为一个公司的 CEO，他竟然会坦诚地说自己什么都不知道。反观我自己，当时初入阿里巴巴的时候，为了证明自己的 P8 能力，把自己弄到焦虑抑郁、疲惫不堪。我想，郭士纳的这种坦诚源于自己的自信和成长型思维。他相信通过自己快速学习的能力，能够快速地熟悉业务，并给 IBM 带来改观。

他的确做到了。上任之后，郭士纳以务实的态度，半年内果断裁人 4.5 万，彻底摧毁了旧的生产模式，开始削减成本、调整结构，并重振大型机业务，拓展服务业范围，带领 IBM 重新向 PC 市场发起攻击。2002 年，郭士纳从 IBM 功成身退之时，IBM 已经从废墟上再度崛起，重现昔日辉煌，股价上涨了 12 倍，IBM 因此当之无愧地入选了"财富 500 强"的前十名，在技术产业界仅次于微软。就此，郭士纳成为 IT 业最传奇的人物之一。

没有人能随随便便成功，失败并不可怕，可怕的是失去信心和斗志。努力不一定会成功，但不努力肯定不会成功，不相信努力肯定不会成功。

9.6 精华回顾

- 决定你成长的第一步不是你是否努力，而是你是否相信努力。

- 固定型思维让信心和成功都充满脆弱性。因为相信能力是固定的，所以你需要不断证明自己的能力与价值。

- 成长型思维认为成功是学习的结果，努力是通往成功的关键。成功个体的标志在于他们热爱学习、喜欢挑战、重视努力，并在面对苦难时坚韧不拔。

- 研究表明，我们的大脑具有可塑性，这是成长型思维的生理基础。

- 培养成长型思维，需要我们有一个好的心态，相信努力的意义，改变错误的归因习惯，摆脱精神内耗，相信水滴石穿，持续精进。

- 培养成长型思维，最好从小开始，父母要更多地鼓励小孩的努力、过程、选择、策略……而不是天赋。不要做养成固定型思维的助推器。

- 成功人士或多或少具备成长型思维，因为唯有如此，他们才能战胜磨难和逆境，没有人能随随便便成功。

part two

第二部分

这部分主要结合软件行业的特点介绍其特有的专业思维能力。比如，契约思维、模型思维、工具化思维、量化思维、数据思维、产品思维等都是在软件领域中非常重要且经常会用到的思维能力。

专业思维能力

10

解耦思维

人生最难熬的痛苦，就是你跟本该远离的东西纠缠在了一起。

第 4 章提到了业务中台困境的根本原因是"深度单体耦合"。耦合带来了业务前台和业务中台高昂的协作和认知成本，抵消了复用节省的时间成本，总体上反而造成了研发效率的下降。

由此可见，**软件设计的一大目标就是"解耦"**。模块之间的联系越少，耦合越小，系统就越灵活，可修改性越好。在一个设计良好的系统中，数据库代码和用户界面应该是正交的。这样我们可以改动界面，而不影响数据库；在更换数据库时，可以不用改动界面。

团队之间的关系也一样，要尽量做到正交。假如在一个研发团队中，成员之间边界不清、职责不清，工作中有很多重叠、踩脚的现象，那么一旦出现问题，大家互相之间"踢皮球"，这肯定不是一个高效的研发团队。

在软件工程领域，我们一直在强调"高内聚，低耦合"，即希望通过降低模块之间的耦合性来提升模块的独立性、扩展性和重用性。虽然我们在最初学编程时就知道要"高内聚，低耦合"，但是在实际工作中还是会干出很多"低内聚，高耦合"的事情，那么问题出在哪里呢？

在程序设计过程中，解耦设计至关重要，要设计一个易维护且扩展性好的程序，有时并不像我们想得那么简单。很多耦合的存在是隐式的，我们无法轻易发现，所以往往无从入手。

可见，要想真正地掌握解耦思维并不是一件容易的事情。为此，我们首先要知道什么是耦合，如何才能发现耦合，其次还要知道如何进行解耦。

10.1 耦合与解耦

耦合的"耦",在中国古代是指两人并肩而耕,也就是两个人在一起合作使用农具耕地,这是上古农耕时代对农业生产的写实描述,是中古时代以前古中国的田园生活写照,(中国上古、中古)农具"耒"(犁的前身)是需要两个人一起合力来操作的。

从古代农业领域借用到其他领域,"耦合"是指两个或两个以上的体系或两种运动形式之间通过各种相互作用而彼此影响,甚至联合起来的现象。

在软件领域,**"耦合"是指两个事物之间联系的紧密程度**。联系越紧密,耦合性越高;联系越少,耦合性越低。解耦就是要减少事物之间联系的紧密程度。

与此同时,"耦"也是通假字,通配偶的"偶",其英文是 coupling,也有配偶的意思。婚姻是联系最紧密的情感方式,两个独立的个体在结婚之后,就有了千丝万缕的联系。关于这一点,我想已婚人士应该深有感触,彼此的空间会被压缩,彼此的自由度也会大大降低。不管是在家庭,还是在社会生活中,我们都不可能完全超然于世,难免要和人打交道或协作,所以耦合是难免的。

软件也一样,如果一个类、组件、服务从来不和其他类、组件、服务发生联系,没有耦合性,那么其存在的价值也没有了。软件只能通过被使用才能产生价值,而建立这个"被使用"的过程就是产生联系、产生耦合的过程。**因此,耦合不可能被完全消除,只能设法减少。**

从这个意义上来说,解耦并不会完全解开耦合,而是使用一些方法降低耦合的程度。**在软件世界中,解耦有两种主要方式——依赖倒置解耦和中间层映射解耦。**

10.2 依赖倒置解耦

依赖倒置是 SOLID 设计原则中的"D",全称是 Dependence Inversion Principle,即依赖倒置原则,其定义如下。

(1)上层模块不应该依赖底层模块,它们都应该依赖于抽象。(High level modules should not depend upon low level modules. Both should depend upon abstractions.)

(2)抽象不应该依赖于细节,细节应该依赖于抽象。(Abstractions should not depend upon details. Details should depend upon abstractions.)

根据定义，我们知道依赖倒置实际上倒置的是依赖方向。如图 10-1 所示，有两个模块 A 和 B，本来 A 是直接依赖 B 的，依赖方向是 A→B，通过增加一个抽象 C，然后让模块 B 去实现这个抽象，从而反转了依赖的方向，变成 B→A，这就是依赖倒置。

直接依赖   依赖倒置

图 10-1   依赖倒置解耦

可是为什么要依赖倒置呢？反转依赖的方向，从依赖具体到依赖抽象又有什么好处呢？

10.2.1   抽象比具体灵活

我们从抽象灵活性中获益的例子比比皆是。例如，小张是某高校计算机专业的应届毕业生，他热爱编程，学习成绩也很好，期望毕业之后能去阿里巴巴工作，并对自己信心十足，在找工作之前就放出狠话——"非阿里不去"。

然而天不遂人愿，小张在面试阿里的过程中遇到了一些麻烦，HR 觉得他比较傲慢，并没有给他发 offer。与此同时，小张在华为的面试倒还挺顺利的，拿到了令人满意的 offer。这下就尴尬了，难道就为了一句"非阿里不去"而拒绝华为这么好的机会吗？

这么做显然是不明智的，而起因正是因为小张一开始把话说得太满（太具体），没有给自己回旋的余地。如图 10-2 所示，实际上，作为一名应届毕业生，小张想要的无外乎只是一份好工作而已，具体这个工作是在阿里、华为，还是腾讯，这并不是最关键的。

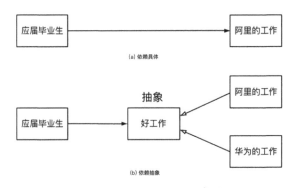

图 10-2   依赖具体和依赖抽象对比

在《系统架构：复杂系统的产品设计与开发》一书中，作者提出一个解决方案中立原则（Principle of Solution-Neutral Function），说的也是抽象的灵活性问题。以红酒的开瓶器为例，常规的做法是用开瓶器的螺旋把瓶塞拔起来，这显然不是开启瓶塞的唯一方式。只要发挥创造力，就可以想出其他一些"拔"瓶塞的办法。比如在红酒瓶下面加热，通过内外的气压差，把瓶塞推出来。这种解决方案实际上已经被做成了家用产品，它提供了一根中空的小针和一个手动的空气泵，细针用来刺入瓶塞，空气泵用来对瓶内空气加压，起到开启瓶塞的作用。

所谓的解决方案中立，是指我们在思考解决方案的时候，不要一开始就陷入功能细节中，要尽量抽象一点，保留更多的可能性，为创新留下空间。如果对于开瓶瓶这个操作，你只能想到拔瓶塞，那么就会错失其他的可能性。如图 10-3 所示，开酒瓶更抽象、更泛化的表述方式应该是"移动瓶塞"，"移动"比"拔"更抽象，因为其力量既可以来自拉力，也可以来自推力。

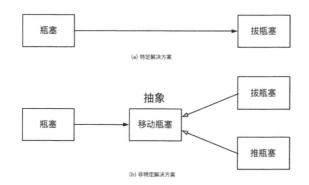

图 10-3　特定解决方案和非特定解决方案对比

10.2.2　面向接口编程

我们在日常工作中经常碰到这种依赖抽象的解耦工作。比如，为了应对"双 11"的流量高峰，我们打算根据系统压力情况来决定是否对一个业务操作进行降级处理，因此希望引入一个开关功能。最初，这个开关的配置是存在数据库中的，所以最直接的做法是直接依赖数据库获取配置数据，如图 10-4 所示。

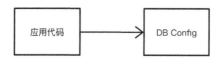

图 10-4　直接依赖数据库配置

然而这种依赖具体实现的做法显然不够灵活，因为后续我们很有可能将这个配置放到 Diamond 配置中心，也可能迁移到专门的开关服务 SwitchCenter 上去。这种扩展性的需求是可以预见的，因此有必要提前进行解耦设计。如图 10-5 所示，我们可以设计一个抽象的开关接口，把直接依赖数据库配置改成依赖开关接口。通过开关接口，我们实现了应用代码和开关功能的解耦，当需要变更开关功能实现的时候，可以保证应用代码不受影响。

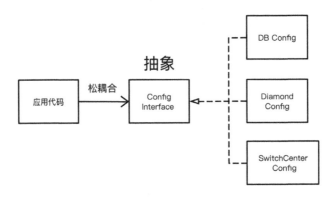

图 10-5　依赖配置抽象

依赖倒置的本质是为了解耦，它提倡依赖抽象，而在编程中，抽象通常以接口（或抽象类）的形式出现，因此我们有时也把这种解耦思想叫作"面向接口编程"。

10.2.3　应用与日志框架的解耦

前文提到的耦合比较显性化，基本在设计的时候就能感知到。然而还有一种耦合比较隐蔽，如果它不出现问题，我们根本不会意识到耦合性的存在。

比如对于日志框架的使用，如果我们使用 Commons-Logging（通用日志），则直接依赖 Commons-Logging；如果使用 Log4j，则直接依赖 Log4j；如果使用 Logback，则直接依赖 Logback。

倘若我们一直只使用一个日志框架，那么这个问题其实不会被暴露，然而一旦我们要切换日志框架，那么这种耦合性就会带来巨大的麻烦。因为不同日志框架的包名和 API 用法都不尽相同，其切换成本会非常高。

这并不是危言耸听，我曾经在阿里巴巴工作时，就发生过因日志框架的耦合而带来的一系列连锁问题。最初，阿里巴巴的应用依赖于 Commons-Logging 日志框架。随着时间的推移，需要切换成 Log4j 框架。再后来，大家意识到标准的重要性，所以又在系统中引入了 SLF4J（Simple Logging Façade for Java）。经过一系列的演化之后，为了向后兼容，我们不得不使用两个桥接（Bridge），将 Commons-Logging、SLF4J、Log4j 桥接起来，最后形成一个如图 10-6 所示的日志系统依赖链。

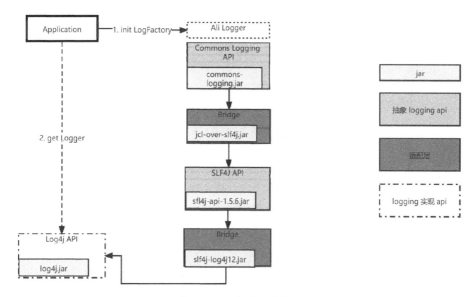

图 10-6　日志系统依赖链

实际上，如果我们在系统设计之初就能具备解耦思维，将应用和日志框架解耦，那么这种因为耦合带来的麻烦是可以避免的。

这也是 SLF4J 出现的原因，它作为一个 Facade（门面）、一个纯抽象概念（没有具体的实现）对应用和具体日志实现框架进行了解耦。

实际上，即使没有 SLF4J，我们也可以通过依赖倒置让日志框架依赖我们自己定义的接口，而不是直接依赖具体的日志框架。我们可以引入一个新的日志抽象，比如叫作 MyLogger。在这个新抽象里，我们定义日志需要用到的接口，比如 Debug、Info、Warn 和 Error 等方法，然后使用一个实现类去实现 MyLogger 这个接口，同时让该实现类调用日志框架，去做真正的日志输出工作，这个日志框架解耦的过程如图 10-7 所示。

虽然 SLF4J 已经大大降低了迁移日志框架的潜在成本，但我仍然建议大家用 MyLogger 做一层防腐。假如有一天出现一个更好的日志框架，而它又没有遵守 SLF4J 的规范，那么如果我们强依赖 SLF4J，同样会导致变更困难；而如果我们用的是自己的 MyLogger，那么迁移工作将会非常简单，只要将 slf4jLogger 替换成新的 Logger 就好。

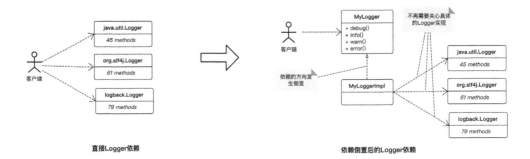

图 10-7　日志框架的解耦

对于这个解耦过程，我们所要做的事情只是在系统中加两个类而已，一个是定义接口
的 MyLogger，另一个是代理具体日志实现的代理实现类 MyLoggerProxy，具体如下：

```
public interface MyLogger{

    public void debug(String msg);

    public void info(String msg);

    public void warn(String msg);

    public void error(String msg);

    public void error(String msg, Throwable t);

}


public class MyLoggerProxy implements MyLogger{

    private org.slf4j.Logger slf4jLogger;

    public MyLoggerProxy(org.slf4j.Logger slf4jLogger) {
        this.slf4jLogger = slf4jLogger;
    }

    @Override
    public void debug(String msg) {
        slf4jLogger.debug(msg);
    }

    @Override
    public void info(String msg) {
        slf4jLogger.info(msg);
```

```
    }

    @Override
    public void warn(String msg) {
        slf4jLogger.warn(msg);

    }

    @Override
    public void error(String msg) {
        slf4jLogger.error(msg);

    }

    @Override
    public void error(String msg, Throwable t) {
        slf4jLogger.error(msg, t);
    }
```

10.3　中间层映射解耦

"计算机中的任何问题，都可以通过加一层来解决"，这句话体现了中间层映射的设计理念。如图 10-8 所示，当 A 对 B 有依赖时，A 不要直接依赖 B，而是抽象一个中间层，让 A 依赖中间层，再由中间层映射到 B，这样当 B 改变时，不用修改 A，只需调整中间层的映射关系。

图 10-8　中间层映射解耦

婆媳关系，是这个世界上最微妙的关系之一，其耦合性不宜太高。如图 10-9 所示，我在家处理婆媳关系时就用到了"中间层映射解耦"。有些事情，我尽量避免让老婆和妈妈直接沟通，这样她们对彼此的不满情绪都会先到达我这里，通过我的内化吸收再"转译"给对方，这种解耦的方式能够在最大程度上保证"世界和平"。

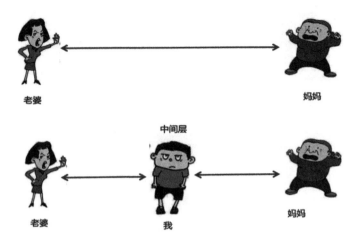

图 10-9　婆媳关系的中间层

10.3.1　DNS 的解耦设计

在域名服务器（Domain Name System, DNS）的设计中，中间层映射表现为 Naming 解析动态绑定。

图 10-10 所示为 DNS 解析绑定过程。客户端并不直接通过 IP 地址来访问 Provider#A 或 Provider#B，而是先询问 Naming 服务，并依据返回的服务列表，再访问 Provider#A 或 Provider#B。如果某个 Provider 发生故障，那么可以替换转移到其他的 Provider 上。出于性能考虑，我们也可以在客户端把 Naming 的结果缓存起来，并配一个缓存更新机制。

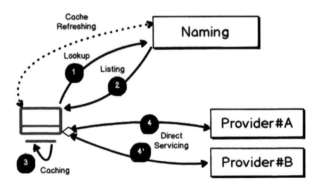

图 10-10　DNS 解析绑定过程

基于 ZooKeeper 的应用层名字服务在思想上与 DNS 类似，不同的是，它基于 TCP 长链接来实现 Server Push，可及时刷新服务列表。

Naming 解析动态绑定的解耦，体现在使用方把依赖的对象或网络进程抽象为一个名字，名字代表的具体服务提供者，通过 Lookup 机制返回。这样一来，如果提供者有变化，只需要改变 Lookup 的结果，无须改变使用方代码。

10.3.2　CDN 的解耦设计

对于内容分发网络（Content Delivery Network，CDN）的实现机制，我们可以将其理解为在 DNS 这个中间层上再加一个中间层 CNAME。DNS 解开了域名和服务器 IP 之间的耦合，而 CNAME 解开了域名和 CDN 提供商之间的耦合。

CNAME 的定义如下：

A Canonical Name (CNAME) Record is used in the Domain Name System (DNS) to create an alias from one domain name to another domain name.

意思是：CNAME 就是域名的别名，用来将一个域名指向另一个域名。

CNAME 的一个典型应用场景是 CDN 服务。图 10-11 所示为 CNAME 的工作机制。在 DNS 中，我们经常会看到 www.xx.org 的域名解析，CNAME（别名）到 www.xx.org.cdnprovider.com 域名（它是 cdnprovider.com 的子域名）上。这样不用修改客户端，访问的依然是 www.example.org，但是对应的后端服务却不再是直接访问 Provider#A 或 Provider#B，而是在中间植入了 CNAME Proxy，再由 Proxy 依据 Plugin 的决策，决定是否转发给 Provider#A 或 Provider#B。

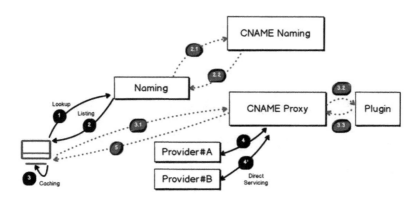

图 10-11　CNAME 的工作机制

比如，运营商公司 cdnprovider.com 需要给 www.xx.org 提供 CDN 服务时，因为 CNAME 的存在，使得 CDN 服务完全是零侵入，不需要修改任何一段代码，只需要在域名服务商那里修改 www.xx.org 的域名解析，这个操作代表 www.xx.org 同意 cdnprovider.com 为他们提供 CDN 服务。CDN 的工作机制如图 10-12 所示。

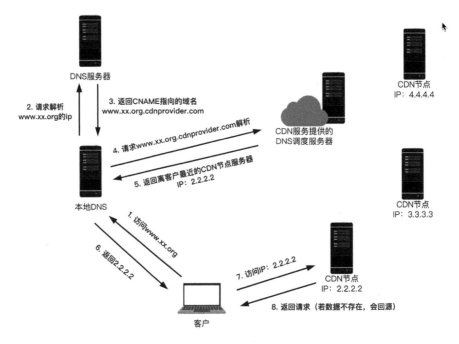

图 10-12　CDN 的工作机制

其操作步骤如下。

（1）客户访问 www.xx.org，访问本地 DNS。

（2）本地 DNS 向 DNS 服务器发送已收到域名解析请求。

（3）DNS 服务器返回 CNAME 指向 www.xx.org.cdnprovider.com。

（4）本地 DNS 向 CDN 服务提供的 DNS 调度服务器发送域名解析请求。

（5）CDN 的 DNS 调度服务器返回离客户最近的 CDN 节点服务器 IP：2.2.2.2。

（6）本地 DNS 返回给客户端 IP 地址：2.2.2.2。

（7）客户端访问 IP 地址为 2.2.2.2 的 CDN 节点。

（8）CDN 节点返回客户请求数据，如果 CDN 上没有客户请求的数据，则回源到 www.xx.org 获取数据。

正是基于 Naming 解析动态绑定实现了解耦，这种无侵入的 CDN 才得以实现。同理，除了 CDN，恶意流量清洗、灰度发布、性能分析等都可以采用这种方式实现零侵入插拔。

10.4　解耦的技术演化

我发现从某种意义上来说，应用技术的演化史也是一部解耦史。如图 10-13 所示，从面向对象的"原始社会"到面向资源的"云淡风轻"，技术的每一步发展都伴有解耦的烙印。

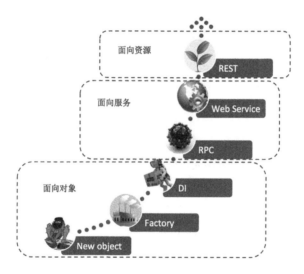

图 10-13　解耦的技术演化史

（1）原始社会

在所有的编程形态中，当属自己创建对象（New Object）的耦合性最高了。就像未开化的原始社会，我需要一把斧头，没有人给我制造，只能靠自己用石头磨出来。

（2）工业社会

时代继续向前发展，开始进入工业社会。我需要一把斧头，这时不再需要自己生产，而是由工厂（Factory Pattern）统一生产。通过工厂，实现了对象和对象使用者之间的解耦。

（3）共产主义社会

工厂模式虽然实现了对象和对象使用者之间的解耦，但是使用者还是要感知 Factory 的存在，这种感知也是一种耦合。有没有一种办法把对 Factory 的耦合也去掉？就像共产主义社会一样，实现"按需分配"。

在这个背景下，以 Spring 为代表的依赖注入（Dependency Inversion，DI）技术产生了，使用 BeanFactory 框架，统一实现对象的初始化、依赖、生命周期的管理。应用程序不需要自己创建对象和 Factory，其所依赖的对象都由框架进行"注入"，从而实现了进一步的解耦。

（4）分布式时代——RPC

在单个应用中，以 Spring 为代表的"共产主义社会"已经把解耦做到了极致。可是单体应用能够承载的复杂度和开发人数是有限的，对象解耦只是最基础的解耦方式。接下来，要解决的是"协作解耦"，即把一个大应用拆分成多个小应用，让每个小团队维护自己的小应用，实现并行开发，也就是我们说的"分布式应用"。

分布式技术由来已久，Java 在 JDK1.2 中就实现了远程方法调用（Remote Method Invocation，RMI），包括在国内比较常用的由阿里巴巴开源的 Dubbo，以及阿里巴巴内部使用的 HSF（High-speed Service Framework），它们都属于远程过程调用（Remote Procedure Call，RPC）技术的范畴。

这些技术的确为分布式技术的发展做出了卓越贡献，但仍然存在一个耦合问题——对具体技术实现的耦合。例如，Java 的 RMI 与 Java 技术是耦合的，无法支持异构系统之间的服务通信。

（5）分布式时代——Web Service

为了支持异构系统通信，需要一种平台无关（Platform Independent）、语言无关（Language Independent）的分布式服务技术解决方案。也就是要做进一步的解耦设计，在此背景下诞生了 Web Service。

Web Service 是一个平台独立的、低耦合的、自包含的、基于可编程的 Web 的应用程序。Web Service 可使用开放的 XML（标准通用标记语言下的一个子集）标准来描述、发布、发现、协调和配置这些应用程序，并用于开发分布式系统。

Web Service 主要制定了以下标准。

- SOAP 协议：即简单对象访问协议（Simple Object Access Protocol），是用于交换 XML（标准通用标记语言下的一个子集）编码信息的轻量级协议。

- WSDL（Web Service Description Language）：用于描述 Web Service 及其函数、参数和返回值。WSDL 因为基于 XML，所以既是机器可阅读的，又是人可阅读的。

- UDDI（Universal Description Discovery and Integration）：是一种用于描述、发现、集成 Web Service 的技术。企业可以根据自己的需要动态查找并使用 Web 服务，也可以将自己的 Web 服务动态地发布到 UDDI 注册中心供其他用户使用。

（6）REST

公共对象请求代理体系结构（Common ObjectRequest Broker Architecture，CORBA）也好，Web Service 也罢，它们虽然都是低耦合的分布式技术，但都有一个致命的缺点，就是体系太庞大、太复杂，既不满足 KISS 原则，也经不起奥卡姆剃刀的考验。

制定了这么多规范和标准，就是为了解决分布式通信问题。既然如此，当今世界最大的分布式系统是什么？当然是互联网。互联网的通信协议是 HTTP，既然 HTTP 能够应对复杂的互联网，为什么不直接用 HTTP 来做分布式应用的互联呢？

2000 年，Roy Fielding 博士在他的博士论文中提出了一种软件架构风格——表述性状态传递（Representational State Transfer，REST）。这是一种针对网络应用的设计和开发方式，可以降低开发的复杂性，提高系统的可伸缩性。

10.5　应用架构中的解耦

我非常赞同 Robert C.Martin 在其博客文章 "The Clean Architecture"（见链接 10-1）中提出的观点：应用架构之道，就是要实现业务逻辑和技术细节的解耦。

不管是六边形架构、洋葱圈架构，还是 COLA 架构，其核心要义都是做核心业务逻辑和技术细节的分离和解耦。

试想，如果业务逻辑和技术细节杂糅在一起，将所有的代码都写在 ServiceImpl 中，前几行代码负责 validation，接下来几行代码负责 convert，然后是几行业务逻辑代码，之后我们需要通过 RPC 或 DAO 获取更多的数据，拿到数据后，又是几行 convert 的代码，再接上一段业务逻辑代码，最后还要落库、发消息，等等。按照上面这种写代码的方式，再简单的业务都会变得复杂且难以维护。

在设计 COLA 1.0 时，我对依赖倒置和耦合的认识还没有那么深刻。图 10-14 所示为 COLA 1.0 的分层架构。当时我觉得，让领域层（Domain Layer）对基础设施层（Infrastructure Layer）进行直接依赖比较方便，而且似乎也没什么大问题。

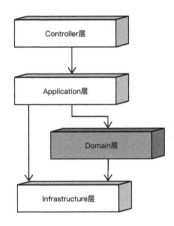

图 10-14 COLA 1.0 分层架构

　　然而实际上，这种"偷懒"的行为有悖于框架设计的初衷，因为在设计之初，我们就希望领域层是应用的核心，类似于洋葱圈架构所提倡的——让领域层处于架构的中心位置，即洋葱圈最核心的部分。也就是说，领域层不应该依赖基础设施层，相反地，应该让基础设施层依赖于领域层。

　　如果让领域层依赖基础设施层，会"污染"领域层的纯粹性，影响其独立性和可测试性。也就是说，层次之间不再是正交的了，基础设施层的任何变动都可能影响到领域层，而这不是我们想看到的。

　　基于此，在设计 COLA 2.0 时，我特意使用依赖倒置反转了领域层和基础设施层的依赖关系。经过改造之后的 COLA 2.0 分层架构如图 10-15 所示。

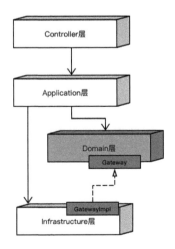

图 10-15 COLA 2.0 分层架构

COLA 2.0 的核心变化是领域层不再直接依赖基础设施层，而是通过一个新的抽象 Gateway（网关）对领域层和基础设施层进行了解耦，这两个层次不再彼此依赖、彼此耦合，而是都依赖于 Gateway。

举个例子，假如某个应用中需要用到类目（Category）这个实体，但是类目又不在本域中，需要通过一个 RPC 调用才能获取相应的信息。那么这时我们就可以在领域层中定义一个类目网关（CategoryGateway），这是一个纯抽象的概念，其代码如下：

```
public interface CategoryGateway {
    public Category getCategoryById(Long categoryId);
}
```

这个抽象相当于告诉基础设施层：你需要按照这个接口来提供数据。至于这个数据是如何被获取、被组装、被转换的，都是基础设施层需要关心的事情，不再需要领域层去关心。

那么，在基础设施层中，类目网关是如何被实现的呢？典型的实现代码如下所示，首先需要实现类目网关中定义的获取类目信息的方法，在该方法中，我们通过 RPC 或数据库获取类目数据对象"CategoryDO"，然后将这个数据对象"翻译"成我们想要的类目实体"Category"。

```
public class CategoryGatewayImpl implements CategoryGateway {
    @Resource
    private CategoryReadService categoryReadService;

    @Override
    public Category getCategoryById(Long categoryId) {
        //RPC远程调用，获取类目信息
        CategoryDO categoryDO = categoryReadService.getStdCategory(categoryId);
        return translate(categoryDO);
    }

    //将类目 DO 转换成领域对象
    private Category translate(CategoryDO categoryDO) {
        Category category = new Category();
        category.setCategoryName(categoryDO.getName());
        return category;
    }
}
```

综上，通过依赖倒置方式，我们倒置了领域层和基础设施层的依赖关系，让两个模块从原来的依赖关系变成了正交关系，两者可以独立地改动和变化，而不会影响到另一方。

例如，要想让类目信息的获取从 RPC 变成本地数据库调用，那么我们只需要修改基础设施层的代码即可，领域层可以完全不动。同理，如果在领域层有关于类目的业务变化，比如原来需要通过三级类目去判断同类品的逻辑，现在要放宽到二级类目，这种变化也不会影响到基础设施层的代码。

10.6　精华回顾

- "高内聚、低耦合"是软件设计追求的重要目标之一，组件、模块、层次设计都应该遵循"高内聚、低耦合"的设计原则。

- 正交的关键在于如何识别耦合性，我们可以通过识别系统需要扩展的地方来识别耦合性。比如，关于配置系统的设计不应该耦合于某一种特定的实现方式，而是应该更灵活一些。

- 解耦主要有依赖倒置和中间层映射两种方式。

- 我们要尽可能多地依赖抽象而不是具体，这能使系统更灵活，这种编程方式也叫作面向接口编程。

- "计算机中的任何问题，都可以通过加一层来解决"，中间层的价值也在于解耦。

11

契约思维

人是生而自由的，但却无往不在枷锁之中。

——卢梭

卢梭在《社会契约论》提到，人是生而自由的，但却无往不在枷锁之中。这句话的意思是，人的自由是有限度的，没有完全不受约束的自由，在自由之下，我们还受到道德、传统、文化和法律等众多约束。

与此相对应，我想说："**写代码是自由的，但无往不在规则之下。**"这里的规则包括工程师必须要遵守的程序语言语法、编程规范，以及协议标准。

契约精神是社会协作的前提，也是软件工程师协作的前提。Grady Booch 指出，**编程在很大程度上是一种"制定契约"**，一个较大问题的不同功能通过子契约被分配给不同的设计元素，被分解成较小的问题。[1]

在软件工程中，契约思维有规范和标准两个方面的重要价值。

（1）规范价值：一致性可以降低认知成本和复杂度，一个系统如果没有任何的规范约束，那么呈现出来的结果就是混乱。面对混乱，再优秀的程序员也会寸步难行。

（2）标准价值：大规模社会分工协作离不开标准，如果螺丝钉没有标准，那么每个企业就不得不自己生产适合自己的螺丝钉。同样，如果浏览器没有标准，那么针对不同的浏览器的同一个功能，就要写多份不同的代码。所以我们说，"一流的企业定标准，二流的企业做品牌，三流的企业卖产品"。

11.1 软件设计中的规范

作为一名程序员，你可能遇到过这样的情况：代码评估要两天，而修改代码只需要几分钟。这种局面主要是由系统的混乱无序造成的，因为缺少规范和约束，代码的复杂度随意滋长，导致维护困难。面对这样的代码，往往要花费很长时间去厘清代码结构和业务逻辑，而真正需要修改的点也许只是"一行代码"而已。

不受规范约束的代码就像一个乱七八糟的衣柜，想要快速地找到那件合适的衣服，并不是一件简单的事情。同样，在一堆杂乱无章的代码中找到你想要修改的那"一行代码"，也不是一件容易的事。

为了保证软件编程风格的一致性，减少随心所欲带来的复杂度，我们有必要使用契约思维制定一定程度上的编程规范，去约束团队的行为。**规范的价值，就在于它能保证代码的一致性，而一致性在很大程度上可以降低认知成本和复杂度。**

软件需要规范，然而规范并不是越多越好。每个团队都应该根据自己的实际情况，制定能够帮助团队降低系统复杂度、避免混乱的规范。

根据我的经验，我一般至少会在团队中落实命名规范、异常处理规范、架构规范。实践证明，这 3 个规范可以有效地帮助团队治理代码复杂度。

11.1.1 命名规范

每个开发团队都应该有自己的命名规范，确保命名的一致性。对于核心的领域概念，应该有一个核心领域词汇表，确保这些领域词汇在代码中的表达是一致的。

我曾经在一个商品项目中看到一个和库存相关的逻辑，在短短的一段代码中，就有 3 种不同的对库存的描述方式，分别是 Stock、Inventory、Sellable Amout。这意味着对同一个领域概念，我需要理解 3 遍，这极大地增加了我的记忆负担和认知成本。

然而，如果团队有一个命名规范——核心领域词汇表，加上团队成员的共同遵守和维护，其实上述问题是可以避免的。

因此，在我主导的项目中，我需要团队在项目之初就整理出核心的领域概念，然后用中英文的形式，把这些概念放到设计文档中。要求英文的原因是，我需要保持领域概念从文档到代码的一致性。

这种方式一方面规范了项目代码的命名，另一方面也让其他的技术人员更深入地理解了该业务。比如，在一个 CRM 项目中，我们把相关的核心领域词汇整理为如表 11-1 所示的形式。

表 11-1　CRM 领域核心词汇表

领域语言	代码语言	解　释
销售	sales	销售人员
线索	leads	客户线索
机会	opportunity	销售机会，有状态
客户	customer	销售对象
联系人	contact	一个客户可以有多个联系人
主联系人	keyPerson	有话语权的联系人，比如董事长
私海	privateSea	销售私有的机会
公海	publicSea	销售共享的机会
（线索）分发	distribute	把线索分发给销售人员
（机会）捡入	pickUp	销售将机会捡入私海
（机会）开放	open	销售将机会开放到公海
（机会）转移	transfer	销售经理可以将机会从一个销售转移到另一个销售
（机会）强开	forceOpen	强制开放到公海，一般是多天不触碰的机会

这里需要注意，关于 CRM 中的私海和公海这两个术语并没有采用标准的英文翻译——territory，而是选择了一个典型的"chinglish"翻译——privateSea 和 publicSea，原因是后者更形象、更好理解，因此我们可以考虑放弃准确性来提升可理解性。再者，语言只是符号，共识即正确，只要团队达成一致的共识，是否是标准的英语也就没那么重要了。

11.1.2　异常处理规范

在异常处理方面，我们可以分别从服务提供者和服务调用者两个视角去看。

1. 服务提供者的异常处理

很多系统都没有异常规范，主要体现在没有统一的异常处理，以及对异常码没有规定。这种规范的缺失会导致系统中到处充斥着 try-catch-throw 的代码片段。这种代码缺少美感，会影响我们阅读代码的体验，割裂思考的连续性。

对于异常，我建议最好采用 fail fast（快速失败）的策略，即一旦发生异常，则终止当前的处理流程，抛出异常即可，然后在最外层进行统一的异常处理。不要在内部进行过多的 try-catch，也不要把异常包装成返回值，这些都会额外增加关于异常的处理成本。

对于业务系统而言，基本上只需要定义两类异常（Exception），一个是 BizException（业务异常），另一个是 SysException（系统异常），而且这两个异常都应该是 Unchecked Exception。

不建议使用 Checked Exception，是因为它破坏了开闭原则。 如果你在一个方法中抛出了 Checked Exception，而 catch 语句在 3 个层级之上，那么你需要在 catch 语句和抛出异常处理之间的每个方法签名中声明该异常。这意味着对软件中较低层级的修改都将波及较高层级，修改好的模块必须重新构建、发布，即便它们自身所关注的任何东西都没被改动过。这也是 C#、Python 和 Ruby 都不支持 Checked Exception 的原因，因为其依赖成本要高于显式声明带来的收益。

最后，针对业务异常和系统异常要做统一的异常处理，类似于 AOP，在应用处理请求的切面上进行异常处理收敛，其处理流程如下：

```
try {
    //业务处理
    Response res = process(request);
}
catch (BizException e) {
    //业务异常使用 WARN 级别
    logger.warn("BizException with error code:{}, error message:{}",
e.getErrorCode(), e.getErrorMsg());
}
catch (SysException ex) {
    //系统异常使用 ERROR 级别
    log.error("System error" + ex.getMessage(), ex);
}
catch (Exception ex) {
    //兜底
    log.error("System error" + ex.getMessage(), ex);
}
```

因为我们只有一个异常类型 BizException，所以针对不同的异常，需要通过不同的异常码（ErrorCode）或者不同的异常消息（ErrorMessage）来做区分。ErrorCode 也需要有规范做约束，但要不要使用 ErrorCode，使用什么样的 ErrorCode，要视具体场景而定。

对于平台、底层系统或软件产品，可以采用编号式的编码规范，这种编码的好处是编码风格固定，给人一种正式感；缺点是必须要配合文档，才能理解错误码代表的意思。

例如，数据库软件 Oracle 总共有 2000 多个异常，其编码规则是从 ORA-00001 到 ORA-02149，每个错误码都有对应的错误解释。

- ORA-00001：违反唯一约束条件。

- ORA-00017：请求会话以设置跟踪事件。

- ORA-00018：超出最大会话数。

- ORA-00019：超出最大会话许可数。

- ORA-00023：会话引用进程私用内存；无法分离会话。

- ORA-00024：单一进程模式下不允许从多个进程注册。

淘宝开放平台也采用类似的编码方式，0~100 表示平台解析错误，4 表示 User call limited（ISV 调用次数超限）。

然而对于大部分的业务系统而言，完全没有必要采用这种正式的 ErrorCode 编码风格。因为你不是一个通用系统，使用者只是你的上游系统，因此简单高效处理就好，你可以选择不要 ErrorCode，仅用 ErrorMessage 来传达错误信息；或者使用一个基于字符串的、自明的 ErrorCode 编码，譬如业务系统中有需要表示为"客户姓名不能为空"的 ErrorCode，将其定义为 CustomerNameIsNull 即可。

2. 服务调用者的异常处理

在分布式环境下，一个功能往往需要多个服务的协作才能完成。在使用远程服务的过程中，难免会出现各种异常，比如网络异常、服务自身的异常等。对于那些对可用性要求非常高的场景，我们有必要制定一个服务重试、服务降级的策略，以便当其中一个服务不可用的时候，我们仍然能够对外提供服务。

对于服务重试（Retry），我们需要查看异常种类，如果是 BizException，则说明是服务调用者自己的问题（缺少参数、参数不正确，或者不满足业务规则），这时不需要重试；如果是 SysException 或者其他的系统 Error，则可以进行重试。

重试有很多种方式，我们可以考虑使用 Spring 的重试机制，只需要在项目中引入 spring-retry 这个重试框架，然后在重试的方法上加上@Retryable 这个注解即可，如下代码所示：

```
public class OrderService {

    @Resource
```

```
    InventoryService inventoryService;

    @Retryable(value = BizException.class,maxAttempts = 3,backoff =
@Backoff(delay = 2000,multiplier = 1.5))
    public Integer getInventory(String itemId) {
        return inventoryService.getInventoryByItemId(itemId);
    }
}
```

在@Retryable 注解中，value 表示当出现哪些异常时触发重试，maxAttempts 表示最大重试次数默认为 3，delay 表示重试的延迟时间，multiplier 表示上一次延迟时间是这一次的倍数。

如果重试仍然不能解决问题，可以考虑服务降级，Spring Cloud Hystrix 给我们提供了一个非常优雅的服务降级解决方案。通过 Hystrix 提供的 API，我们可以使用注解的方式定义降级服务，从而不用在业务逻辑中使用 try/catch 来做异常情况下的服务降级。一个典型的 Hystrix 的服务降级代码如下所示：

```
public class UserService {
    @Autowired
    private RestTemplate restTemplate;

    @HystrixCommand(fallbackMethod = "defaultUser")
    public User getUserById(Long id){
        return restTemplate.getForObject("http://USER-SERVICE/users/{1}",
User.class, id);
    }

    //在远程服务不可用时，使用降级方法：defaultUser
    public User defaultUser(){
        return new User();
    }
}
```

11.1.3 架构规范

曾经不止一次有新入职的同事和我反馈："Frank，我感觉我们的系统好混乱，我写了一个新的类，不知道要如何命名，也不知道这个类要放在哪里才合适。"造成这种混乱局面的主要原因是我们的应用缺少架构规范；或者当初有规范，但没有很好地被执行，最后规范形同虚设，混乱依旧。

鉴于这种情况，我和我的团队研发了一个应用架构规范，名字叫 COLA（见链接 11-1），是 Clean Object-oriented and Layered Architecture 的缩写，意思是"整洁的面向对象分层架构"，我们期望通过架构约束来解决系统中的一部分混乱问题。自从开源以来，COLA 获得了阿里巴巴集团内外的普遍关注和使用，很多同事表示 COLA 在帮助他们治理复杂业务的过程中起到了关键作用。

关于 COLA 设计的更多细节，会在第 18 章中详细阐述。这里需要强调的是，规范也是架构的重要组成部分，其本质就是制定一个契约，其前提是大家要遵守这个契约，否则再好的架构也会形同虚设。

11.1.4 规范的维护

规范的维护和规范的制定同样重要，对于一个不断熵增的系统，只有不断地投入精力去保证架构规范、代码规范不被破坏，不断地消除"破窗"，才能保证良好的秩序，减少熵值。然而，这并不是一件容易的事，根据我的个人经验，要想在一个团队内落实规范，可以考虑做以下 3 件事情。

首先，需要团队负责人和团队成员有贯彻执行的决心和能力。从团队成员的规范意识培训，到保障机制的制定、执行，团队负责人需要担起这个责任。

其次，考虑使用代码扫描工具，尝试把一些不规范的行为进行量化。比如可以借助类似 Sonar 这样的代码扫描工具，对每次提交的代码进行扫描，如果发现有违反团队规范的地方，就及时反馈给工程师，让工程师去修改。

最后，尽量多地做代码审查（Code Review）。软件质量不可能完全被量化，命名规范、异常规范、架构规范等都不是代码扫描能解决的事情。比如，对于命名是否符合了领域词汇表的要求等问题，目前除了人工做 Code Review，还没有更好的办法。

在我负责的技术团队里，我会要求团队成员互相审查其他成员的代码，除了发现潜在的 Bug，还需要关注团队规范问题。所有成员会轮值负责一周的 Code Review 工作，当期的负责人要在周五发出一个 Code Review 周报，摘要一些典型问题，并在周会上供团队成员进行讨论和互相学习。

这种轮值和代码通晒的机制，不仅保证了团队规范得以落实，也提升了大家做 Code Review 和写好代码的积极性。

11.2 软件设计中的标准

规范是一种契约，标准也是一种契约。实际上，但凡涉及需要大规模人员协作的工作，就必须要有标准、有契约。

试想一下，你的个人电脑允许你把显卡从 NVIDIA 换成七彩虹；家中的灯泡坏了，你随便找一家超市买一个新的灯泡就可以换上；你把数据从 Oracle 换成了 MySQL，但是基于 JDBC 写的代码可以保持不变……其背后都是因为标准化在发挥作用。

11.2.1　前端标准化之路

为了弥合不同浏览器之间的差异性，早期的前端工程师不得不写很多类似下面的兼容代码：

```
//1. 获得事件
var event = event || window.event;

//2. 阻止事件冒泡
var event = event || window.event;

if (event && event.stopPropagation) {
    event.stopPropagation();
} else {
    event.cancelBubble = true;
}

//3. 获得点击的某个对象的 id
var targetId = event.target ? event.target.id : event.srcElement.id;

//4. 获得浏览器的宽度和高度
document.documentElement.clientWidth || document.body.clientWidth;
document.documentElement.clientHeight || document.body.clientHeight;
```

这样写代码实在很痛苦，而且容易出错。大家都用 addEventListener 做事件监听，而 IE 浏览器用的却是 attachEvent，因此诞生了很多解决兼容性的类库，其中最出名的当属 jQuery。这个局面直到万维网联盟（World Wide Web Consortium，W3C）标准的 HTML5 出现之后，才得到较为彻底的改观。

W3C 的标准集合涵盖了网页的 3 个组成部分：结构（Structure）、表现（Presentation）、行为（Behavior）。对应的标准也分为以下 3 个方面。

（1）结构化标准主要包括 XHTML 和 XML。

（2）表现标准语言主要包括 CSS。

（3）行为标准主要包括（如 W3C DOM）、ECMAScript 等。

从前端的标准化之路中，我们可以感受到标准规范在软件中起到的至关重要的作用，它深刻地影响着软件研发效率。

11.2.2　Java 规范

标准规范不仅对前端重要，对后端也至关重要。对于从事 Java 后端开发的人员来说，一定对 JCP（Java Community Process）不陌生，JCP 是一个开放的国际组织，维护的规范包括 J2ME、J2SE、J2EE、XML、OSS、JAIN 等。组织成员可以提交 Java 规范请求（Java Specification Requests，JSR），JSR 是由 JCP 成员向委员会提交的 Java 发展议案，经过一系列流程后，如果通过，最终会体现在未来版本的 Java 中。

我们以 JSR-315（Java Servlet）为例，来看一下 Java 规范的运作机制。首先，我们可以在 Oracle 的网站（见链接 11-2）中获取 JSR-315 的完整信息，通过阅读规范内容，我们可以知道如下内容。

（1）Servlet 必须是单实例的，以多线程的方式响应并发的 HTTP 请求。所以并不存在所谓的"每个 Servlet 实例"的说法，除非使用已经弃用的 SingleThreadModel。

（2）Servlet 的生命周期要经过加载—实例化—初始化的过程，其中最重要的是 init() 方法。

（3）规范中定义的初始化参数（Parameter）有两种，一种是全局的 ServletContext 参数，另一种是针对每个 Servlet 的 ServletConfig 参数。这两种参数都是"部署时常量"。

（4）规范中定义了 3 种属性，分别是 request、session 和 context，它们的作用域不同。与参数不同的是，属性（attribute）是变量，可以在运行期间自由地被赋值。

（5）如果客户端（浏览器）禁用了 cookie，那么程序是不会报错的，也不会有任何异常。

可以看到，JSR-315 是一份详细的规范说明，其中对 Servlet 的概念、相关 Interface（接口），以及如何实现 Servlet 都给出了明确的定义和规定，但是并没有限制要如何实现。它和具体的 Servlet Container 之间的关系如图 11-1 所示。

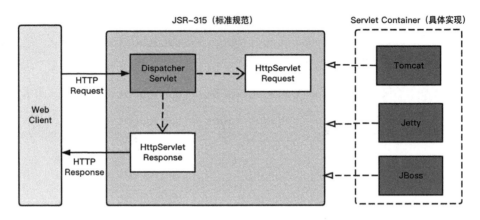

图 11-1　Servlet 规范和实现的关系

得益于这样的标准规范设计，不管是 Tomcat、Jetty、JBoss，还是阿里巴巴内部自研的 ali-Tomcat，所有基于 Servlet 的应用程序都可以无缝地运行在任何一个 Servlet 容器中。只有这样，SpringMVC 才是一个通用的 MVC 框架，如下代码所示，它的实现不依赖于具体的 Web 容器。

```java
public abstract class FrameworkServlet extends HttpServletBean {

    // 省略其他代码

    @Override
    protected final void doGet(HttpServletRequest request, HttpServletResponse response)
            throws ServletException, IOException {

        processRequest(request, response);
    }

    @Override
    protected final void doPost(HttpServletRequest request, HttpServletResponse response)
            throws ServletException, IOException {

        processRequest(request, response);
    }

    /**
     * Process this request, publishing an event regardless of the outcome.
     * <p>The actual event handling is performed by the abstract
     * {@link #doService} template method.
     */
    protected final void processRequest(HttpServletRequest request,
```

```
HttpServletResponse response)
            throws ServletException, IOException {

        long startTime = System.currentTimeMillis();
        Throwable failureCause = null;

        LocaleContext previousLocaleContext =
LocaleContextHolder.getLocaleContext();
        LocaleContext localeContext = buildLocaleContext(request);

        RequestAttributes previousAttributes =
RequestContextHolder.getRequestAttributes();
        ServletRequestAttributes requestAttributes =
buildRequestAttributes(request, response, previousAttributes);

        WebAsyncManager asyncManager =
WebAsyncUtils.getAsyncManager(request);

    asyncManager.registerCallableInterceptor(FrameworkServlet.class.getName(
), new RequestBindingInterceptor());

        initContextHolders(request, localeContext, requestAttributes);

        try {
            doService(request, response);
        }
        catch (ServletException | IOException ex) {
            failureCause = ex;
            throw ex;
        }
        catch (Throwable ex) {
            failureCause = ex;
            throw new NestedServletException("Request processing failed", ex);
        }

        finally {
            resetContextHolders(request, previousLocaleContext,
previousAttributes);
            if (requestAttributes != null) {
                requestAttributes.requestCompleted();
            }
            logResult(request, response, failureCause, asyncManager);
            publishRequestHandledEvent(request, response, startTime,
failureCause);
        }
    }

    //省略其他代码
}
```

11.2.3　API 设计标准

作为软件模块之间的桥梁，API 使软件大规模的分工协作成为可能。一方面，我们每天都在使用各种 SDK 的契约；另一方面，我们也在制定各种契约供他人使用。特别是在当前服务化（微服务）的技术体系下，各个业务模块之间都是通过 API 进行连通工作的。

好的系统架构离不开好的 API 设计，一个设计不够完善的 API 注定会导致系统的后续发展和维护非常困难。良好的 API 设计要至少遵循 3 个标准，分别是可理解性、封装性和可扩展性。

1. 可理解性

不管是设计 API，还是编写业务代码，可理解性都是我们的首要目标。代码首先是写给人读的，其次才是被机器运行的，这一点在 API 设计中体现得更加明显。API 是系统的门面，是使用者了解系统的窗口。一个清晰可理解的 API 可以显著降低认知成本，提升团队之间的协作效率。

语言是我们认知事物的基础，我们可以通过统一的命名来增加可理解性。比如，我们大部分的操作是对资源的增删改查（CRUD）。对于这些 API 的命名，我们可以做如表 11-2 所示的约定。

表 11-2　API 命名约定

CRUD 操作	API 命名约定
新增	create
添加	add
删除	delete
修改	update
单个结果查询	get
多个结果查询	list
分页查询	page
统计查询	count

Google 将这些方法称为标准方法，在其官方文档（见链接 11-3）中写着："标准方法可降低复杂性并提高一致性。Google API 代码库中超过 70％的 API 方法都是标准方法，这使得它们更易于学习和使用。"

然而，有一点需要注意，如果是 Restful 的 API，因为 HTTP 的操作类型已经暗含了

CRUD 的语义，因此 URI 应该是基于名词（Resource）的，而不是动词的（对 Resource 的操作）。（见链接 11-4）

```
https://adventure-works.com/orders // Good

https://adventure-works.com/create-order // Avoid
```

2. 封装性

API 应该是对实现细节的封装，也就是说，好的 API 设计和好的类设计是类似的，即不应该过多地暴露实现细节，只对外暴露可见的公共（public）部分即可。封装性做得不好的原因大致有两个，一个是技术实现细节的暴露，另一个是内部业务语义的外泄。

对于技术实现细节，比如有一个简单的查询 API SingleResponse getOrder(string orderId, boolean useCache)，这个 useCache 看上去是合理的，给客户端提供了选择是否用缓存的机会。但实际上，它泄露了后端实现的细节（后端采用了缓存）。深入思考一下可知，用不用缓存是后端实现问题，消费端只想获取 order 的信息，而且是最新的信息，至于服务端要如何实现是后端自己的事情，不需要暴露给消费端。

另外，暴露过多的细节也会增加 API 的理解成本。以上述 useCache 为例，使用者在看到这个 API 时难免会心生疑惑，我到底是使用缓存好呢，还是不使用缓存好呢？如果使用，会不会拿不到最新的数据？如果不使用，会不会性能比较差？这就在无形中增加了沟通协作成本。

所谓的内部业务语义外泄，是指一些领域内的业务概念不需要暴露给外部，以免增加使用者的认知负荷。例如，有一个发布商品的 API——publishItem(ItemDTO item)，这个 API 会被多个业务方使用，在商品域内有一个标准化产品单元（Standard Product Unit，SPU）的概念，属于商品域内部管理商品的概念。像这种内部概念就没必要在 ItemDTO 中体现出来，因为消费者在发布商品时只提供商品相关信息即可，没必要过多地关注商品域内部的领域概念。

3. 可扩展性

API 作为一个重要契约，一旦发布出去，想要修改就会变得比较困难。被外部使用越多的 API，其变动越困难。因此，我们在设计 API 的时候，最好预留一定的扩展性，以备不时之需。

第 1 章中介绍了，扩展性和抽象层次是成正比的，抽象层次越高，扩展性越好，但与此同时，其语义表征能力也越差。

软件设计通常是遵循中庸之道的，不能走极端，扩展性设计也是如此。对于 API 来说，扩展性设计的极端就是把入参、出参都定义为 Map，但其可理解性也是最差的；另一个极端是把属性都用有明确业务语义的字段显性化表达出来，这样虽然理解性非常好，但没有任何可扩展的空间。

如图 11-2 所示，对于 API 可扩展性的选择，我提倡一种折中的方案，用显性化的字段表达核心模型的核心属性，同时预留扩展属性，以应对未来可能发生的变化。

publishItem (Map item)	
key	value
"title"	"iPhone x 128G 白色"
"category"	"手机"
"price"	"8000"

publishItem (Item item)	
field	value
title	"iPhone x 128G 白色"
category	"手机"
price	"8000"
Map extends	key : value

publishItem (Item item)	
field	value
title	"iPhone x 128G 白色"
category	"手机"
price	"8000"

极端可扩展API方案　　　　　　　折中API方案　　　　　　　极端不可扩展API方案

图 11-2　API 可扩展性的选择

11.3　依赖契约的扩展机制

软件中的扩展机制基本也是依赖契约完成的。**扩展的实现方式一般有两种，一种是基于接口的扩展，这是依赖接口的契约；另一种是基于配置数据的扩展，这是依赖数据的契约。**

11.3.1　基于接口的扩展

基于接口的扩展主要利用面向对象的多态机制，需要**先在组件中定义一个接口（或抽象方法）和处理该接口的模板，然后由用户实现自己的定制。**其原理如图 11-3 所示。

这种扩展方式在框架设计中被广泛使用。例如 Spring 中的 ApplicationListener，用户可以用 Listener 实现容器初始化之后的特殊处理。再比如 logback 中的 AppenderBase，用户可以通过继承 AppenderBase 实现定制的 Appender 诉求（向消息队列发送日志）。

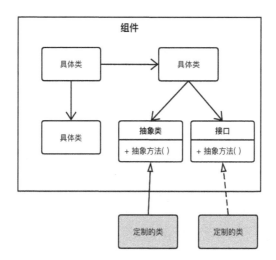

图 11-3 基于接口的扩展

在 COLA 的异常处理组件中，我们也使用了同样的做法。比如，对于 ExceptionHandlerI，我们在框架中提供了一个默认实现，代码如下：

```
public class DefaultExceptionHandler implements ExceptionHandlerI {

    private Logger logger =
LoggerFactory.getLogger(DefaultExceptionHandler.class);

    public static DefaultExceptionHandler singleton = new
DefaultExceptionHandler();

    @Override
    public void handleException(Command cmd, Response response, Exception
exception) {
        buildResponse(response, exception);
        printLog(cmd, response, exception);
    }

    private void printLog(Command cmd, Response response, Exception exception)
{
        if(exception instanceof BaseException){
            //biz exception is expected, only warn it
            logger.warn(buildErrorMsg(cmd, response));
        }
        else{
            //sys exception should be monitored, and pay attention to it
            logger.error(buildErrorMsg(cmd, response), exception);
        }
    }
}
```

　　虽然默认实现可以满足大部分的场景，但难免会有需要定制化处理异常的诉求。因此我们提供了扩展，当用户提供了自己的 ExceptionHandlerI 实现的时候，优先使用用户的实现；如果用户没有提供时，才使用默认实现。其实现机制如下：

```
public class ExceptionHandlerFactory {

    public static ExceptionHandlerI getExceptionHandler(){
        try {
            return ApplicationContextHelper.getBean(ExceptionHandlerI.class);
        }
        catch (NoSuchBeanDefinitionException ex){
            return DefaultExceptionHandler.singleton;
        }
    }

}
```

11.3.2　基于配置数据的扩展

　　基于配置数据的扩展，首先要约定一个数据格式，然后利用用户提供的数据组装成实例对象，用户提供的数据是对象中的属性（有时也可能是类，比如 SLF4J 中的 StaticLoggerBinder），其原理如图 11-4 所示。

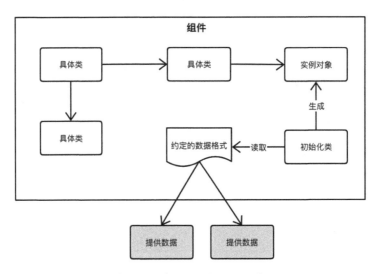

图 11-4　基于配置数据的扩展

　　我们一般在应用中使用键值对（key-value pair）的方式来配置需要修改的属性。这里契约发挥的作用是，配置文件的格式及数据值必须遵循设计的约定，否则配置不能按照预期发挥作用。在实际工作中，很多的 bug 都是因为我们配置不当造成的。

比如要使用 logback，就必须按照 logback 的约定去设置 logback.xml。如果破坏了这个契约，那么 logback 就不能正确地从配置文件中解析用户的配置。

```xml
<?xml version="1.0" encoding="UTF-8"?>
<configuration debug="false">

    <!--定义日志文件的存储地址，不要使用相对路径-->
    <property name="LOG_HOME" value="/home" />

    <!--控制台日志，控制台输出 -->
    <appender name="STDOUT" class="ch.qos.logback.core.ConsoleAppender">
        <encoder class="ch.qos.logback.classic.encoder.PatternLayoutEncoder">
            <!--格式化输出：%d 表示日期，%thread 表示线程名，%-5level：级别从左显示 5 个字符宽度,%msg：日志消息，%n 是换行符-->
            <pattern>%d{yyyy-MM-dd HH:mm:ss.SSS} [%thread] %-5level %logger{50} - %msg%n</pattern>
        </encoder>
    </appender>

    <!--文件日志， 按照每天生成日志文件 -->
    <appender name="FILE"
class="ch.qos.logback.core.rolling.RollingFileAppender">
        <rollingPolicy class=" TimeBasedRollingPolicy">
            <!--日志文件输出的文件名-->
            <FileNamePattern>${LOG_HOME}/TestWeb.log.%d{yyyy-MM-dd}.log
</FileNamePattern>
            <!--日志文件保留天数-->
            <MaxHistory>30</MaxHistory>
        </rollingPolicy>
        <encoder class="ch.qos.logback.classic.encoder.PatternLayoutEncoder">
            <!--格式化输出>
            <pattern>%d{yyyy-MM-dd HH:mm:ss.SSS} [%thread] - %msg%n</pattern>
        </encoder>
        <!--日志文件最大的大小-->
        <triggeringPolicy class=" SizeBasedTriggeringPolicy">
            <MaxFileSize>10MB</MaxFileSize>
        </triggeringPolicy>
    </appender>

    <!--myibatis log configure-->
    <logger name="com.apache.ibatis" level="TRACE"/>
    <logger name="java.sql.Connection" level="DEBUG"/>
    <logger name="java.sql.Statement" level="DEBUG"/>
    <logger name="java.sql.PreparedStatement" level="DEBUG"/>

    <!-- 日志输出级别 -->
    <root level="DEBUG">
```

```
        <appender-ref ref="STDOUT" />
        <appender-ref ref="FILE"/>
    </root>
</configuration>
```

在 COLA 中，我们使用注解（Annotation）方式对扩展点的配置`@Extension(bizId = "tmall", useCase = "placeOrder", scenario = "88vip")`也属于基于配置数据的扩展。当然，扩展点自身是一种接口扩展，而获取扩展点的实现方式是数据扩展。

11.4 掌握标准制定权

"一流的企业定标准，二流的企业做品牌，三流的企业卖产品"，谁掌握了标准制定权，谁就是王者。

实际上，在我们日常的开发工作中，也涉及标准制定权的问题。例如，在分布式的微服务环境下，通过多个微服务的相互协作对外提供完整的业务功能。也就是说，我们通常需要借助其他服务的 API 去做事情，这个 API 就是标准，API 的提供者拥有标准的制定权。

因为 API 的使用者并不拥有 API，没有标准制定权，因此难免受制于 API 所有者的规范和约束。API 提供什么，你就只能用什么。如果对方一不小心对 API 进行了升级改动，却没有通知你，那么你作为依赖方可能就会出现故障。

如果我既想使用你提供的服务，同时我又想把标准制定权掌握在自己的手上，该怎么办呢？

办法是有的，和 API 相对应的还有一种接口提供方式叫作 SPI（Service Provider Interface），它可以帮助我们反转依赖的方向，化被动为主动。SPI 的意思是，我需要这样的服务，而且我已经把标准（Interface）定义好了，你按照这样的方式给我提供服务就好了。

API 和 SPI 的对比如图 11-5 所示，可以看到，API 和 SPI 都是需要对方给我们提供服务，我们都需要依赖对方的功能去达成某个目的。不同的是，API 的标准制定权在对方，而 SPI 的标准制定权在我们自己。

还是那句话，谁掌握了标准制定权，谁就掌握了主动权。从这个意义上来说，SPI 无疑是比 API 对依赖方更有利的解决方案。

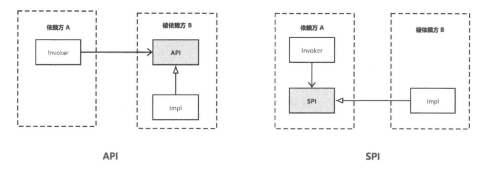

图 11-5 API 和 SPI 对比

在 Java 中，通过 SPI 机制来提供服务的案例不在少数，使用 Java SPI，需要遵循如下约定。

（1）当服务提供者提供了接口的一种具体实现后，在 jar 包的 META-INF/services 目录下创建一个以"接口全限定名"为命名的文件，内容为实现类的全限定名。

（2）接口实现类所在的 jar 包放在主程序的 classpath 中。

（3）主程序通过 java.util.ServiceLoder 来动态装载实现模块，它通过扫描 META-INF/services 目录下的配置文件找到实现类的全限定名，把类加载到 JVM 中。

（4）SPI 的实现类必须携带一个不带参数的构造方法。

例如，JDBC 的驱动器（Driver）加载就使用了 SPI 机制，关于 JDBC 的相关接口定义在 JDK 中，而具体的 Driver 实现是由不同的数据仓库商自行提供的，并通过 SPI 的方式被应用方使用。以 MySQL 为例，其实现方式是在 META-INF/services 下面创建一个 java.sql.Driver 文件，其内容是 MySQL 驱动的实现类 com.mysql.cj.jdbc.Driver，如图 11-6 所示。

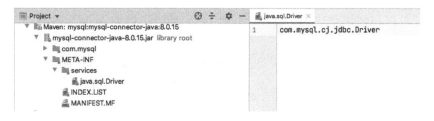

图 11-6　JDBC 的 SPI 实现

SLF4J 也使用了 SPI 的思想，但是其实现方式和正统的 SPI 机制不大一样，它通过 org.slf4j.impl.StaticLoggerBinder 来实现 SLF4J 的接口和具体日志实现框架之间的连接。在

SLF4J 中没有 StaticLoggerBinder 这个类，是需要具体的日志实现框架去提供的，如果是 logback，那么就需要 logback 提供这个 Binder，它们的关系如图 11-7 所示。

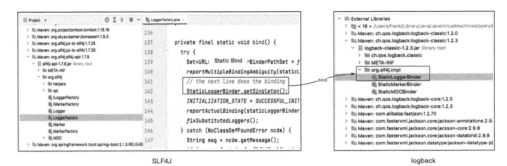

SLF4J   logback

图 11-7　SLF4J 中的静态绑定实现

有的读者可能会好奇，如果 StaticLoggerBinder 不在 SLF4J 中，那么下面的代码是如何编译通过的呢？

```
private final static void bind() {
    ...
    // the next line does the binding
    StaticLoggerBinder.getSingleton();
    ...
}
```

这里使用了一个小技巧，即 SLF4J 在编译时使用了一个 dummy StaticLoggerBinder，然后在打包时使用 antrun 将 dummy 文件移除了。如果你检查 SLF4J 的 pom 文件，会发现如下的配置：

```
<plugin>
    <groupId>org.apache.maven.plugins</groupId>
    <artifactId>maven-antrun-plugin</artifactId>
    <executions>
      <execution>
        <phase>process-classes</phase>
        <goals>
         <goal>run</goal>
        </goals>
      </execution>
    </executions>
    <configuration>
      <tasks>
        <echo>Removing slf4j-api's dummy StaticLoggerBinder and
StaticMarkerBinder</echo>
        <delete dir="target/classes/org/slf4j/impl"/>
      </tasks>
```

```
</configuration>
</plugin>
```

这样做的好处是，SLF4J 不可以单独被依赖使用，必须配合对应的日志实现框架才可以用，否则在编译时就会报错"StaticLoggerBinder Class Not Found"。

无论哪种 SPI 的实现方式，拥有标准制定权的一方总是更强大的一方，是掌握了话语权的一方。不管是 JDBC 标准，还是 SLF4J 标准，虽然标准制定方不需要提供具体实现，但这并不妨碍它是更权威、更有影响力的一方。

11.5　精华回顾

- "人是生而自由的，但却无往不在枷锁之中"，同样，"写代码是自由的，但无往不在规则之下"。

- 社会大规模分工协作离不开契约思维，编程在很大程度上是一种"制定契约"。

- 在软件领域，契约思维主要有软件规范和软件标准两方面的重要价值。

- 一致性可以降低复杂度，我们可以在命名、异常处理、应用架构等方面在团队内制定规范。

- 不管是前端标准化，还是 JCP，都体现了规范和标准在软件中的重要作用。

- "一流的企业定标准，二流的企业做品牌，三流的企业卖产品"，谁掌握了标准制定权，谁就掌握了主动权。从这个意义上来说，提供 SPI 要比调用他人的 API 更主动。

参考文献

[1] GRADY B，ROBERT A M，MICHAEL W E，et al. 面向对象分析与设计[M]. 王海鹏，潘加宇，译. 3 版. 北京：人民邮电出版社，2009.

12

模型思维

建模的艺术就是去除实在中与问题无关的部分。

——菲利普·安德森（1977 年诺贝尔物理学奖得主）

在软件工程中，有两个高阶工作，一个是架构，另一个是建模。如果把写代码比喻成"搬砖"，那么架构和建模就是"设计图纸"了。相比于编码，建模的确是对设计经验和抽象能力要求更高的一种技能。例如，在当前很火的人工智能和机器学习领域，建模就是最难，也是最重要的工作。

12.1　模型及其分类

简单来说，模型就是对现实的简化抽象。比如，飞机模型虽然是对真实飞机的极大简化，但是并不妨碍我们可以了解飞机的形状。

从广义上讲：**如果一件事物能随着另一件事物的改变而改变，那么此事物就是另一件事物的模型**。模型的作用是表达不同概念的性质，一个概念可以使很多模型发生不同程度的改变，但只要很少的模型就能表达出一个概念的性质，所以一个概念可以通过参考不同的模型来改变性质的表达形式。

在软件工程中，模型并不意味着使用特定的符号、工具和流程。我们只是想研究复杂的东西，让其中的一些部分易于理解。

有时我们会"只见树木，不见森林"，不必要的细节反而会让情况更加难以理解，因此最好隐藏那些不必要的细节，只专注于具体情况的重要方面。不管我们用什么建模工具、什么表示法（Notation），只要结果有助于对问题域的理解，那么它就是好的模型。

在不同的场景中，模型对相同的实体会有不同的表达方式，模型的作用就是表达不同概念的性质。根据使用场景，模型大致可以分为物理模型、数学模型、概念模型和思维模型等。

12.1.1　物理模型

物理模型是指拥有体积及质量的物理形态概念实体物件，是根据相似性理论制造的按原系统比例缩小（也可以是放大或与原系统尺寸一样）的实物。例如，风洞实验中的飞机模型、水力系统实验模型、建筑模型、船舶模型和汽车模型等，如图 12-1 所示。

图 12-1　汽车模型

12.1.2　数学模型

除了像飞机模型这样的实物模型，很多模型并不是以实物的形式来呈现的，比如数学模型、概念模型、思维模型等。

数学模型是用数学语言描述的一类模型，可以是一个或一组代数方程、微分方程、差分方程、积分方程或统计学方程，也可以是某种适当的组合数学模型。这些方程可以定量或定性地描述系统各变量之间的相互关系或因果关系。

数学建模，简单理解，就是把现实中遇到的问题转换为数学问题（数学公式）。比如 $Y = aX + b$ 就是一个简单的线性数学模型。假如因变量 Y 代表公司成本，自变量 X 代表员工数量，如果我们通过历史数据发现一个公司的成本满足 $Y = 5000X + 100000$ 的线性关系，那么就能预测每增加 1 名新员工，公司大概要多支出 5000 元的成本。

数学模型描述的是系统的行为和特征，而不是系统的实际结构。举个例子，影响汽车销售的因素大概有季节、地点、价格和颜色等。我们可以根据这些变量（或者叫特征），来构建一个线性逻辑回归的数学模型。基于这个模型，就可以开始做销售预测了，而这个参数训练的过程就叫机器学习。如图 12-2 所示,是对汽车 4S 店进行销售预测的建模过程。

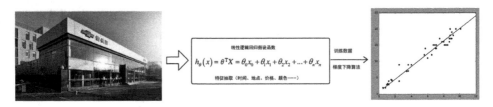

图 12-2　汽车销售预测建模过程

12.1.3　概念模型

概念模型是对真实世界中问题域内的事物的描述,是领域实体,不是对软件设计的描述。它和技术无关,而是将现实世界抽象为信息世界,把现实世界中的客观对象抽象为某一种信息结构,这种信息结构并不依赖于具体的计算机系统。仍然以一辆汽车为例,我们可以画出这辆汽车结构的概念模型,如图 12-3 所示。

图 12-3　汽车的概念模型

12.1.4　思维模型

混沌大学的创始人李善友教授认为,没有好的思维模型,再多的知识积累也是低水平的重复。成人学习的目的不是获取更多的信息量,而是学习更好的思维模型。

从本质上讲,思维模型其实是现实世界复杂系统的某个侧面或某个局部的规律,或者近似规律现象的表征工具。对于思维模型,查理·芒格曾给过一个简单定义:**任何能帮助你更好理解现实世界的理论框架,都可以称之为思维模型**。

查理·芒格说:“思维模型会给你提供一种视角或思维框架,从而决定你观察事物和看待世界的视角。顶级的思维模型能提高你成功的可能性,并帮你避免失败。”看起来,思维模型是一种能帮助我们分析问题、解决问题及预测问题的好东西。

本书介绍的 16 种思维能力也是 16 种思维模型。熟悉这些思维模型等于给你解决问题的工具箱中添加了 16 种有用的"思维工具"，当面临复杂问题的时候，你可以选择其中一种或多种思维模型去解决问题。

试想一下，你可以熟练地使用抽象思维、分类思维去做领域建模；你可以运用结构化思维做技术规划；在身边人云亦云的时候，你能用逻辑思维、批判性思维理性地分析问题；面对华而不实的复杂设计，你敢于用"奥卡姆剃刀"化繁为简；你能用工具化思维、产品化思维去优化身边的研发环境；你能用分治思维高效地分解问题、解决问题；你能用数据思维、量化思维给业务助力；在面对困难和挑战的时候，你信心十足，因为你相信学习和成长的力量。那么你一定会和其他人不一样！

12.1.5 模型不能代替实物

模型毕竟是模型，不能代替实物，就像类比不能替代问题本身一样。建模的过程与建模者的观察视角及其对问题的认知有直接关系，所以我们要带着审视的眼光去看待模型。

就像牛顿认为两个物体之间的引力正比于它们质量的乘积，这是对一种特定现象的数学描述——也就是数学模型。牛顿自己推测过引力的可能原理：地球就像海绵一样，不断吸收天空降落下来的轻质流体，这种流体作用到地球上的物体上，导致它们下降。200 年后，爱因斯坦提出了一种不同的引力原理模型——广义相对论，引力被概念化为四维时空的几何特性。

因此，**世界上没有完美的模型，甚至连正确的模型也没有**。在软件开发的过程中，我们也要用发展的眼光来看待模型，能解决当前问题的模型就是好模型。随着时间的推移，我们可能要像重构代码那样重构我们的模型，确保它能跟上我们对问题域的最新理解的步伐。

12.2 UML 建模工具

在软件领域，最有名、影响力最大的建模工具非统一建模语言（Unified Modeling Language，UML）莫属。UML 虽说不是软件开发的必选，但已经对构建软件需要的"结构"和"行为"模型做出了很好的总结和规范。熟悉并使用 UML，在今天仍然具有非常重要的意义。

1997 年，对象管理组织（Object Management Group，OMG）发布了 UML。UML 的目标之一是为开发团队提供标准通用的设计语言来开发和构建计算机应用。**UML 提出了一套 IT 专业人员期待多年的统一的标准建模符号**。通过使用 UML，IT 专业人员能够阅读和交流系统架构和设计规划，就像建筑工人多年来所使用的建筑设计图一样。

UML 拥有一种定义良好的、富有表现力的表示法，这对于软件开发过程非常重要。标准的表示法能够让分析师或开发者描述一个场景、阐明一种架构，然后将这些无二义地告诉别人。

总的来说，用 UML 构建的模型将以一定的保真度和角度展现我们要构建的真实系统，但是复杂软件系统面临的问题是多样的。在软件研发的不同阶段，针对不同的使用目的，我们需要不同的模型图，每一种模型图都提供了系统的某一种视图。

UML 建模语言分为结构型和行为型两种，其分类如图 12-4 所示。

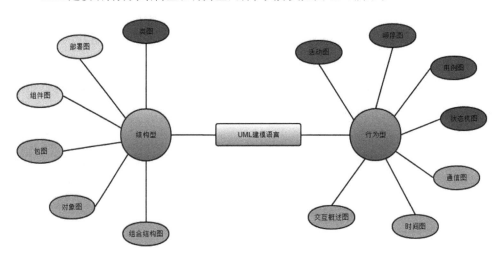

图 12-4　UML 建模语言

关于 UML 的资料和书籍已有很多，本书不会详尽描述每一种模型，推荐需要进一步深入学习的读者去看两本书，分别是 Grady Booch 的《面向对象分析与设计》和 Larman 的《UML 和模式应用》。

接下来，本书会详细介绍一下类图，原因有二。

（1）在面向对象设计中，类图占有非常重要的地位。类图不仅可以表示类之间的关系，其表示法还可以表达领域概念之间的关系，非常适合进行领域建模。在我的团队中，我们都是用 UML 类图来画领域模型的。

（2）我在面试和工作的过程中，发现很多同学对 UML 类图并不熟悉，要么不会画类图，要么用错其中的表示法。

类（Class）封装了数据和行为，是面向对象的重要组成部分，它是具有相同属性、操作、关系的对象集合的总称。在系统中，每个类都具有一定的职责。职责指的是类要完成什么功能、承担什么义务。

类图用于表示类和它们之间的关系。在分析时，我们利用类图来说明实体共同的角色和责任，这些实体提供了系统的行为；在设计时，我们利用类图来记录类的结构，这些类构成了系统的架构。在类图中，两个基本元素就是类和类之间的关系。

12.2.1　类的 UML 表示法

在 UML 中，类由类名、属性和操作三部分组成。

（1）类名（Name）：每个类都必须有一个名字，类名是一个字符串。

（2）属性（Attributes）：指类的性质，即类的成员变量。一个类可以有任意多个属性，也可以没有属性。

（3）操作（Operations）：指类的任意一个实例对象都可以使用的行为，是类的成员方法。

这三部分使用由分隔线分隔的长方形来表示。例如，在 UML 类图中定义一个 Employee 类，它包含属性 name、age 和 email，以及操作 getName()，其类图如图 12-5 所示。

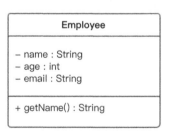

图 12-5　类图示例

其对应的 Java 代码片段如下：

```java
public class Employee {
    private String name;
    private int age;
    private String email;
```

```
public void getName() {
    return name;
}
```

类图中属性和操作的格式有规格说明，属性规格说明格式是"可见性 属性名称：类型"，比如"– name : String"。操作规格说明格式是"可见性 操作名称（参数名称：类型）：返回值类型"，比如"+ getName() : String"。

其中可见性、名称和类型的定义如下。

- 可见性：表示该属性对类外的元素而言是否可见，包括公有的（public）、私有的（private）和受保护的（protected）3 种，在类图中分别用符号+、–和#表示。

- 名称：按照惯例，类的名称以大写字母开头，单词之间使用驼峰隔开。属性和操作的名称以小写字母开头，后续单词使用驼峰。

- 类型：表示属性的数据类型，可以是基本数据类型，也可以是用户自定义类型。

类和类之间的关系，主要有关联关系、依赖关系和泛化关系等。接下来，我们重点看一下这些关系的 UML 表示法。

12.2.2　类的关联关系

关联（Association）关系是类与类之间最常用的一种关系，它是一种结构化关系，用于表示一类对象与另一类对象之间有联系，如汽车和轮胎、师傅和徒弟、班级和学生等。在 UML 类图中，用实线连接有关联关系的对象所对应的类。在代码实现上，通常将一个类的对象作为另一个类的成员变量。

在使用类图表示关联关系时，可以在关联线上标注角色名。一般使用一个表示两者之间关系的动词或名词表示角色名（有时该名词为实例对象名），关系的两端代表两种不同的角色。因此，在一个关联关系中可以包含两个角色名，角色名不是必需的，可以根据需要增加，其目的是使类之间的关系更加明确。

在 UML 中，关联关系通常又包含如下 6 种形式。

1. 双向关联

默认情况下，关联是双向的。例如，一个教师（Teacher）可以教一到多门课程（Course），一门课程只能被一个教师教。因此，Teacher 类和 Course 类之间具有双向关联关系，如图 12-6 所示。

图 12-6   双向关联实例

在图 12-6 中，三角形标注表示关联关系的阅读方向，是可选的。直线两边的数字代表关联的重数性（Multiplicity），也是可选的，表示两个关联对象在数量上的对应关系。在 UML 中，对象之间的多重性可以直接在关联直线上用一个数字或数字范围表示。

对象之间可以存在多种多重性关联关系，常见的多重性表示方式如表 12-1 所示。

表 12-1   常见的多重性表示方式

表示方法	多重性说明
1..1	表示另一个类的一个对象只与该类的一个对象有关系
0..*	表示另一个类的一个对象与该类的零个或多个对象有关系
1..*	表示另一个类的一个对象与该类的一个或多个对象有关系
0..1	表示另一个类的一个对象没有或只与该类的一个对象有关系
m..n	表示另一个类的一个对象与该类的最少 m，最多 n 个对象有关系（m≤n）

2. 限定关联

限定关联（qualified association）具有限定符（qualifier），限定符的作用类似于 HashMap 中的键（key），用于从一个集合中选择一个或多个对象。例如，一个用户（User）可以有多个角色（Role），但是在一个场景（scenario）中，它只能有一种角色。

对于限定关联，有一点需要注意，即多重性的变化。例如，比较图 12-7（a）和图 12-7（b），限定减少了在关联目标端的多重性，通常是由多变为一，因为限定关联通常是从较大集合中选择一个实例。

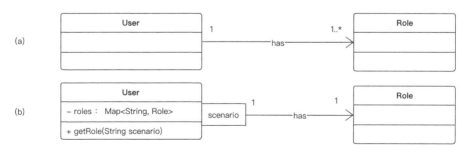

图 12-7   限定关联实例

在代码实现限定关联时，成员变量通常是 Map，而 Map 的 key 就是限定符，图 12-7（b）对应的 Java 代码片段如下：

```java
public class User {
    private Map<String, Role> roles;

    public Role getRole(String scenario){
        return roles.get(scenario);
    }
}

public class Role {
}
```

3. 单向关联

类的关联关系也可以是单向的，单向关联用带箭头的实线表示。例如，顾客（Customer）拥有地址（Address），则 Customer 类与 Address 类具有单向关联关系，如图 12-8 所示。

图 12-8　单向关联实例

4. 自关联

在系统中可能会存在一些类的属性对象类型为该类本身的情况，这种特殊的关联关系称为自关联。例如，一个节点类（Node）的成员又是节点 Node 类型的对象，如图 12-9 所示。

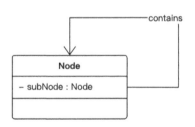

图 12-9　自关联实例

设计模式中的装饰者模式也是一种自关联，它们都有如下的代码形式：

```java
public class Node {
    private Node subNode;
}
```

5. 聚合关系

聚合（Aggregation）关系表示整体与部分的关联关系。在聚合关系中，成员对象是整体对象的一部分，但是成员对象可以脱离整体对象而独立存在。在 UML 中，聚合关系用带空心菱形的直线表示。例如，发动机（Engine）是汽车（Car）的组成部分，但是发动机可以独立存在，因此汽车和发动机是聚合关系，如图 12-10 所示。

图 12-10　聚合关系实例

在代码中实现聚合关系时，成员对象通常作为构造方法、Setter 方法或业务方法的参数注入整体对象中。图 12-10 对应的 Java 代码片段如下：

```java
public class Car {
    private Engine engine;

    //构造注入
    public Car(Engine engine) {
        this.engine = engine;
    }

    //设值注入
    public void setEngine(Engine engine) {
        this.engine = engine;
    }
}

public class Engine {
}
```

6. 组合关系

组合（Composition）关系也表示类之间整体和部分的关联关系，但是在组合关系中，整体对象可以控制成员对象的生命周期。一旦整体对象不存在，那么成员对象也将不存在，成员对象与整体对象之间具有"同生共死"的关系。在 UML 中，组合关系用带实心菱形的直线表示。例如，头（Head）与嘴巴（Mouth），嘴巴是头的组成部分之一，而且如果头没了，嘴巴也就没了。因此，头和嘴巴是组合关系，如图 12-11 所示。

图 12-11　组合关系实例

用代码实现组合关系时，通常在整体类的构造方法中直接实例化成员类。因为成员对象域整体对象有同样的生命周期，也就是要"同共生死"，这也是组合和聚合的主要区别之一。从代码上体现出来，组合没有 setter 方法，图 12-11 对应的 Java 代码片段如下：

```java
public class Head {
    private Mouth mouth;
    public Head() {
        mouth = new Mouth();  //实例化成员类
    }
}

public class Mouth {
}
```

12.2.3　类的依赖关系

依赖（Dependency）关系是一种使用关系，特定事物的改变可能会影响到使用该事物的其他事物，在需要表示一个事物使用另一个事物时，使用依赖关系。大多数情况下，依赖关系体现在某个类的方法使用另一个类的对象作为参数。在 UML 中，依赖关系用带箭头的虚线表示，由依赖的一方指向被依赖的一方。例如，教师（Teacher）上课，要使用投影仪（Projector）进行演示，如图 12-12 所示。

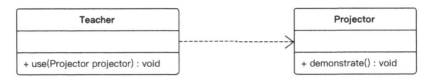

图 12-12　依赖关系实例

在系统实施阶段，依赖关系通常通过 3 种方式来实现：第一种方式是最常用的，将一个类的对象作为另一个类中方法的参数；第二种方式是在一个类的方法中将另一个类的对象作为其局部变量；第三种方式是在一个类的方法中调用另一个类的静态方法。上面的案例属于第一种方式，对应的 Java 代码片段如下：

```
public class Teacher {
    public void use(Projector projector) {
        projector.demonstrate();
    }
}

public class Projector {
    public void demonstrate() {
    }
}
```

12.2.4 类的泛化关系

泛化（Generalization）关系就是继承关系，用于描述父类与子类之间的关系。父类又称作基类或超类，子类又称作派生类。在 UML 中，泛化关系用带空心三角形的直线表示。在代码实现中，我们使用面向对象的继承机制来实现泛化关系，如在 Java 语言中使用 extends 关键字。例如，Student 类和 Teacher 类都是 Person 类的子类，Student 类和 Teacher 类继承了 Person 类的属性和方法，Person 类的属性包含姓名（name）和年龄（age），每个 Student 和 Teacher 也都具有这两个属性。另外，Student 类增加了属性学号（studentNo），Teacher 类增加了属性教师编号（teacherNo），如图 12-13 所示。

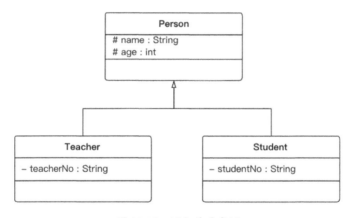

图 12-13　泛化关系实例

图 12-13 对应的 Java 代码片段如下：

```
//父类
public class Person {
    protected String name;
    protected int age;
    ......
}
```

```
//子类
public class Student extends Person {
    private String studentNo;
    ……
}

//子类
public class Teacher extends Person {
    private String teacherNo;
    ……
}
```

12.2.5 类与接口的实现关系

面向对象语言中都会引入接口的概念。接口中通常没有属性，而且所有的操作都是抽象的，只有操作的声明，没有操作的实现。在 UML 中，类与接口之间的实现关系通常用带空心三角形的虚线表示。例如，每个度量项（Metrics）都是可度量的（Measurable），其实现如图 12-14 所示。

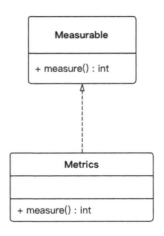

图 12-14 类与接口的实现关系实例

需要注意的是，UML 提供了多种方法表示接口实现（interface realization）。例如，在 UML 2 中新定义的插座表示法（socket notation），有助于表示"类 X 需要（使用）接口 Y"。在上面的例子中，有一个统计类（Statistics）要使用度量项进行统计，其插座表示法如图 12-15 所示。

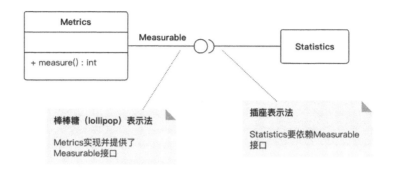

图 12-15 接口实现的插座表示法

12.3 领域模型

领域模型是对领域内的概念类或现实世界中对象的可视化表示，又称为概念模型、领域对象模型、分析对象模型。它专注于分析问题领域本身，发掘重要的业务领域概念，并建立业务领域概念之间的关系。

这些年来，大家对领域驱动设计（Domain Driven Design，DDD）的关注度一直有增无减，关于领域建模的讨论和学习一直是热点。我想，之所以会这样，一方面是出于对服务划分的需要，另一方面是出于应对复杂度的需要。因为传统的事务脚本（Transaction Script，见链接 12-1）模式应付简单业务还可以，但在面对复杂业务场景的时候，领域对象的缺失会导致代码难以被封装、复用，可理解性和可扩展性急剧下降。

领域模型将现实世界抽象为了信息世界，把现实世界中的客观对象抽象为某一种信息结构，而这种信息结构并不依赖于具体的计算机系统。领域模型不是对软件设计的描述，和技术无关。

虽然领域模型和技术无关，但问题域本身可以是技术的问题域，也可以是非技术的问题域。例如，电商的核心领域模型是商品、会员、订单、营销等实体，和使用什么技术实现是没有关系的，用 Java 可以实现，用 PHP、Go 也能实现。然而，假设我们要实现一个消息中间件，这是一个纯技术的问题域，它也有自己的核心领域模型，只不过这些实体变成了 Consumer、Publisher、Event、Broker，等等。

由此可见，挖掘重要的领域概念，构建领域模型，虽然和技术实现无关，但却是软件设计中最重要的环节之一。

领域模型对软件开发至关重要。因为从本质上来说，软件开发就是从问题空间到解决方案空间的映射转化，而领域模型是连接问题和解决方案的桥梁，如图 12-16 所示。

图 12-16　领域模型的桥梁作用

12.3.1　限界上下文

任何问题都是有边界的，问题的边界也叫领域边界。也就是说，我们要对一个问题进行分析或建模，一定是在一个特定的上下文（Bounded Context，限界上下文）中讨论的，而不可能漫无边际地讨论。

语言的多意性和灵活性会导致同一个概念在不同的上下文呈现出不同的语义、包含不同的属性。如图 12-17 所示，在水果卖场，Apple 代表的是水果；而在手机卖场，Apple 代表的是 iPhone。同一个词语因为上下文不一样，其含义完全不一样。

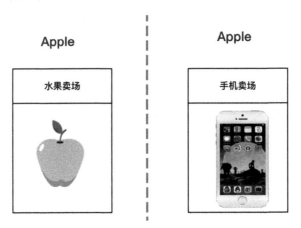

图 12-17　语言的限界上下文

限界上下文告诉我们，同一个概念不必总是对应单一的模型，也可以对应多个模型。用限界上下文明确模型要解决的问题，可以使每个模型保持清晰。限界上下文是领域模型的边界，也就是领域知识的边界。和上下文主题紧密相关的模型内聚在上下文内，而其他模型会被分到其他的限界上下文中。限界上下文内的领域知识是高内聚、低耦合的。

比如，作为电商业务最核心的要素，商品贯彻整个商业活动的始终。在对庞大的电商系统做领域化拆分后，商品的概念也会渗透到各个子域中，售卖的是"商品"，营销的主体是"商品"，下单是针对"商品"的订单，仓库中存的是"商品"，履约是"商品"的送达，等等。**然而在不同的上下文中，这些"商品"表达的语义和内涵是不一样的**，如图12-18所示。

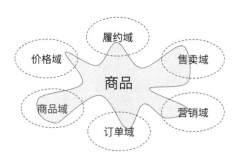

图 12-18　商品的限界上下文

12.3.2　上下文映射

每个上下文都有一套自己的"语言"，如果在该领域使用其他领域的概念，那么需要一个"翻译器"，**这个在不同领域之间进行概念转化、信息传递的动作叫作上下文映射**（Context Mapping）。上下文映射主要有两种解决方案：共享内核和防腐层。

1. 共享内核

共享内核（Shared Kernel）是指把两个子域中共同的实体概念抽取出来，形成一个组件（Java中的jar包），然后通过内联（inline）的方式分别被不同的子域使用，如图12-19所示。

图 12-19　共享内核

以电商系统为例，商品域中的"商品"和售卖域中的"商品"虽然都叫商品，但是两者的属性是不一样的。在商品域中，主要关注的是商品的产品属性和产品分类，主要用来做商品管理，因为商品还没有上架销售，所以没有商家属性（sellerId）；而在售卖域，商品是用来面向消费者进行销售的，相比于商品域中的商品或产品，它多了商家属性、售卖价格属性、营销属性、买点属性等。

鉴于商品域和售卖域中的"商品"大部分属性是相同的，我们可以考虑使用共享内核的方式。如图 12-20 所示，将共同部分抽取成一个组件，由商品域和售卖域共享，这种方式的好处是最大程度地实现代码复用和能力共享，然而这么做的坏处也很明显，**即高耦合：任何对于"共享内核"的改动都要小心翼翼地协调两个领域的技术团队，且会影响两个领域**。说实话，这个副作用有点让人"伤不起"，所以在实践中更推荐的上下文映射方法是防腐层。

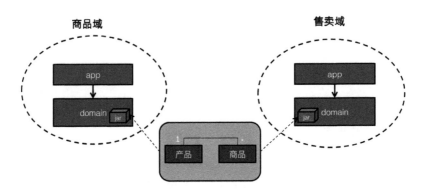

图 12-20　商品的共享内核实现

2. 防腐层

在一个领域中，如果需要使用其他领域的信息，可以通过防腐层（Anti-Corruption，AC）进行防腐和转义，如图 12-21 所示。实际上，在微服务环境下，服务调用是一个普遍的诉求，没有一个服务是孤立的，各个服务都需要借助其他服务提供的数据共同完成业务活动。

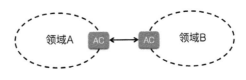

图 12-21　防腐层

同样是电商场景，如果采用 AC 的方式进行上下文映射，那么我们需要在售卖域中新建一个 AC 模块。在售卖域中，商品上架销售时需要从商品域获取商品的信息，在分布式环境下，这种信息获取可能是 RPC 调用，也可能是 REST。通信协议可能不一样，但并不妨碍信息的载体都是商品数据传输对象（Data Transfer Object，DTO），如图 12-22 所示。
AC 的作用就是把外域的 DTO 转义成自己领域内的概念。

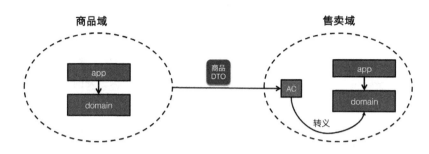

图 12-22　商品的防腐层实现

这样做虽然商品信息在商品域和售卖域有一定的代码重复，但是解耦非常彻底，售卖
域的 AC 起到了"防腐"的作用，商品域的任何变化并不会直接影响到售卖域，双方都拥
有了更高的自主权和灵活度。面对系统架构就是这样，我们总要在重复（Duplication）和
复用（Reuse）之间做折中和权衡。

12.4　领域模型与数据模型

依稀记得我第一次设计系统的时候，画了一堆 UML 图，面对 Class Diagram（其实就
是领域模型）纠结了好久，不知道如何落地。因为如果按照这个类图去落数据库，看起来
很奇怪，有点烦琐，可如果不按照这个类图落数据库，又不知道这个类图画了有什么用。

现在回想起来，**我当时的纠结归因于我没有搞清楚领域模型和数据模型这两个重要的
概念**。明晰概念模型和数据模型的不同作用是非常重要的，小到影响一些模块设计，大到
影响像业务中台这样的重大技术决策。如果不清楚底层的逻辑、概念、理论基础，那么构
建在其上的系统也会出现问题，甚至是非常严重的问题。

领域模型关注的是领域知识，是业务领域的核心实体，体现了问题域中的关键概念，
以及概念之间的联系。领域模型建模的关键在于模型能否显性化、清晰地表达业务语义，
其次才是扩展性。

数据模型关注的是数据存储，所有的业务都离不开数据，以及对数据的 CRUD。数据
模型建模的决策因素主要是扩展性、性能等非功能属性，无须过多考虑业务语义的表征能
力。

根据 Robert 在《架构整洁之道》一书中的观点：领域模型是核心，数据模型是技术细节。现实情况是，二者都很重要。领域模型和数据模型之所以容易被混淆，是因为两者都强调实体（Entity）和强调关系（Relationship），这一点无可厚非，因为传统数据库的数据建模使用的就是 E-R 图。

二者的确有一些共同点，有时领域模型和数据模型会长得很像，甚至会趋同，这很正常。但更多的时候，二者是有区别的。**正确的做法应该是有意识地把这两个模型区别开来，分别进行设计**，因为它们建模的目标有所不同。如图 12-23 所示，数据模型负责数据存储，其要义是扩展性、灵活性、性能；而领域模型负责业务逻辑的实现，其要义是业务语义显性化的表达，以及充分利用面向对象的特性增强代码的业务表征能力。

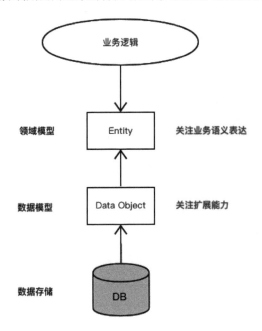

图 12-23 领域模型和数据模型的区别

然而在实际情况中，大多数业务系统设计并没有很好地区分二者的关系，我们经常会犯两个错误，一个是错把领域模型当数据模型，另一个是错把数据模型当领域模型。

12.4.1 错把领域模型当数据模型

我曾经做过一个报价优化的项目，其中涉及报价规则的问题。这个业务逻辑大概是，对于不同的商品（通过类目、品牌、供应商类型等维度区分），给出不同的价格区间，然后判断商家的报价是应该被自动审核通过（autoApprove），还是应该被自动拦截（autoBlock）。

对于这个规则，领域模型很简单，就是提供价格管控需要的配置数据，如图 12-24 所示。

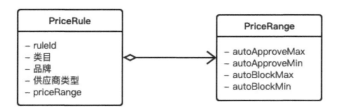

图 12-24　价格规则领域模型

如果按照这个领域模型去设计存储模型，那么需要两张表，分别是 price_rule 和 price_range，一张用来存放价格规则，另一张用来存放价格区间，如图 12-25 所示。

rule_id	category	brand	supplier_type
1	123	红牛	头部

price_rule表

rule_id	autoApproveMax	autoApproveMin	...
1	1.02	0.9	

price_range表

图 12-25　不合理的存储模型

如果这样设计数据模型，我们就犯了把领域模型当数据模型的错误。这里更合适的做法是只用一张表，把 price_range 作为一个字段，在 price_rule 中用一个字段存储，如图 12-26 所示，对于多个价格区间信息，只用一个 json 字段存储即可。

rule_id	category	brand	supplier_type	price_range
1	123	红牛	头部	{ autoApproveMax:1.02, autoApproveMin:0.9... }

price_rule表

图 12-26　合理的存储模型

这样做的好处显而易见。

- 首先，维护一张数据库表肯定比维护两张的成本要低。
- 其次，其数据的扩展性更好。比如，假设有新需求，需要增加一个建议价格（suggest price）区间，如果是两张表，那么需要在 price_range 中加两个新字段；而如果只用 json 存储，那么数据模型可以保持不变。

在业务代码中，我们需要把 json 的数据对象转换成有业务语义的领域对象，这样**既可以享受数据模型扩展性带来的便捷性，又不损失领域模型对业务语义显性化带来的代码可读性**，如图 12-27 所示。

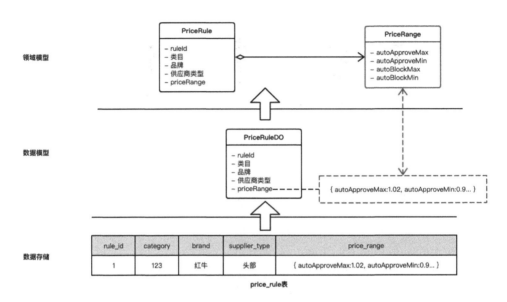

图 12-27　映射数据模型和领域模型

12.4.2　错把数据模型当领域模型

数据模型最好是可扩展的，毕竟改动数据库是一个大工程，不管是加字段、减字段，还是加表、删表，都涉及不少的工作量。

说到数据模型的扩展设计经典之作，非阿里巴巴的业务中台莫属。得益于良好的扩展性设计，仅仅其核心的商品、订单、支付、物流 4 张表，就支撑了阿里巴巴的几十个业务、成千上万个业务场景。

以商品中台为例，它只用了一张 auction_extend 垂直表，就解决了所有业务商品数据存储扩展性的需求。从理论上来说，这种数据模型可以满足无限的业务扩展需求。

JSON 字段也好，垂直表也好，虽然都可以很好地解决数据存储扩展的问题，但我们**最好不要把这些扩展当成领域对象来处理，否则代码根本就不是在面向对象编程，而是在面向扩展字段（Features）编程，这就犯了把数据模型当领域模型的错误**。更好的做法应该是把数据对象（Data Object）转换成领域对象来处理。

如图 12-28 所示，这段代码中到处是 getFeature、addFeature 的写法，是一种典型的把数据模型当领域模型的错误示范。

(a) 中台大量的扩展字段

(b) 基于这些扩展字段的代码

图 12-28 基于扩展字段的编程

上面展示的代码是一名在某中台上写业务代码的同事在离职那天发给我看的，他说他受够了这种乱七八糟的代码，但作为一个底层员工，又无法改变局面，无奈之下，只能选择离开……

12.4.3　两种模型各司其职

上面展示了混淆领域模型和数据模型带来的问题。正确的做法应该是把领域模型和数据模型区别开来，让它们各司其职，从而使应用系统架构更合理。

领域模型是面向领域对象的，要尽量具体，尽量语义明确，显性化地表达业务语义是其首要任务，扩展性是其次；数据模型是面向数据存储的，要尽量可扩展。

在具体落地时，我们可以采用 COLA 的架构思想，使用 gateway 作为数据对象（Data Object，DO）和领域对象（Entity）之间的转义网关，如图 12-29 所示。其中，gateway 除了起到转义的作用，还起到了防腐解耦的作用，解除了业务代码对底层数据（DO、DTO等）的直接依赖，从而提升系统的可维护性。

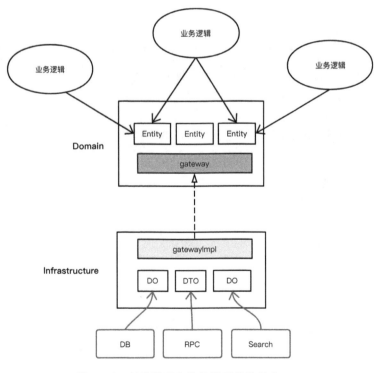

图 12-29　领域模型和数据模型具体落地

此外，教科书上告诉我们，在做关系数据库设计时要满足 3NF（第三范式），然而在实际工作中，我们经常会因为性能、扩展性的原因故意打破这个原则。比如，通过数据冗余提升访问性能，通过元数据、垂直表、扩展字段提升表的扩展性。

不同的业务场景对数据扩展的诉求也不一样，像 price_rule 这种简单的配置数据扩展，json 就能胜任。更复杂的，用 auction_extend 这种垂直表也是不错的选择。

看到这里，有的读者可能会问：这样做，数据是可扩展了，可数据查询怎么解决呢？总不能用 join 表或者 like 吧。实际上，对一些配置类的数据或者数据量不大的数据，我们完全可以用 like。然而，对于阿里巴巴商品交易这样的海量数据，当然不能用 like，不过这个问题很容易通过读写分离、构建搜索（Search）的办法解决，如图 12-30 所示。

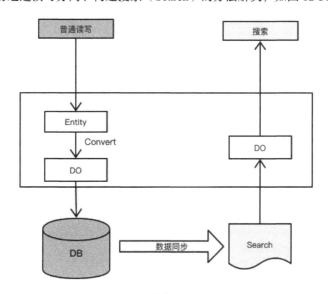

图 12-30　使用搜索解决读写性能问题

12.5　精华回顾

- 模型是对现实世界的抽象和映射。没有完美的模型，甚至连正确的模型都没有，就像类比永远不能代替问题本身一样。

- 我们可以将模型分成物理模型、数学模型、概念模型、思维模型等。

- UML 是在软件工程中具有广泛共识的建模方法、语言和表示法，其类图也常被用来做领域建模。

- 领域建模和技术实现无关，是问题域分析、明晰概念、获得关键实体对象的重要过程。领域模型反映了关键的业务概念，刻画了关键领域实体，以及实体之间关系。

- 语言是有边界的，同样，模型也有其作用的上下文。我们可以通过共享内核、防腐层等技术实现模型在不同上下文中的映射和协作。

- 领域模型和数据模型有明显区别，领域模型关心的是业务概念，其要义是显性化地表达业务语义；数据模型关心的是数据存储，其核心是数据访问的性能、数据的扩展性等非功能属性。

13

工具化思维

懒人的逻辑中也有其合理的一面，勤劳奋斗的逻辑中也必定有其荒唐的
一面。

——张方宇

我经常和团队成员说，我希望你们变得"懒"一点。因为有时，"懒"是比低效的勤奋更智慧、更难得的美德。为什么这么说呢？我们可以把"懒"分为 3 个境界。

（1）最低境界是"实在懒"，拖延症，不到万不得已，不去完成任务。

（2）其次是"开明懒"，迅速做完不喜欢的任务，以摆脱之。

（3）最高境界是"智慧懒"，使用工具完成不喜欢的任务，以便再也不用做无谓的重复工作，从而一劳永逸。

当然，我和团队成员说的"懒"，肯定不是"实在懒"，**而是"智慧懒"，也就是工具化思维**。我想很多人会有这样的经历：公司开始抓单元测试覆盖率，要求开发人员写测试代码，于是你吭哧吭哧，开始花很多时间去写测试代码。现在企业大多采用服务化或微服务的架构，因此需要 Mock 的接口和数据非常多，也非常耗时间。

你是否想过，为什么要自己去 Mock 这些数据呢？我们可不可以自动生成这些数据，有没有可能录制线上的运行数据，然后通过回放数据来做测试呢？

这就是工具化思维，也就是我说的"智慧懒"。我们通过工具提效，从而节省大量的工作时间，而不是靠蛮力一遍一遍地重复手工劳动。

13.1 你我都是"工具人"

这里的"工具人",说的是我们都是可以制造工具的人。软件工程师和其他工程师的重要区别之一在于需要自己制造工具。木匠不会自己制造锯子,泥瓦匠不会自己制造铲子,理发师也不会自己制造剪刀。因为这些工具不在其职业能力范围中,他们不具备制造工具的基础。而**软件工程师的工作是写代码,工具所需要的要素也是代码,因此制造工具是其能力范围内的事情**。

工具化的最佳时间点不是工作的一开始,即不是为了工具而工具;而是当一个事情手动重复 3 次以上时,此时要给自己提一个醒:这里是否应该通过工具化、自动化来提升工作效率?要学会"偷懒",能让计算机去做的事情,就尽量不要手动去做,否则不仅效率低下,还容易出错。

例如,我们在发布应用的时候,需要把分支代码合并到主干中,对主干代码进行测试,通过命令打包代码,然后将其上传到应用服务器,最后通过命令重启服务器,让新代码生效。

很多程序员每天要重复做 N 次这样的工作,这时不愿意做机械重复工作的"懒人"开始反问自己:我为什么要一遍一遍地重复敲这些命令呢?这些手动操作都是必需的吗?测试是否可以自动化呢?部署是否可以自动化呢?

想到这里,他开始写脚本、写工具,尝试实现自动化的应用部署工作。虽然写这些工具会花费不少时间,但带来的收益是后面每次发布应用的时候,他都不用再手动执行每一个步骤,从长远来看,其实节省了更多的时间。

由此可见,工具化并不是可有可无的,其本身就是我们工作的一部分。从某种意义上来说,自动化运维、DevOps 就是通过工具化不断提升研发效率的成果。

然而,不仅仅是运维工作需要工具化,在软件开发的各个环节中,工具化都有很高的价值。但首先你要"懒"一点,明白任何事情只要手动执行 3 次以上,就有可能通过工具化来提效。带着工具化思维去看待问题,你会发现工作中有很多提效的工作可以挖掘。

13.2 工具化的一般步骤

我总结了一下,发现工具化的过程一般会经历 3-2-1 三个步骤,3-2-1 是什么意思呢?

（1）3 表示重复 3 次。

当一个工作需要手动重复 3 次以上的时候，我们就要停下来考虑一下是否需要工具化了。之所以要达到 3 次，是因为对于临时性、一次性的工作，没必要花更多时间去造工具，因为投资回报率（Return On Investment，ROI）不高。但是如果这个工作重复 3 次以上，就说明这是一个需要经常处理的问题，值得投入精力和时间去做工具化。**正所谓"磨刀不误砍柴工"，短期的额外投入是为了长期的效率提升。**

（2）2 表示"现状"和"期望"二者之间的差距。

这个差距就是我们要解决的问题。工具的目的是解决问题，所以把问题定义清楚很关键。以 Mock 测试数据为例，"现状"是手动 Mock 数据费时费力，"期望"是不再需要手动 Mock 数据，那么二者之间的差距就是工具要解决的问题。

（3）1 表示 1 个工具。

也就是针对要解决的问题给出的解决方案。问题的解决通常不止一个方案，以 Mock 测试数据为例，我们既可以通过录制回放数据的方式，也可以通过自动生成测试代码的方式来实现。至于选择哪一种方案，可以根据经济性、可行性来做判断和权衡。

13.3　TestsContainer 小工具

2010 年，我进入 eBay 中国研发中心工作。在工作了一段时间以后，我发现，为了做单元测试，我需要频繁地在本地启动应用程序。

让人痛苦的是，因为应用程序依赖了大量的中间件，加上本地机器的性能问题，整个预加载和启动过程少则需要 3 分钟，多则需要 10 分钟。在我来到公司之前，这种低效的开发方式其实已经存在了很长一段时间了。

怎么办？我是像之前一样继续忍受这种低效的、浪费时间的等待，还是想办法通过工具做一些改变呢？我选择了后者。在经过一段时间的研究以后，我发现本地启动服务这件事情是无法避免的。为了提升效率，只有两种解决方案，一种是缩短应用启动时间，另一种是减少应用启动次数。

一开始，我尝试通过减少依赖来缩短应用启动时间，但是因为预加载都是写在框架中的，而框架本身又没有提供相应的 Hook 机制（钩子机制），因此我只能通过反射去处理，实现成本比较高，而且缺乏通用性，这种优化更适合中间件团队来做。

于是，我开始琢磨，有没有什么办法能缩短应用启动时间呢？后来，我写了 TestsContainer 这个小工具。

这个工具的原理很简单，就是在应用启动之后，保持线程不要结束；然后通过 IDE 的命令行，接受想要测试的类或方法，通过反射调用其执行；再利用 IDE 的热加载功能，确保局部修改的代码能够及时生效，以此减少重复启动应用的次数，提升研发效率。测试容器的核心代码如下所示：

```java
public class TestsContainer implements ApplicationContextAware {

    private static ApplicationContext context;

    private static TestExecutor testExecutor;
    private static AtomicBoolean initFlag = new AtomicBoolean(false);

    public static void init(ApplicationContext context){
        if(!initFlag.compareAndSet(false, true)) {
            return;
        }
        if(context == null){
            testExecutor = new TestExecutor(TestsContainer.context);
        }else {
            testExecutor = new TestExecutor(context);
        }
    }


    public static void start(){
        init(TestsContainer.context);
        monitorConsole();
    }


    @Override
    public void setApplicationContext(ApplicationContext applicationContext)
throws BeansException {
        context = applicationContext;
    }

    /**
     * 监听控制台的输入信息
     */
    private static void monitorConsole(){
        BufferedReader bufferRead = new BufferedReader(new InputStreamReader(
                System.in));
        String input = GuideCmd.GUIDE_HELP;
        while (true) {
```

```
            try {
                execute(input);
            } catch (Exception e) {
                e.printStackTrace();
            } catch (Error e){
                e.printStackTrace();
                break;
            }
            try {
                input = bufferRead.readLine();
            } catch (IOException e) {
                e.printStackTrace();
                return;
            }
        }
    }

    /**
     * 根据控制台的输入命令，执行测试用例
     * @param input
     */
    public static void execute(String input){
        if(StringUtils.isEmpty(input)){
            return;
        }
        input = input.trim();
        AbstractCommand command = AbstractCommand.createCmd(input);
        if (command == null){
            System.err.println("Your input is not a valid qualified name");
            return;
        }

        command.execute();
    }

}
```

测试执行代码如下：

```
public class TestExecutor {
    private String className;
    private String methodName;

    private Map<String, Object> testInstanceCache = new HashMap<String,
Object>();

    private ApplicationContext context;

    public TestExecutor(ApplicationContext context){
        this.context = context;
```

```
    }

    public void execute(TestClassRunCmd cmd) throws Exception {
        setClassName(cmd.getClassName());

        Class<?> testClz = Class.forName(className);
        Object testInstance = getTestInstance(testClz);
        runClassTest(cmd, testClz, testInstance);
    }

    public void execute(TestMethodRunCmd cmd) throws Exception {
        setClassName(cmd.getClassName());
        setMethodName(cmd.getMethodName());

        Class<?> testClz = Class.forName(className);
        Object testInstance = getTestInstance(testClz);
        runMethodTest(cmd, testClz, testInstance);
    }

    private void runMethodTest(TestMethodRunCmd cmd, Class<?> testClz, Object
testInstance) throws Exception{
        Method beforeMethod = BeanMetaUtils.findMethod(testClz, Before.class);
        Method afterMethod = BeanMetaUtils.findMethod(testClz, After.class);
        Method method = testClz.getMethod(methodName);

        //invoke before method
        invokeMethod(testInstance, beforeMethod);

        //invoke test method
        invokeMethod(testInstance, method);

        //invoke after method
        invokeMethod(testInstance, afterMethod);
    }

    private Object getTestInstance(Class<?> testClz) throws Exception{
        if(testInstanceCache.get(className) != null) {
            return testInstanceCache.get(className);
        }
        Object testInstance = testClz.newInstance();
        injectWiredBean(testClz, testInstance);
        return testInstance;
    }

    private void runClassTest(TestClassRunCmd cmd, Class<?> testClz, Object
testInstance)throws Exception{
        Method[] allMethods = testClz.getMethods();
        Method beforeMethod = null;
        Method afterMethod = null;
```

```
        List<Method> testMethods = new ArrayList<Method>();
        for (Method method : allMethods){
            Annotation[] annotations = method.getAnnotations();
            for(Annotation annotation : annotations){
                if(annotation instanceof Before){
                    beforeMethod = method;
                    break;
                }
                if(annotation instanceof After){
                    afterMethod = method;
                    break;
                }
                if(annotation instanceof Test ||
method.getName().startsWith("test")){
                    testMethods.add(method);
                    break;
                }
            }
        }

        //invoke before method
        invokeMethod(testInstance, beforeMethod);
        //invoke test methods
        for(Method testMethod: testMethods){
            invokeMethod(testInstance, testMethod);
        }
        //invoke after method
        invokeMethod(testInstance, afterMethod);
    }

    private static void invokeMethod(Object obj, Method method) throws Exception{
        if (method == null) {
            return;
        }
        method.invoke(obj);
    }
}
```

　　正是这个小小的创新给我后面的工作带来了极大的便利，工作效率也提升了很多。比如，当需要重复执行一个测试用例时，只需要在控制台里输入"r"（代表 repeat）即可。这个工具在团队中推广之后，得到了大家的一致好评，被大家评为"神器"。

　　在我到阿里巴巴之后，虽然这里的应用框架技术已经比以前成熟了很多，再加上机器性能的提升，本地启动应用服务不再需要 3 分钟的时间了，但是频繁地启动应用毕竟不是一件惬意的事情，在一定程度上也抑制了开发人员的测试积极性。因此在阿里巴巴，TestsContainer 仍然是一个实用的小工具。

如果你使用的是 Spring Boot，那么只需要调用 TestsContainer 的 start 方法即可使用 TestsContainer 的功能。

```java
public class TestsApplication {

    public static void main(String[] args) {
        ApplicationContext context = SpringApplication.run(Application.class, args);

        //启动测试容器
        TestsContainer.start();
    }
}
```

注意：作为 COLA 的应用组件，TestsContainer 已经开源，读者可以访问链接 13-1 获取其实现细节。

13.4 组合创新也是创新

是不是所有的工具化都要像 TestsContainer 这样，经历一个从无到有的创造过程呢？当然不是，对现有工具的组合也是一种工具化思维。

有一次，一名负责前端的同事咨询我关于 API 管理工具的事情，因为她想用 API 管理工具来制定 API 的规范，以方便前后端人员的沟通。了解之后我发现，团队现在用的是阿里妈妈前端团队开发的一个 API 管理工具，由 Rap 管理接口和协调前后端联调。

Rap 是一个开源项目，这款工具很好用，主要解决了两个问题，一个是前后端协作的问题，另一个是接口测试的问题。其操作界面如图 13-1 所示。

前端人员很喜欢这个工具，因为对接口的描述很清晰，工具本身还提供了接口测试和一键转换 JSON 的功能。但是对于后端人员来说，使用这个工具能节省与前端人员沟通协作的时间，只是有一个不方便的地方，就是接口的字段和描述信息都需要手工录入。这样不仅容易出错，而且因为需要手工维护，所以经常是改了代码，却忘记更新 Rap。

针对这个问题，我想能否有一个功能，既可以减少后端人员手工录入的成本，又可以帮助他们及时更新文档呢？当然有，我们可以自己写代码去实现这个功能。不过，有一个开源工具 Swagger 已经具备了上述功能，既然已经有了现成的工具，那就没有必要"重复造轮子"。我们可以整合 Rap 和 Swagger 的能力来实现诉求。

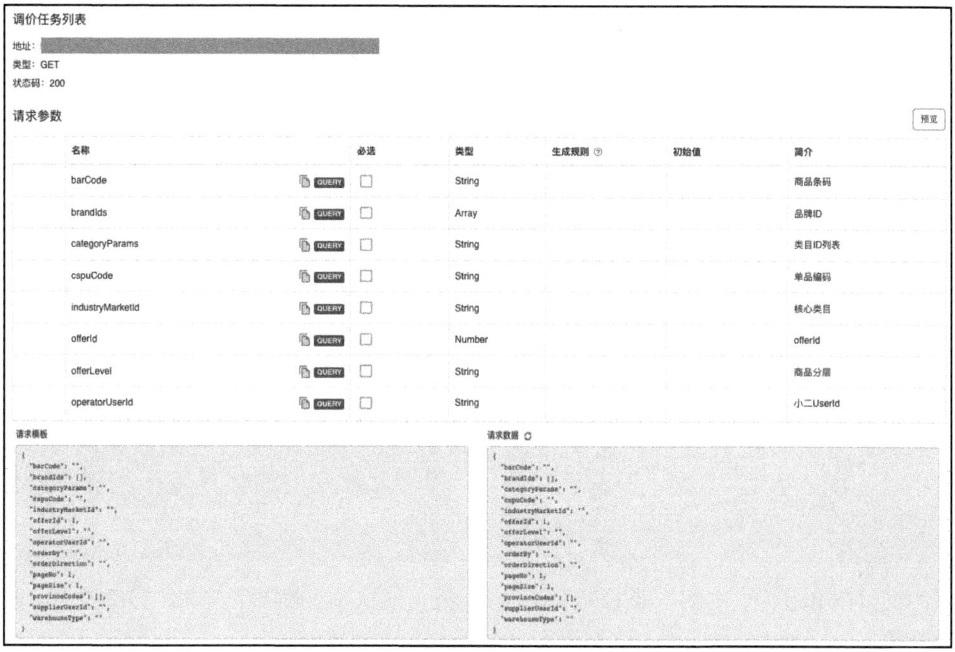

图 13-1　基于 Rap 的 API 工具

　　整合的目的是，允许后端人员通过 Swagger 的代码注释提供接口描述信息，其示例代码如下：

```java
@ApiModel
public class AdjustmentTaskVO {

    @ApiModelProperty(value = "任务 ID")
    private Long taskId;

    @ApiModelProperty(value = "创建时间")
    private Date gmtCreate;

    @ApiModelProperty(value = "商品名称")
    private String itemName;

    @ApiModelProperty(value = "商品图片")
    private String imgUrl;

    @ApiModelProperty(value = "cspuId")
    private String cspuCode;

    @ApiModelProperty(value = "offerId")
    private Long offerId;
```

```java
@ApiModelProperty(value = "品牌")
private String brandName;

@ApiModelProperty(value = "类目信息")
private String categoryFullName;

@ApiModelProperty(value = "仓库类型")
private String warehouseType;

@ApiModelProperty(value = "商品分层")
private String offerLevel;

@ApiModelProperty(value = "省 code")
private String provinceCode;

@ApiModelProperty(value = "省名称")
private String provinceName;

}
```

同时在 Rap 上，我们增强了支持 Swagger 接口信息导入的功能，如图 13-2 所示。就是这样一个简单的优化，为后端人员节省了文档维护的大量时间。

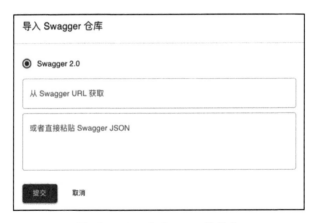

图 13-2　Rap 和 Swagger 的结合

由此可见，工具化思维并不是一定要重新造一个工具，组合创新也是一种工具化。就像按摩椅，虽然只是把按摩和椅子两个物体组合在了一起，但这并不妨碍它是一项了不起的创新。

13.5　ORM 工具

对象关系映射（Object Relational Mapping），简称 ORM、O/RM 或 O/R Mapping，是一种程序设计技术，用于实现面向对象编程语言中不同类型系统的数据之间的转换，如图 13-3 所示。从效果上说，它其实创建了一个可以在编程语言中使用的"虚拟对象数据库"。

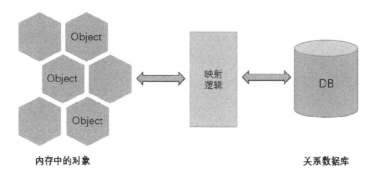

图 13-3　对象关系映射

从理论上来说，数据库表和表之间的关系都可以映射为对象和对象之间的关系，具体如下。

- 一对一（one-to-one）：一种对象与另一种对象是一一对应的关系。对应的表既可以是一张，也可以是两张。比如，每一个客户都有一个家庭地址，如果把地址放在客户表中，就是一张表；如果抽出去，就是两张表。

- 一对多（one-to-many）：一种对象可以属于另一种对象的多个实例。和一对一关系一样，对应的表既可以是一张，也可以是两张。比如，订单和子订单是一对多的关系，订单和子订单既可以分开放在两张表中，也可以合起来放在一张表中。如果要放在一张表中（阿里巴巴就是这样做的），则需要在子订单中通过 parentId 来关联父订单。

- 多对多（many-to-many）：两种对象彼此都是"一对多"的关系。在数据库设计时，通常会采用中间表的方式来满足 3NF 的要求，两张表加上中间表，总共需要3 张表。比如，一个职位可以有多个候选人申请，一个候选人也可以申请多个职位，在数据库建模时就需要增加一个"应聘表"，其联合主键是职位 id 和候选人 id，通过这张中间表来管理应聘信息。

从上面的分析中可以看到，"对象"和"关系"之间的映射存在很高的灵活性，必须结合具体业务的功能属性和质量属性做判断。这就是我会放弃通过 ORM 工具来实现复杂关系映射的原因，因为我最初接触 ORM 的时候，使用过 hibernate 和 JPA，尝试过这种复杂关系（一对多、多对多）的映射，虽然节省了一点点 SQL 代码，但是系统的调试和维护成本很高，有点得不偿失的感觉。

相比之下，简单直接的 MyBatis 反而是更好的选择，它只尝试做好一件事——从数据库表到数据对象（Data Object，DO）的一一映射，如果需要更复杂的对象模型，那么再做从 Data Object 到 Domain Object 的映射就好了，如图 13-4 所示。此外，这种复杂的对象映射也不是 ORM 能胜任的，ORM 无法弥合数据模型和领域模型之间的鸿沟。（关于数据模型和领域模型的差别见 12.4 节。）

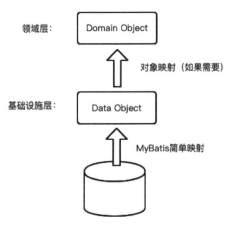

图 13-4　MyBatis 简单映射

虽然 MyBatis 已经帮我们做了简单的 Data Object 映射，但是大部分 CRUD 的样板代码（Boilerplate Code）还是有进一步优化空间的。根据 3-2-1 法则，重复 3 次以上的手工劳动就值得工具化，因此我们可以考虑设计一个通用的 Mapper（映射器），从而避免重复写这些价值不大的 CRUD 代码。

基于 MyBatis 现有的能力，我们可以设计一个 BaseMapper，让业务的 Mapper 继承 BaseMapper，这样就能使用通用的 CRUD 了。一个简单的 BaseMapper 如下所示：

```
public interface BaseMapper<Q extends QueryParam, T extends BaseDO> {

    /**
     * 【有默认实现】
     * @param id
     * @return
     */
```

```
    @SelectProvider(type = DynamicSQLProvider.class, method = "retrieve")
    T retrieve(Long id);

    /**
     * 【有默认实现】
     * @param queryParam
     * @return
     */
    @SelectProvider(type = DynamicSQLProvider.class, method = "query")
    List<T> query(Q queryParam);

    /**
     * 【有默认实现】
     * 分页查询。优先使用 id="queryPage"的 sql，若不存在则使用 id="query"的 sql
     * @param queryParam
     * @return
     */
    @PageQuery
    @MapMethod(value = "query", selfFirst = true)
    PageResult<T> queryPage(Q queryParam);

    /**
     * 【有默认实现】
     * @param queryParam
     * @return
     */
    @CountQuery
    @MapMethod(value = "query", selfFirst = true)
    Long count(Q queryParam);

    /**
     * 【有默认实现】
     * 自增 id 会被回填到 DO 参数的 id 字段中
     */
    @InsertProvider(type = DynamicSQLProvider.class, method = "insert")
    @SelectKey(statement = "SELECT LAST_INSERT_ID() as id", keyProperty = "id",
before = false, resultType = Long.class)
    void insert(T createEntry);

    /**
     * insert 时，如果和唯一索引冲突，则变为 update 其他非 null 字段
     * 【有默认实现】
     * 自增 id 会被回填到 DO 参数的 id 字段中
     */
    @InsertProvider(type = DynamicSQLProvider.class, method =
"insertOnDuplicateKeyUpdate")
    @Options(keyProperty = "id", useGeneratedKeys = true)
    void insertOnDuplicateKeyUpdate(T createEntry);
```

```
/**
 * 【有默认实现】
 * 无法返回自增 id，如需要请使用单条 insert
 * 建议搭配事务使用
 * 传入列表不能为空
 */
@Batch
@MapMethod("insert")
void batchInsert(List<T> createEntryList);

/**
 * 【有默认实现】
 * 根据 id 更新，updateDO 里为 null 的字段不更新
 */
@UpdateProvider(type = DynamicSQLProvider.class, method = "updateById")
void update(T updateDO);

/**
 * 【有默认实现】
 * 将参数 db 字段名设置成 null
 */
@UpdateProvider(type = DynamicSQLProvider.class, method =
"updateToNullByColumnName")
void updateToNullByColumnName(List<String> columnNameList);

/**
 * 【有默认实现】
 * 根据 id 批量更新，建议搭配事务使用，一是保证一致性，二是提高性能
 * 传入列表不能为空
 */
@Batch
@MapMethod("update")
void batchUpdate(List<T> updateDOList);

/**
 * 【有默认实现】
 * 默认实现为物理删除，软删除请使用 update
 * @param id
 */
@DeleteProvider(type = DynamicSQLProvider.class, method = "delete")
void delete(Long id);

/**
 * 【有默认实现】
 * 默认实现为物理删除，软删除请使用 update
 */
@DeleteProvider(type = DynamicSQLProvider.class, method = "batchDelete")
void batchDelete(List<Long> idList);
}
```

在 BaseMapper 中用到的 SQL 都是通过 MyBatis 的 SQLProvider 动态生成的，这样就不用再为每张表单独编写那些通用的 CRUD SQL 了，这就是工具模板的价值，它可以极大地提升研发效率。具体的动态 SQL 生成类 DynamicSQLProvider 的代码如下：

```java
public class DynamicSQLProvider {

    // 并未在所有地方加缓存，但是性能影响可以忽略不计
    private Map<MappedStatement, String> tableNameCache = new
ConcurrentHashMap<MappedStatement, String>();

    private Map<MappedStatement, List<String>> columnNameCache = new
ConcurrentHashMap<MappedStatement, List<String>>();

    private Map<MappedStatement, String> deleteSqlCache = new
ConcurrentHashMap<MappedStatement, String>();

    public String insert(BaseDO baseDO, MappedStatement ms) {
        String tableName = getTableNameByMs(ms);
        List<String> columns = getInsertColumns(baseDO, baseDO.getClass());
        List<String> insertParams = getInsertParams(columns);
        List<String> dbColumns = getMappedColumnName(baseDO.getClass(),
columns);
        StringBuilder sql = new StringBuilder();
        sql.append("insert into ");
        sql.append(tableName);
        sql.append(" (");
        if (baseDO.getId() != null && baseDO.getId() > 0) {
            sql.append("id,");
        }
        sql.append("gmt_create,gmt_modified,");
        sql.append(StringUtils.join(dbColumns, ","));
        sql.append(") values(");
        if (baseDO.getId() != null && baseDO.getId() > 0) {
            sql.append("#{id},");
        }
        sql.append("now(), now(),");
        sql.append(StringUtils.join(insertParams, ","));
        sql.append(")");
        return sql.toString();
    }

    public String insertOnDuplicateKeyUpdate(BaseDO baseDO, MappedStatement ms)
{
        String tableName = getTableNameByMs(ms);
        List<String> columns = getInsertColumns(baseDO, baseDO.getClass());
        List<String> insertParams = getInsertParams(columns);
        List<String> updateParams = getDuplicateKeyUpdateParams(columns,
baseDO);
```

```
        List<String> dbColumns = getMappedColumnName(baseDO.getClass(),
columns);
        StringBuilder sql = new StringBuilder();
        sql.append("insert into ");
        sql.append(tableName);
        sql.append(" (");
        if (baseDO.getId() != null && baseDO.getId() > 0) {
            sql.append("id,");
        }
        sql.append("gmt_create,gmt_modified,");
        sql.append(StringUtils.join(dbColumns, ","));
        sql.append(") values(");
        if (baseDO.getId() != null && baseDO.getId() > 0) {
            sql.append("#{id},");
        }
        sql.append("now(), now(),");
        sql.append(StringUtils.join(insertParams, ","));
        sql.append(") ON DUPLICATE KEY UPDATE
id=LAST_INSERT_ID(id),gmt_modified=VALUES(gmt_modified)");
        for (String updateParam : updateParams) {
            sql.append(",");
            sql.append(updateParam);
        }
        return sql.toString();
    }

    //省略其他代码
}
```

基于上面的工具，业务代码会变得非常简洁，因为大部分的 CRUD 都有 BaseMapper
处理，只需要写很少的代码即可，如下所示：

```
@TableName("lst_cs_store")
public interface StoreMapper extends BaseMapper<StoreDalQuery, StoreDO> {

}



public class StoreDalQuery extends QueryParam {
    @ColumnName("lst_store_id")
    private List<Long> lstStoreIdList;

}
```

这只是我们团队自己在使用的简易版 BaseMapper。实际上，开源的 MyBatis-Plus（见
链接 13-2）要更完善，可以直接使用。

13.6 基础设施即代码

可以说，今天的自动化运维是由工具化造就的，运维工作的本质就是制造工具，比如监控工具、报警工具、调用链路工具、日志工具、持续集成（Continuous Integration，CI）工具、部署工具等。

2015 年之前，大部分的公司还处在手工运维阶段，那时还有很多运维工程师的岗位。如图 13-5 所示，开发工程师负责软件的构建，测试工程师负责质量保证，运维工程师负责软件的发布、部署和维护。随着运维工具越来越完善，标准越来越统一，近些年 DevOps 已经成为主流。

图 13-5 软件开发的职责分工

DevOps 是一组过程、方法与系统的统称，用于促进开发、运维和质量保障（QA）部门之间的沟通、协作与整合，如图 13-6 所示。这与 Amazon 的工程师文化（Someone do everything）是一个意思。从目标来看，DevOps 能够让开发人员和运维人员更好地沟通合作，通过自动化流程使得软件整体过程更快捷和可靠。

图 13-6 DevOps

DevOps 的实现离不开虚拟化和容器化技术的发展，虚拟机可以在主机上运行多个操作系统的多个实例，而不会出现重叠。主机系统允许 Guest OS 作为单个实体运行，运行

OS 需要额外的资源，这会降低计算机的效率。而容器不会像虚拟机那样给系统带来太多负担，并且仅使用运行解决方案所需的最少资源，无须模拟整个操作系统。运行容器应用程序所需的资源较少，因此它可以允许大量应用程序在同一硬件上运行，从而降低了成本。

在基于虚拟化和容器技术上的微服务架构下，工程师才有可能对自己负责的模块进行处理，例如开发、测试、部署、迭代。

基础设施即代码（Infrastructure as Code，IaC）（见链接 13-3）这个概念是 Martin Fowler 于 2014 年提出来的，他说：

"As a best practice, infrastructure-as-code mandates that whatever work is needed to provision computing resources it must be done via code only." （作为最佳实践，基础设施即代码授权：所有准备计算资源所需要做的工作都可以通过代码来完成。）

计算资源包括计算、存储、网络、数据库等，这意味着我们不需要点击"流水线"的各种页面去做部署，而是通过如下步骤即可完成部署。

（1）通过特定的格式定义资源配置文件，比如通过 json 或 Shell 脚本定义所需的资源。

（2）将定义的资源配置文件存储在代码控制系统中。

（3）执行代码（资源配置文件）进行部署。

像管理代码一样管理基础设施，可以带来很多好处。

- 在可靠度方面，比起指挥普通人去执行文档，执行代码更精确。

- 在资源管理器中保存所有代码，这样每个配置参数和每次变化都可以被记录下来用于审计，有助于我们回溯和诊断问题。

- 基础设施是不可变的，任何人都不能登录服务器做即时调整。任何线上的小修改都有风险，所以我们每次开发代码都必须当作开发持久的定义代码来对待。这说明如果用代码来实现更新，操作会更快。幸运的是，计算机执行代码的速度很快，可以快速配置上百台服务器，比人工手动键入要快很多。

在阿里巴巴，我们使用 Docker 容器，因为 Docker 提供了一致的运行环境，资源利用率高，启动时间短，可以很好地贯彻 IaC 的理念。业务部门只需拉取基础镜像，做一些简单的处理，便能在各个环境中部署应用了。一个典型的应用 Dockerfile 如下所示：

```
# 生产环境的 Dockerfile
FROM reg.docker.alibaba-inc.com/aone-base-global/xls7u_base:2.1.0
RUN yum install git -y
```

```
# web 应用需启用 tengine 时取消此行注释
ENV NGINX_SKIP=0

# 若应用需使用 DNS-F, t-midware-vipserver-dnsclient,则取消此行注释,
# 可在正式环境服务器执行 ps -ef|grep vip|grep -v grep|wc -l,
# 若结果为 1,则表示需要启用此环境变量。
# ENV DNSF=1

# 若当前 web 启动脚本不满足业务需求,可取消此行注释,继续使用原 web 配置
COPY environment/common/cai/ /home/admin/cai/

# 设置 spring profile 或者自定义的 jvm 参数。如果需要,则打开下面的注释内容
ENV SERVICE_OPTS=-Dspring.profiles.active=production

# sls 配置
RUN touch /etc/ilogtail/users/1026101208913415
Run echo ${APP_NAME} > /etc/ilogtail/user_defined_id

# 将构建的主包复制到指定镜像目录中
COPY ${APP_NAME}.tgz ${APP_HOME}/target/${APP_NAME}.tgz
```

13.7　巧用便签贴

经常有人问我文章中的图是用什么工具画的,实际上,画图和工具没什么关系,关键在于图形背后的思考。如果缺乏思路和经验,即使拥有最好的画图工具,也很难画出好图;相反,如果思路清晰,白板和马克笔也是很不错的工具。最实用的工具往往唾手可得,比如白板和便签贴。

阿里巴巴有一个非常有名的管理手段——共创会。共创会通常是用来制定团队目标的,即所有的团队管理者在一起讨论接下来的团队目标是什么,以及如何才能达成。**这样做有两个好处,一是集思广益,二是由大家共同制定目标,有助于打破部门壁垒,有利于目标的达成。**

这时便签贴就是一个很好的工具。首先,给每个人分配一些便签贴和一支笔,针对部门目标(比如降本增效),大家可以做一番头脑风暴,在便签贴上写下想法,然后贴在白板上。接下来,重要的一步是合并同类项,将相同主题的便签贴整理放到一起。

便签贴便于摘掉和移动,我们可以根据需要重新摆放贴纸。这正是头脑风暴所需要的工具特性。通过反复讨论,大家想出了很多可以实现降本增效的策略,通过移动贴纸,对相同主题的贴纸进行归类,并列出主题,最后得到如图 13-7 所示的视图。这种方法也叫 Affinity Grouping [1],是团队管理中制定共同目标的有效方式。

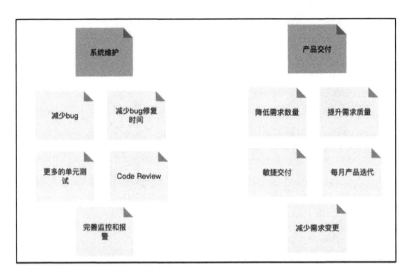

图 13-7　共创会中的便签贴

13.8　精华回顾

- 工具化是一种"偷懒"的智慧，工作中要有阶段性地停下来思考，不要用战术上的勤奋掩盖战略上的懒惰。

- 工具化的步骤：首先，发现问题，找到重复 3 次以上的手工劳动；其次，明确问题，找到现状和期望之间的差距；最后，制造工具，解决问题。

- 创新不一定都是从无到有的，对现有工具的组合和整合也是一种创新和工具化。

- 要不遗余力地提升研发效率，比如 TestsContainer 和通用的 MyBatis Mapper。

- 要善于利用工具，白板和便签贴是讨论问题时非常有用的工具。有价值的不是工具本身，而是如何利用它。

参考文献

[1] ROTHMANN J，DERBY E. 门后的秘密：卓越管理的故事[M]. 于梦瑄，译. 北京：人民邮电出版社，2011.

14

量化思维

No measurement, no improvement.（没有量化，就无法优化。）

——"科学管理之父"温斯洛·泰勒

很多减肥的人往往在一边喊着"减肥"的口号，一边吃夜宵，其结果可想而知不会太好。我也不例外，大部分时间里，我都是一个"口号减肥者"。只有一次，我在一个月内成功瘦下了 7 斤。

我是怎么做到的呢？为什么以前做不到的事情，这个月能做到呢？回想起来，这次减肥和以往最大的不同之处在于，我把口号变成了量化的目标。在"双 11"时，我和同事打赌，要在接下来的一个月里减重 10 斤。因为有了这个量化的目标，我可以把减肥目标拆解到每个星期，同时跟踪目标是否达成，并调整饮食结构和运动策略。

从此我得出一个结论：没有量化目标的减肥都是"耍流氓"。当然，量化思维的意义不仅在个人生活上，工作中也需要量化思维。

14.1　量化的步骤

一个量化的过程大体上可以分为以下 3 步。

（1）定义指标：仔细分析问题，找到那个可以用来量化问题的关键指标。

（2）将指标数字化：围绕关键指标，明确需要哪些数据来实现指标的计算，通过数据收集、数据存储、数据展现去呈现指标，也就是数字化的过程。

（3）优化指标：有了数据指标之后，要围绕指标数据迭代优化，达成业务目标。

14.1.1 定义指标

定义问题永远是我们解决问题的首要任务，而找到那个关键的"北极星"指标对于我们能否用量化思维解决问题至关重要。因为如果目标错了，后面的一切工作都是徒劳的，所以我们要"do the right thing, then do the thing right（做正确的事，然后再正确地做事）"。

指标就是方向，弄错指标就会走偏。比如，如果以"点击量"来度量某公众号自媒体运营的成果，那么就有可能出现点击量显著提升，但是关注人数却在下降的现象。原因在于使用"标题党"等手段诱骗读者打开链接，但是实际内容名不副实，这种情况发生几次之后，读者就不会继续关注该公众号了。

对于减肥来说，关键指标自然是体重；对于电商网站来说，关键指标是网站的 GMV（Gross Merchandise Volume）。相比于减肥，网站运营要复杂得多，一个指标往往是不够的，所以《增长黑客：创业公司的用户与收入增长秘籍》一书中提出了一个非常核心的概念——AARRR 增长漏斗模型。AARRR 是 Acquisition、Activation、Retention、Revenue、Referral 这 5 个单词的缩写，分别对应用户生命周期中的 5 个阶段。

如图 14-1 所示，漏斗的每一层都有一定的容量，越往下层，其容量越小，**而层与层之间的比例就是转化率**，最底层就是收入。

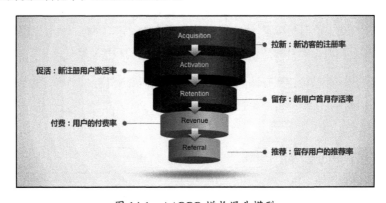

图 14-1　AARRR 增长漏斗模型

原理很简单，要提高最终的收入，就要扩大每一层的容量，或者提高下钻的转化率。"增长黑客"首先要学会用数据去做判断，哪个地方的容量太小或转化率太低，然后有针对性地制定方案。

根据 AARRR 增长漏斗模型可知，网站 GMV = 用户浏览 * 转化率。如果我们可以对这些指标进行量化，就能有的放矢、以终为始地去开展工作。量化的基础是数据，因此量化的过程也是数字化的过程。

14.1.2　将指标数字化

在阿里巴巴技术团队有一个说法是"有数据呈现数据，没有数据呈现案例，没有案例呈现观点，如果都没有的话，就请闭嘴"。

曾经有一个技术专家和我说，他去任何一个技术团队，做的第一件事情都是查看业务的埋点是否完备，这句话是有道理的。没有埋点就不能对用户行为进行数字化，不能数字化就无法获得前文所说的关键指标，因此数字化很重要。数字化的过程一般可以分为 5 个步骤，如图 14-2 所示。

图 14-2　数字化过程的 5 个步骤

其中，数据采集是数字化的起点，也就是那位技术专家说的埋点。要根据业务的场景需要，决定在什么地方埋点。数据采集是否丰富，采集的数据是否准确，采集是否及时，都直接影响着整个数据平台的应用效果。

代码埋点出现的时间很早，在 Google Analytics 时代就已经出现了类似的方案。目前，国内主要的第三方数据分析服务商，如百度统计、友盟、TalkingData 等都提供了这一方案。Sensors Analytics 也一样提供了针对 iOS、Android、Web 等主流平台的代码埋点方案。

代码埋点的技术原理也很简单，在 App 或界面初始化的时候，初始化第三方数据分析服务商的 SDK，然后在某个事件发生时调用 SDK 中相应的数据发送接口来发送数据。例如，如果要统计 App 中某个按钮的点击次数，那么在 App 的这个按钮被点击时，可以在按钮对应的 OnClick 函数中调用 SDK 提供的数据发送接口来发送数据。

以友盟为例，在使用者的某个 Android App 中，统计某个由 Activity 构成的页面的访问次数，下面是友盟官方给出的例子。

```
public void onResume() {
super.onResume();
//统计页面(仅有Activity的应用中 SDK 自动调用，不需要单独写。"SplashScreen"为页面名称，
可自定义)
MobclickAgent.onPageStart("SplashScreen");
```

```
//统计时长
    MobclickAgent.onResume(this);
}

public void onPause() {
super.onPause();
// 仅有 Activity 的应用中 SDK 自动调用，不需要单独写。保证 onPageEnd 在 onPause 之前调用，
因为 onPause 中会保存信息。"SplashScreen"为页面名称，可自定义
    MobclickAgent.onPageEnd("SplashScreen");
    MobclickAgent.onPause(this);
}
```

从上面的例子可以看出，代码埋点的优点是使用者可以非常精确地选择何时发送数据，并可以比较方便地设置自定义属性、自定义事件，传递比较丰富的数据到服务端。

当然，代码埋点也有一些劣势。首先，埋点代价比较大，对每一个控件的埋点都需要添加相应的代码，不仅工作量大，而且限定必须由技术人员完成。其次，更新的代价比较大，每次更新埋点方案都必须修改代码，然后通过各个应用市场进行分发，并且总会有很多用户不喜欢更新 App，这样埋点代码就得不到更新。**最后，所有前端埋点方案都会面临数据传输时效性和可靠性的问题，只能通过在后端收集数据来解决这个问题。**

14.1.3　优化指标

定义指标和数字化建设虽然很关键，但优化指标才能真正为企业创造商业价值，定义指标和数字化其实都是在为这一步做准备。

以电商网站运营为例，如果要通过量化的方式来运营网站，那么我们会这样做。

第一步：对于电商网站运营来说，要实现用户增长，转化率是一个核心指标，转化率可以通过购买量和浏览量的比值来计算。

第二步：你收集了这 3 个月内店铺的浏览量和购买量，计算了每个月的平均转化率。通过对比分析，你发现最近一个月的转化率是偏低的。

第三步：**你开始思考，怎么优化转化率呢？** 这时你需要认真地反思与复盘整个业务流程，过程如下。

- 引入的流量是否有问题？流量的精准度是影响转化率的直接因素，引入的流量一定要精准。

- 产品价格有没有优势？产品本身是否受欢迎？能否满足定位的消费者群体需求？性价比和价格的情况如何？与竞品相比是否有直接的优势？

- 客服人员是否专业？每次询单的成本都是非常高的，如果客服人员不靠谱，那么一切都是徒劳的，所以客服人员的专业程度也是影响转化率的直接因素之一。

- 是否有季节性因素的影响？季节性的产品受季节影响比较多，比如羽绒服等产品在春节后会开始出现销量下滑的现象。这类问题是不可避免的，属于正常范围。

由此可见，前面建立的指标体系是为了后面的业务发展做铺垫，只有借助数字化手段不断地优化指标，才能实现业务增长。

14.2　研发效能度量

研发效能的度量一直以来都是很敏感的话题。在科学管理时代，我们奉行"没有度量就没有改进"，但是在数字时代，这一命题是否依然成立需要我们的反思。现实事物复杂而多面，度量正是为描述和对比这些具象事实而采取的抽象和量化措施，从某种意义上来说，度量的结果一定是片面的，只能反映部分事实。软件研发没有银弹，同样，也没有完美的研发效能度量。我们只能根据实际情况，尽量找一些贴合现状的指标进行指引。

14.2.1　度量不是"指标游戏"

Martin Fowler 认为研发效能不能度量（见链接 14-1），他说：

"I can see why measuring productivity is so seductive. If we could do it we could assess software much more easily and objectively than we can now. But false measures only make things worse. This is somewhere I think we have to admit to our ignorance."（大家之所以热衷于研发效能的度量，是因为现在没有一个客观的评价研发效能的方法，我们期望找到一个。**然而错误的度量可能让事情更糟，有时，我们必须要承认我们的无知。**）

我基本上同意 Martin 的观点，认为研发效能很难度量。比如，**我们经常用来度量的软件指标——代码行数（Lines Of Code，LOC）和功能点（Function Points，FP）——都不能客观地反映软件效能**。因为代码量的多少和编码者的设计水平、编程能力息息相关，代码量和产出之间并不是正相关的关系，代码量多并不意味着编程者产出多。

另外，数据本身不会骗人，但数据的呈现和解读却有很大的空间值得探索。那些不懂数据的人是糟糕的，而最糟糕的是那些只看数字的人。当把度量变成一个指标游戏的时候，永远不要低估人们在追求指标方面的"创造性"，总之我们不应该纯粹地面向指标去开展工作，而应该看到指标背后更大的目标，或者制定这些指标背后真正的动机。

举个例子，有研究人员接受调查者的一个问题："假如你得了绝症，有一款新药可以治愈，但是会有风险，20%的服用者可能因此而丧命，你吃吗？"大多数人会选择不吃。但是如果反过来问："假如你得了绝症，有款新药可以治愈 80%的患者，但此外的人会死，你吃吗？"绝大多数人会选择吃。实际上这两个问题的基本数据是一样的，但是得到的答案却相反。原因很简单，在前面的问题中，强调的是"失去"；而在后面的问题中，强调的是"获得"。人的天性会更喜欢"获得"，而不是"失去"。

14.2.2 力求合理的度量

然而，我们不能因为度量有难度就完全放弃研发效能的度量，否则，技术管理将变成完全的"黑盒"。度量本身并没有错，关键要找准度量在技术团队中的位置。就像没有什么东西本质上就是脏的，放错了位置的东西才是脏的。饭菜，在碗里是干净的，泼到了衣服上才是脏的。在研发效能的上下文中，**度量只是一个手段，而不是目的**。

度量的设计目标是能够引导出正确的行为。度量是为目的服务的，所以好的度量设计一定对目的有正向牵引的作用。如果度量对目标的负向牵引大于正向牵引，那么这样的度量在本质上就是失败的。

比如，我在阿里巴巴工作的时候发现，研发效能一直是技术部门的一个重要命题，也做了很多尝试。在业务部门的眼里，技术部门的支持力度永远不够，业务部门永远希望需求的交付能够更快，于是有段时间，上层领导决定把需求交付时长作为研发效能的重要度量指标。这个指标看似合理，但是一旦和技术人员的 KPI 进行绑定之后，味道就变了。为了应对这个指标，聪明的程序员们想出了各种办法，比如分拆需求，把一个需求分拆成多个更小的需求，这样从数据上看起来，交付时长就变得更短了；或者延迟拉取变更的时间点，因为研发时长是等于发布时间减去变更时间的。很明显，像这样的度量并不会真正地提升研发效率，只是换了一种数据呈现方式而已。

再比如，现在国内很多软件企业使用 Sonar 来实现代码静态质量的把控。为了推进 Sonar 在团队内的普及，不少企业会用"Sonar 项目接入率"（也就是有多少百分比的项目已经在持续集成中启用了 Sonar）这样的指标来衡量静态代码检查的普及率。这个指标看似中肯，实际上对于实现最终目标的牵引力是比较有限的。使用 Sonar 的最终目标是提升代码的质量，只是接入 Sonar 不仅不能实际改善代码的质量，而且还容易陷入为了接入而接入的指标竞赛。理解了这层逻辑，你会发现使用"Sonar 严重问题的平均修复时长"和"Sonar 问题的增长趋势"其实更有实践指导意义。

类似的还有每千行代码的缺陷数量，千行代码缺陷率 = 缺陷数量 / 代码行数（以千行为单位）。这个指标果真能客观反映代码的质量吗？假定在一般情况下，团队的每千行代码缺陷率平均大概在 5~10 的范围。现在我们有如下 3 名工程师。

（1）工程师 A 的技术能力比较差，实现需求 X 用了 20000 行代码，同时引入了 158 个缺陷，由此计算出工程师 A 的千行代码缺陷率为 7.9。这个值正好在 5~10 这个平均范围内，所以从千行代码缺陷率来看，工程师 A 属于正常水平，并不会引起大家的注意，属于无功也无过。

（2）工程师 B 是一个技术大牛，实现需求 X 只用了 3000 行代码，但是也引入了 10 个缺陷，由此计算出工程师 B 的千行代码缺陷率为 3.3。这个值明显低于 5~10 这个平均范围，你以为工程师 B 会因此受到表扬吗？大错特错，工程师 B 很可能会被判定为没有进行充分的测试，被责令加强测试。

（3）工程师 C 是一个有技术追求、努力想让自己成为技术大牛的人，他实现需求 X 用了 4000 行代码，但是由于目前的技术能力有限，所以引入了 58 个缺陷，由此计算出工程师 C 的千行代码缺陷率为 14.5。这个值明显高于 5~10 这个平均范围，所以毫无疑问，工程师 C 会受到批评，被责令改进代码质量。

由此看出，基于每千行代码缺陷率对这 3 名工程师进行评价显然是有失公允的。那么正确的做法是什么呢？我们知道，**只要缺陷可以很快被修复，那么有缺陷就并不可怕，缺陷多也不可怕。我们怕的是每个缺陷的修复难度都很高**，更怕的是缺陷的修复对原有的代码"伤筋动骨"。

因此，我们完全可以采用**平均缺陷修复时间（Mean Time To Repair）**来衡量代码的质量。平均缺陷修复时间能够更好地反映代码本身的质量状况及团队的技术成熟度。平均修复时间较长的代码往往是复杂度高、耦合度高的代码，而平均修复时间短的代码则是结构相对清晰、命名规范、容易理解、扩展和变更的代码。相比每千行代码缺陷率，平均缺陷修复时间对代码质量会有更强的正向牵引作用。

另外，像应用申请、机器准备（Provision）、应用编译、应用部署及应用发布耗时等影响工程效率的指标，也可以被量化后作为运维团队的核心指标。程序员接需求、写代码、修 Bug 的时间是有弹性的，而耗费在研发流程上的时间是相对固定的，这些时间减少了，工作效率自然会得到提升。

14.3 目标管理

目标管理是管理者在管理事务中最重要的事情之一。以我的经验来看，很多管理者，甚至不乏很多高阶管理者，在目标管理上是缺少方法和经验的。一个好的管理者，应该愿意花时间和下属一起讨论、制定目标，并在此过程中给予下属帮助和指导，及时对焦纠偏，确保目标的达成。这样做既是对下属负责，也是对自己负责，至少不至于在谈绩效的时候造成意外，出现管理事故。

14.3.1 SMART 原则

SMART 原则是指在制定工作目标时必须谨记的 5 项要点：**目标是具体的；目标是可衡量的；目标是可接受的，不可过高和过低；目标是可证明的、可实现的；目标是有完成时限的。**

SMART 分别对应以下 5 个英文单词的首字母。

（1）Specific（明确性）：指要用具体的语言清楚地说明你要做什么。这里有一个小诀窍，在设定明确的目标时，可以运用"what（我要做的是什么）、why（我为什么要做）、how（我要怎么做）"的方法。

（2）Measurable（可衡量性）：指完成目标后，你可以根据当初设定目标时所设定的条件来衡量目标完成的效果。例如，你的目标既可以是减肥，也可以是减肥 5 公斤，显然后者更具体且可测量。

（3）Achievable（可行性）：指你所设定的目标要在你的能力范围内。

（4）Relevant（关联性）：指你的目标最好和你要拿到的结果是有关系或有帮助的。就像我设定的短期目标是为了长期目标做准备的，而且它对其他短期目标也有辅助作用。目标关联性越高，成就越大，对你的帮助也就越大。当然不是所有的目标都一定有关联性。

（5）Time-Bound（时限性）：指一定要给自己的目标设定一个时间限制。若设定的目标没有时间限制，完成与否都无所谓，那么也就无法评估目标完成的进度。总之，不管是设定个人目标，还是工作目标，都要有时间限制，这样才会更有动力去完成目标。

按照 SMART 原则，我认为 Intel 创始人戈登·摩尔给我们做了一个很好的示范。他提出的摩尔定律——"当价格不变时，集成电路上可容纳的元器件的数目约每隔 18 个月便会增加一倍，处理器的性能每隔 2 年翻一倍。"这是一个堪称完美的 SMART 目标，引领着 Intel 半个多世纪以来的快速发展。至于摩尔定律本身是否科学合理，反而不那么重要了。

14.3.2 OKR 考核指标

常见的管理手段有 KPI（Key Performance Index）和 OKR（Objectives Key Results）两种。如前文所述，指标都有片面性，一味地追求 KPI 指标可能会适得其反，不利于目标的达成。相比之下，OKR 更注重短期利益和长期战略之间的平衡。OKR 主要有以下两个特点。

（1）OKR 可以不和绩效挂钩，主要强调沟通和方向。

（2）OKR 比 KPI 多了一个层级的概念，O（Objective）是要有野心的，有一定的模糊性，但是 KR（Key Results）是可量化的，并且 KR 一定要为 O 服务，不能偏离 O 的方向。

举个例子，我们希望用户喜欢我们的产品，但由于"喜欢"无法测量，所以页面浏览量（Page View，PV）被写进了 KPI 中。但在实际执行过程中，我们可以把用户原本在一个网页上就能完成事情分到几个网页上完成，结果 PV 达到了 KPI 制定的目标，但用户其实更讨厌我们的产品了。员工如此应付 KPI，原因可能是 KPI 与绩效考核挂钩。

OKR 中的目标必须是有野心的。因为只有高远的目标，才能最大程度地激发人的潜能。目标是否足够有野心，也是区分 OKR 与 KPI 的一个标志。KPI 得了 100 分的员工，OKR 可能只有 0.5 分（OKR 的得分是 0~1 分），这是正常的结果，证明该员工的目标（O）比其他人的 KPI 高很多。

例如，网站速度通常只能提高 20%，但是在 OKR 中，提高 30%才是最合适的 O。这个目标肯定不是稍加努力就可以拿满分的，必须要很努力才能完成，得到 0.6 ~ 0.7 分才是最优秀的目标设计。

表 14-1 是我给团队设置 OKR 的一个范例，可以看到，每一个 KR 都不是唾手可得的，都具有一定挑战性，而这正是 OKR 的价值所在。

表 14-1 OKR 示例

目标（O）	关键结果（KR）	得 分
提升 CRM 商家自运营能力	（1）实现 EDM 一键开通功能； （2）开通 EDM 功能的商家达到 1 万家； （3）在 S1 结束通过 EDM 发送 1 亿封邮件，订单转化的 GMV 为 100 万	

续表

目标（O）	关键结果（KR）	得　分
打造 PaaS 基础设施，提升业务支撑效率	（1）定义 PaaS 平台的职责； （2）实现 PaaS 平台，并对外提供服务； （3）完成至少 3 个 SaaS 业务的接入	
控制复杂度，提升工作效率	（1）使用 COLA 重构 3 个老系统，消除重复代码，将复杂度超过 10 的函数控制在 0.5%； （2）完善 ColaMock，提升核心代码单测覆盖率到 90%，提升测试代码编写效率到 70%； （3）对外演讲 5 次，宣扬工匠精神，并推广 COLA 在集团内 5 个部门落地	

14.3.3　不要迷信指标

有一个笑话："你对人工智能说，我要找一个女朋友，她最好有像安妮·海瑟薇一样的大眼睛，像朱莉娅·罗伯茨一样的嘴巴，喜爱运动，陆上运动、水上运动都会。人工智能根据这几个指标给出了母青蛙的答案。"所以，指标和目标常常并不是充分且必要的关系。

指标是为了实现目标的，但是在实践过程中，指标却经常是与目标为敌的。管理者常常把目标拆解为指标，时间久了，他就只记得指标，而忘了其背后更重要的目标。**如果目标是"林"，那么指标就是"木"，管理者一旦开始"只见树木，不见森林"，就会变得非常短视。那些不懂数据的人很糟糕，而最糟糕的是那些只看数字的人。**

在福特汽车的发展史上，有一段至暗时期。那些实践经验丰富但没有读过商学院的老一辈管理层被撤掉，取而代之的拥有名校管理背景的数据分析师。公司试图通过精细化的数字管理来实现业务的增长，然而这些数据分析师并不熟悉业务，只能看度量数据，越是不懂业务就越依赖度量数据来做决策，最后使整个公司陷入了泥潭。

软件研发过程也有类似的尴尬，比如为了追求更好的代码质量而制定了严格的代码测试覆盖率要求。时间一久，大家都机械性地追求这个指标，而忘记了当时设立这个指标的初衷，于是出现了高覆盖率的大量单元测试中没有断言这样尴尬的局面。

14.4 量化网站运营

量化思维的第一步是要具备量化意识，也就是知道如何看清问题并用数字去定义问题。特别是当今互联网的业务，用户的行为都发生在网上，这就给了我们将用户的一举一动进行数字化的机会，从而指导我们更好地运营网站，实现业务增长。

比如，你负责一个电商公司的网站业务，这种数字化思考力就是工作的基础。因为你要知道，网站成交的漏斗模型是怎样的，用户从注册到成交都经历了哪些步骤，以及每一步的转化率是什么。网站产品销量=用户浏览*转化率，而这些指标无一例外，都是可以被量化的。正是有了这些量化指标的指引，我们才能有针对性地开展工作。

又比如，前端埋点技术也是对量化思维非常好的实践。对于产品经理来说，要清楚用户在使用产品时做的第一件事情是什么，接着还会做什么，他的轨迹和动线是怎样的。对于运营人员来说，要清楚一次活动带来了多少访问量、转化率如何、通过不同渠道过来的用户表现怎么样、最终转化成活跃用户的又有多少。

这些数字化的诉求都可以通过埋点技术来实现，随着互联网运营精细化的需要，传统的点击模型已经无法满足需要。

再比如，淘宝联盟有和外部网站进行合作的广告项目，我想时刻了解外部网站的合作效果，并精细到其某一个具体页面的引流效果，要如何做呢？

这个问题本质上也是一个数字化的问题，淘宝的做法是设计一个超级位置模型（Super Position Model，SPM）。经常在天猫买东西的用户可能会留意到，天猫的 URL 中经常有 spm 这个参数，其实使用的就是 SPM 模型。这是一个非常精巧的数字化埋点设计。

例如，我们可以使用 SPM 跟踪一个宝贝详情页引导成交的效果数据，假设它的导购链接为链接 14-2，其中 spm=2014.123456789.1.2 叫作 SPM 编码，用于跟踪页面模块位置的编码。标准 SPM 编码由 4 段组成，采用 a.b.c.d 的格式，在本例中，分别表示如下信息。

- a 代表站点类型，比如我们可以用 a=2014 表示来自导购站点的流量。

- b 代表外站 ID，比如一个导购站点的唯一编号为 123456789，则 b=123456789。

- c 代表 b 站点上的频道 ID，比如流量来自外站的某个团购频道、某个逛街频道、某个试用频道等。

- d 代表 c 频道上的页面 ID，比如某个团购详情页、某个宝贝详情页、某个试用详情页等。

通过这种方式，淘宝可以跟踪所有外部合作站点的合作效果。比如，单独统计 spm 的 a 部分，可以知道某一类站点的访问和点击情况，以及后续引导和成交情况；单独统计 spm 的 a.b 部分，可以评估某一个站点的访问和点击情况，以及后续引导和成交情况。

14.5　量化技术贡献

我们要认识到量化带来的挑战，并尽最大努力将"不可量化的"变成"可量化的"。这种努力的关键之处在于两点，一是能否进行数字化，二是数字化之后能否收集到数据。

并不是所有的事情都可以像电商运营的指标那样被精确地量化。电商业务的指标体系之所以比较成熟和完善，和它多年的积累和沉淀是分不开的。可是现实生活中有很多东西是难以被量化的，就像让你给爱情打一个分数，我想是很难做到的。

以我所在的零售通业务部门为例，它在阿里巴巴旗下负责为线下小店供货的 B2B 业务。其中有一个非常关键的业务指标——自主下单率，是指小店自主下单数占总订单数的比例。从平台角度来看，我们当然希望小店可以更多地使用我们的 App 自主去下单，但现实情况是很多小店下单并不是店主自己在操作，而是销售人员上门代操作。

对于这样一个全新领域的全新指标，我们的确很难去量化，以目前的技术能力来说，我们还没有一个有效的办法去区分操作手机的人是店主，还是销售人员。

于是我们想了很多办法，比如，通过判断下单时间前后 5 分钟内销售人员的地理位置是否和小店的地理位置重叠，来判断这个订单是店主下的，还是销售人员下的。当然这样的判断肯定是不够准确的，但不准确总比没有好。

再比如，某些技术部门越来越没有技术味道：所有技术团队都在讨论业务问题，技术大会上在谈业务，周会上在聊业务，周报里写的是业务项目……唯独少被谈及的是技术本身。这种技术味道的缺失导致技术人员只会通过 if else 实现业务需求的资源，代码设计毫无优雅性可言。从长远来看，技术能力的缺失导致留给公司的都是难以维护的烂代码，对公司的发展是不利的。

基于这样的背景，我提出了技术 KPI 的口号，也就是在业务项目之外找到一个属于技术人自己的量化指标。这里遇到的挑战和上面的案例类似，即纯技术贡献是很难被量化的。

这个指标是加班时间吗？加班时间和工作产出之间的关系比较微妙。脑力劳动不同于工厂的计件工作，不是工作时间越长产出就越多的。就像第 13 章中提到的，工程师要学会"智慧懒"，有意义地创新显然要比低效地加班更好。因此，用加班来衡量技术贡献显然不大合适。

这个指标是代码量吗？代码量最多算是一个参考，极少和极多的代码量可能都不正常。比如，在阿里巴巴，P8 及 P8 级别以上的工程师基本都不写代码了，这就属于不正常的情况。再比如，有的工程师一年 commit 了上百万行代码，这可能也有问题。

量化需要数据，对于技术人员来说，哪些过程数据是可以收集到的呢？经过几轮讨论，我们发现应用的质量分、Code Review 记录、技术博客文章、功能缺陷数和线上故障数等一些数据，都是可以收集到的。

因此，在此基础上，我们把技术 KPI 的考察维度分为 4 个维度，分别是应用质量分、技术影响力分、技术贡献分和开发质量分。

（1）应用质量分：我们有一套算法为应用打分，影响应用质量的因素包括代码重复率、圈复杂度、分层合理性。如果你负责或者与他人共同负责的应用分数越高，则说明应用质量越高。

（2）技术影响力分：我们提供了一套量化标准来尝试量化你的影响力。比如，你写了一篇技术文章，如果这篇文章被浏览、收藏、点赞的次数越多，那么分数越高；你做了一次演讲分享，分享的范围越广，则分数越高。在团队内分享是 3 分，在部门内是 8 分，在 QCon 上分享是 30 分等。此外，发表论文、创新专利等都可以增加影响力分数。

（3）技术贡献分：主要从 Code Review、重构、技术亮点等角度衡量。这部分有一定的主观性，比如重构的质量如何、技术亮点是否足够亮，仍然需要结合人为的主观判断。

（4）开发质量分：主要包括项目的 Bug 数、线上的故障数、单测覆盖率等指标，能相对比较客观地反映真实情况。

基于上述思路，我们设计了一个叫作"工匠平台"的产品。这个平台尝试用分数去量化展示一名工程师的技术贡献，分数的计算具体包括上述 4 个维度，并通过一套算法规则进行了加权处理。

从管理的角度来看，工匠分只是给技术管理者提供了一个参考，旨在告诉大家"技术人员要回归到技术本身上来"，我们不仅要实现业务需求，而且要更好地实现业务诉求。通过观察工匠平台的数据，我们发现工程师的绩效和工匠分仍然呈现出了很强的相关性。这说明技术贡献虽然很难被量化，但是如果我们努力去发现可以被数字化的地方，并补充量化所需要的数据，那么还是能找到一些量化方法的。

14.6 精华回顾

- No measurement, no improvement.（没有量化，就无法优化。）

- 量化的一般步骤包括定义指标、数字化和优化指标。

- 对于研发效能来说，目前还没有特别有效的度量手段，所以指标的设定非常关键。错误的度量不仅不会带来效率提升，反而会带来伤害。

- 团队管理的首要任务是目标管理，我们可以采用 OKR 进行目标管理，在设定 OKR 时要遵循 SMART 原则。指标只是管理手段，不可完全迷信指标。

- 量化工作本身是一件非常困难和极具挑战的事情，但量化思维要求我们不要轻易放弃关于量化的思考和尝试。没有量化的目标，就像是断了线的风筝，没有方向，缺少指引，飞到哪里是哪里，而量化后的目标可以为我们清楚地指引方向。

15

数据思维

一切业务数据化，一切数据业务化。

——阿里巴巴

如今的业务越来越离不开数据了，在阿里巴巴内部有一句口号："一切业务数据化，一切数据业务化。"用户在淘宝上的每一次浏览、每一次点击、每一次搜索等业务行为，都会被沉淀为数据保存起来，**这种保存业务过程数据的做法叫作业务数据化**。

这些数据会帮助淘宝更好地认识用户，当用户下次打开淘宝时，利用这些数据，淘宝就可以更精准地为用户进行智能推荐和广告精准投放，**这种用数据赋能业务的方法叫作数据业务化**。

在这样的大背景下，运营、产品、技术人员都应该具备一定的数据化思维。对于技术人员，特别是业务部门的技术人员来说，数据能力已经不是可有可无的加分项，而是必备的能力之一。

15.1 "精通"数据

数据如此重要，涉及的内容那么多，工程师需要对数据掌握到什么程度才算合格呢？我认为，我们不一定要做到像数据分析师（Data Analyst，DA）那样精通数据分析，也不一定要像算法专业的博士那样精通算法，但是至少要做到以下两点。

（1）要了解公司的数据技术体系。比如，对大数据处理框架、数据仓库、数据分析等有基本的认知，知道其背后的基本原理和运行逻辑。有了这个认知之后，我们就能更好地与数据工程师、数据分析师、商业智能分析师等人员进行分工协作。

（2）要知道用数据去说话。我们要学会用数据作为决策的依据，而不是靠猜测、"拳头"或"屁股"去做决策。

比如，在与业务方讨论业务需求或与产品经理讨论产品设计的时候，就可以使用数据去佐证我们的判断。这种场景我经历过很多次，对于大家争论了很久的一个问题，在拿出相关数据之后，争论很快就平息了。可见在争论不下的时候，数据是最有说服力的。

当你具备了对数据技术的基本认知时，以及知道如何"用数据说话"时，你的数据化思维能力会显著提升。

15.2 数据体系概览

要了解公司的数据体系，我们首先要知道几个问题：在一个公司内部有哪些数据？这些数据是以什么形式存在的？我们要如何使用这些数据？

如图 15-1 所示，一个公司的数据架构可以分为**源数据**、**数据仓库**、**ETL**、**元数据管理**和**数据**应用这 5 个部分。

图 15-1　公司的数据架构

15.2.1　数据源

数据源通常是工程师最熟悉的部分，这些数据一般存储在数据库，比如关系数据库、NoSQL 中。

客户登录网站的行为、浏览网页的行为等都会被记录入库。客户在网站上的业务操作，比如选购商品、加入购物车、支付订单、评论等业务操作也会入库。

关系数据库，是联机事务处理（On-Line Transaction Processing，OLTP）的典型应用。其重点在于"T"，即 Transaction，表示面向事务处理。比如，在银行存取一笔钱款，这就是事务交易。

为了提升单个数据库的响应时间，现在很多的业务数据库采用了分库分表的设计。比如阿里巴巴的交易表被分在 4096 个表中，这样即使有 4000 亿条数据，每个表也只分担大概 1 亿条数据，因此单库的性能依然很好。

15.2.2 数据仓库

数据库专注于 OLTP，而数据仓库专注于联机分析处理（On-Line Analytical Processing，OLAP）。OLAP 关注的重点是"A"，即 Analytical，以分析为目的。

OLTP 系统面向的主要数据操作通常是随机读写，主要采用满足 3NF 的实体关系模型存储数据，从而在事务处理中解决数据的冗余和一致性问题；而 OLAP 系统面向的主要数据操作通常是批量读写，OLAP 不关注事务处理中的一致性，而主要关注数据的整合，以及对复杂数据的查询和处理的性能。

OLAP 是数据仓库的核心部分，支持复杂的分析操作，侧重于决策支持，并且提供直观易懂的查询结果，其典型的应用是复杂的动态报表系统。

使用数据仓库时，我们一定要了解维度，以及维度的切片（Slice）和切块（Dice）、上卷（Roll Up）和下钻（Drill Down）等概念。

维度是度量的环境，是用来反映业务的一类属性，这类属性的集合构成一个维度。比如地理维度有国家、地区、省市等级别，时间维度有年、季、月、周、日等级别。这些维度构成了一个如图 15-2 所示的数据立方体。对于 OLAP 的使用者来说，其数据分析的对象就是这个逻辑概念上的数据立方体。逻辑概念是相对于物理存储而言的，其物理存储是一行一行或者一列一列的记录，但在概念上构成了一个立方体。

在数据立方体的某一维度上选定一个维度成员的操作叫作切片，比如获取第二季度全国各区域商品的销售情况就是切片；而对两个或多个维度执行选择叫作切块，比如获取第二季度和第三季度的江苏和上海的销售情况就是切块。

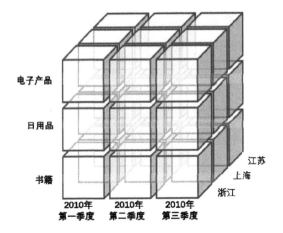

图 15-2　数据立方体

这两种操作的 SQL 模拟语句如下，主要是对 **WHERE** 语句进行操作：

```
# 切片
SELECT Locates.地区, Products.分类, SUM(数量)
FROM Sales, Dates, Products, Locates
WHERE Dates.季度 = 2
    AND Sales.Date_key = Dates.Date_key
    AND Sales.Locate_key = Locates.Locate_key
    AND Sales.Product_key = Products.Product_key
GROUP BY Locates.地区, Products.分类

# 切块
SELECT Locates.地区, Products.分类, SUM(数量)
FROM Sales, Dates, Products, Locates
WHERE (Dates.季度 = 2 OR Dates.季度 = 3) AND (Locates.地区 = '江苏' OR Locates.
地区 = '上海')
    AND Sales.Date_key = Dates.Date_key
    AND Sales.Locate_key = Locates.Locate_key
    AND Sales.Product_key = Products.Product_key
GROUP BY Dates.季度, Locates.地区, Products.分类
```

维度的上卷是指沿着维度的层次向上聚集汇总数据。比如，对产品日销售数据沿着时间维度上卷，可以求出所有产品在所有地区每月、季度、年、全部的销售额。维度的下钻是上卷的逆操作，它沿着维度的层次向下查看更详细的数据。比如，对产品日销数据沿着时间维度下钻，可以得到产品分小时、分时间段的销售额。

这两种操作的 SQL 模拟语句如下，主要是对 **GROUP BY** 语句进行操作：

```
# 上卷
SELECT Locates.地区, Products.分类, SUM(数量)
FROM Sales, Products, Locates
```

```
WHERE Sales.Locate_key = Locates.Locate_key
   AND Sales.Product_key = Products.Product_key
GROUP BY Locates.地区, Products.分类

# 下钻
SELECT Locates.地区, Dates.季度, Products.分类, SUM(数量)
FROM Sales, Dates, Products, Locates
WHERE Sales.Date_key = Dates.Date_key
   AND Sales.Locate_key = Locates.Locate_key
   AND Sales.Product_key = Products.Product_key
GROUP BY Dates.季度.月份, Locates.地区, Products.分类
```

15.2.3　ETL

那么数据库中的源数据是如何同步到数据仓库中的呢？这就是数据工程师所要做的事情，也就是 ETL 的工作。ETL，是 Extract-Transform-Load 的缩写，用来描述将数据从来源端经过数据抽取（Extract）、数据转换（Transform）、数据加载（Load）至目的端的过程。然而，数据工程师做的是数据处理逻辑，ETL 背后的大数据处理框架（比如 Hadoop 生态）仍然需要数据工程师去搭建。

1. 数据抽取

要抽取数据，需要在调研阶段做大量的工作，首先要搞清楚数据是从几个业务系统中来的，各个业务系统的数据库服务器运行什么 DBMS，是否存在手工数据，手工数据量有多大，是否存在非结构化的数据，等等。当收集完这些信息之后，才可以进行数据抽取的设计。

对同一数据源的设计比较容易。一般情况下，DBMS（SQLServer、Oracle）会提供数据库链接功能，在数据仓库（Data Warehousing，DW）数据库服务器和原业务系统之间建立直接的链接关系，就可以利用 Select 语句直接访问数据库。

对于不同的数据源，通常也可以通过 ODBC 的方式建立数据库链接，比如 SQL Server 和 Oracle 之间。如果不能建立数据库链接，那么可以用两种方法解决，一种方法是通过工具将源数据导出成.txt 或.xls 文件，然后将这些源系统文件导入数据引入层表（Operational Data Store，ODS）中；另一种方法是通过程序接口来完成。

对于数据量大的系统，必须考虑增量抽取。一般情况下，业务系统会记录业务发生的时间，我们可以以此作为增量的标志，在每次抽取之前首先判断 ODS 中记录业务发生的最大时间，然后去业务系统中获取大于这个最大时间的增量记录。利用业务系统的时间戳，通过数据偏移量（offset）实现数据增量抽取的目的。

2. 数据转换

数据仓库一般分为 ODS 和 DW 两部分，通常的做法是首先从业务系统到 ODS 做数据清洗，将脏数据和不完整数据过滤掉，再从 ODS 到 DW 的过程中做数据转换，对一些业务规则进行计算和聚合。

数据清洗是指过滤那些不符合要求的数据，过滤规则需要和业务部门一起制定，之后再将过滤的结果交给业务部门。

不符合要求的数据主要有不完整的数据、错误的数据、重复的数据三大类。

（1）**不完整的数据**：这一类数据主要是一些应该有但缺失的数据。比如供应商的名称、分公司的名称、客户的区域信息缺失，业务系统中主表与明细表不能匹配等。

（2）**错误的数据**：错误数据的产生原因是业务系统不健全，在接收输入数据后没有进行判断而直接写入了后台数据库。比如将数值数据输入为全角数字字符、字符串数据后面有一个回车操作、日期格式不正确、日期越界等。

（3）**重复的数据**：维度表中经常会出现重复的数据，解决办法是将重复数据记录的所有字段导出来，让客户确认并整理。

数据转换主要是指对不一致的数据进行转换或者对数据粒度进行转换，以及对商务规则的计算。

（1）**不一致的数据转换**：这是一个整合的过程，对不同业务系统中的相同类型的数据进行统一。比如，一个供应商在结算系统中的编码是 XX0001，而在 CRM 中的编码是 YY0001，这样在数据抽取后要统一转换成一个编码。

（2）**数据粒度的转换**：业务系统中一般存储着非常详细的数据，而数据仓库中的数据是用来分析的，不需要非常详细的数据。一般情况下，需要将业务系统数据按照数据仓库的粒度进行聚合。

（3）**商务规则的计算**：不同的企业有不同的业务规则、不同的数据指标，这些指标有时不是简单地加加减减就能完成的，这时需要在 ETL 中计算这些数据指标，然后将其存储在数据仓库中，以供分析使用。

3. 数据加载

加载过程责将已经提取好并经过转换能保证数据质量的数据加载到目标数据仓库。加载分为首次加载（first load）和刷新加载（refresh load）。首次加载会涉及大量数据，而刷新加载属于一种微批量式的加载。

如今，随着各种分布式、云计算工具的兴起，**ETL 实则变成了 ELT**。即业务系统自身不会做转换工作，而是在简单的数据清洗后将数据导入分布式平台，让平台统一进行清洗和转换等工作，也就是在上文中提到的业务数据直接进入 ODS。实际上，在阿里巴巴，ODS 中的数据一般就是业务数据原封不动照搬过来的，转换工作都是 DA 在平台中进行的。这样做能充分利用平台的分布式特性，同时使业务系统更专注于业务本身。

15.2.4 元数据

元数据（Metadata）是关于数据的数据。Meta 这个词源于希腊语，有 "beyond（超越）"和 "after（在……之后）" 的意思，所以 Metadata 也可以理解为 "超越" 了数据，用来描述数据的数据。相应的，Metaphysics 是 "超越" 了物理学，即形而上学的意思。

关于元数据，我们并不陌生，在几乎所有的网页中都可以看到类似下面这段 html 代码：

```
<head>
    <meta http-equiv="content-Type" content="text/html; charset=gb2312" >
    <meta http-equiv="Content-Language" content="zh-cn" />
 <meta name="keywords" content="程序员,思维">
</head>
```

这里的<meta>元素可提供有关页面的元信息（meta-information），比如网页的字符集、显示语言设定、针对搜索引擎和更新频度的描述和关键词。

在大数据的场景下，元数据打通了源数据、数据仓库和数据应用，记录了数据从产生到消费的全过程。元数据主要记录数据仓库中模型的定义、各层级间的映射关系、监控数据仓库的数据状态及 ETL 的任务运行状态。在数据仓库系统中，元数据可以帮助数据仓库管理员和开发人员非常方便地找到他们关心的数据，指导其进行数据管理和数据开发工作，提高工作效率。

阿里巴巴的整个数据体系非常庞大，因此用一套元数据来描述数据之间的关系已经不是可选项，而是必选项。得益于这个强大的元数据管理平台，在工作时，我可以轻松地找到数据之间的血缘关系，从而了解数据的来龙去脉，十分便利。如图 15-3 所示，中间以 dwd 开头的数仓表，它的数据来自于上游的 9 张表，同时，其下游又被 218 张其他的表使用。

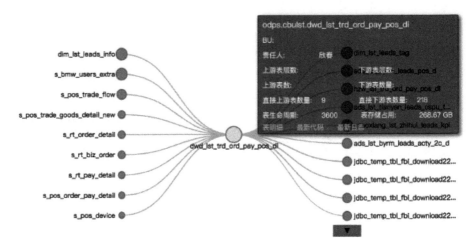

图 15-3 基于元数据的数据血缘关系

15.2.5 数据应用

基于上述数据基础设施，我们就可以在上面展开各种各样的数据应用，包括数据报表、即席查询、数据分析、数据挖掘等。

阿里巴巴的工程师相对比较幸运，因为公司不仅有大量数据，还有非常强的数据处理能力。我们有一个很强大的分布式数据处理服务叫作开放数据处理服务（Open Data Processing Service，ODPS），用于完成海量数据的分析处理工作，主要服务于批量结构化数据的存储和计算。

基于 ODPS，研发工程师可以更方便地完成大量业务分析和处理工作，这也使"用数据说话"成为可能。

15.3 数仓建模

如果把数据看作图书馆中的书，那么我们希望看到它们在书架上被分门别类地放置；如果把数据看作城市中的建筑，那么我们希望整个城市规划布局合理；如果把数据看作电脑中的文件和文件夹，那么我们希望按照自己的习惯对文件进行组织，而不想看到糟糕混乱的桌面和凌乱不堪的文件。

数据模型就是组织和存储数据的方式，强调从业务、数据存取和实用的角度合理地存储数据。Linux 的创始人 Linus Torvalds 有一段关于"什么才是优秀程序员"的经典言论：

"烂程序员关心的是代码，好程序员关心的是数据结构和它们之间的关系"，其阐述了数据模型的重要性。有了适合业务和基础数据存储环境的模型，那么大数据就能在以下方面为我们带来好处。

- 性能：良好的数据模型能帮助我们快速查询所需要的数据，减少数据的 I/O 吞吐量。

- 成本：良好的数据模型能显著减少不必要的数据冗余，也能实现计算结果复用，大幅降低大数据系统中的存储和计算成本。

- 效率：良好的数据模型能显著改善用户使用数据的体验，提高使用数据的效率。

- 质量：良好的数据模型能改善数据统计口径的不一致性问题，降低数据计算错误的可能性。

毋庸置疑，为了更好地组织和存储数据，大数据系统需要利用数据模型方法在性能、成本、效率和质量之间取得最佳平衡。

15.3.1　维度模型

维度模型是数据仓库领域的权威专家 Ralph Kimball 所倡导的，他的《数据仓库工具箱：维度建模权威指南》（*The Data Warehouse Toolkit：The Complete Guide to Dimensional Modeling*）是数据仓库工程领域最流行的数据仓库建模的经典图书。

在维度建模中，**将度量称为"事实"，将环境描述为"维度"**。维度是用于分析事实所需要的多样环境，是维度建模的基础和灵魂。例如，在分析交易过程时，可以通过买家、卖家、商品和时间等维度描述交易发生的环境。

表示维度的列被称为维度属性。维度属性是查询约束条件、分组和报表标签生成的基本来源，是数据易用性的关键。例如，在查询请求中，获取某类目的商品、正常状态的商品等，是通过约束商品类目属性和商品状态属性来实现的。

维度的设计过程就是确定维度属性的过程，如何生成维度属性，以及所生成的维度属性的优劣，决定了维度使用的便捷与否。以淘宝的商品维度为例，维度设计会经历以下几个步骤。

第一步：选择维度或新建维度。在企业级数据仓库中，必须保证维度的唯一性。

第二步：确定主维度表。一般是 ODS 表，直接同步自业务系统。以淘宝商品维度为例，s_auction_auctions 是从前台商品中心系统同步的商品表，此表即为主维度表。

第三步：确定相关维度表。数据仓库是业务源系统的数据整合，不同业务系统或同一业务系统中的表之间存在关联性。根据对业务的梳理，确定哪些表和主维度表存在关联关系，并选择其中的某些表用于生成维度属性。以淘宝商品为例，通过梳理业务逻辑可知，商品与类目、SPU、卖家、店铺等维度存在关联关系。

第四步：确定维度属性。在确定维度属性的过程中，要注意以下几点。

- 尽可能地丰富维度属性。比如，淘宝商品维度有近百个维度属性。

- 尽可能地包括富有意义的文字性描述。比如，维度属性同时包含商品 ID 和商品标题、类目 ID 和类目名称。类目 ID 存在关联关系，类目名称用于报表标签。

- 沉淀通用的维度属性。有些维度属性需要经过比较复杂的逻辑处理，比如需要通过多表关联进行处理，通过单表的不同字段混合处理，或者由单表的某个字段进行解析得到其维度属性。此时需要将通用的维度属性进行沉淀，一方面，可以供下游使用时更方便，降低复杂度；另一方面，避免下游解析因为逻辑不同而导致的口径不一致。例如，淘宝商品的 property 字段使用 key:value 方式存储多个商品属性，商品品牌就存在此字段中，而商品品牌是重要的分组统计和查询约束条件，所以需要将其解析出来，作为品牌属性。

当属性层次被实例化为一系列维度，而不是单一的维度时，这种用系列维度代替单一维度的做法被称为雪花模式。在 OLTP 系统中，这种方法可以有效地避免数据冗余导致的不一致性。图 15-4 所示为淘宝商品的雪花模型，在 OLTP 系统中存在商品表和类目表，且商品表中有冗余的类目表的属性字段。假设需要对某类目进行更新，则必须更新商品表和类目表，且由于商品和类目是一对多的关系，可能每次需要更新商品表中的几十万甚至上百万条记录，这是不合理的。

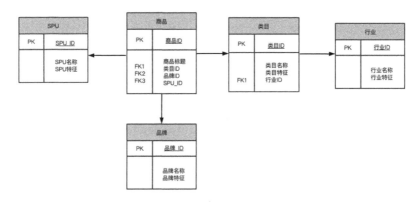

图 15-4　淘宝商品的雪花模型

而对于 OLAP 来说，数据是稳定的，不存在 OLTP 系统中的问题，因此可以考虑采用反规范化处理。如图 15-5 所示，与完全规范化的模型相比，反规范化使数据库查询优化器的连接路径简化了许多，但其包含的信息和雪花模型的信息一样，没有丢失任何信息，但复杂度降低了。在实际应用中，OLAP 几乎总是采用反规范化的处理，通过单一维度表的空间冗余来换取简明性和查询性能的提升。

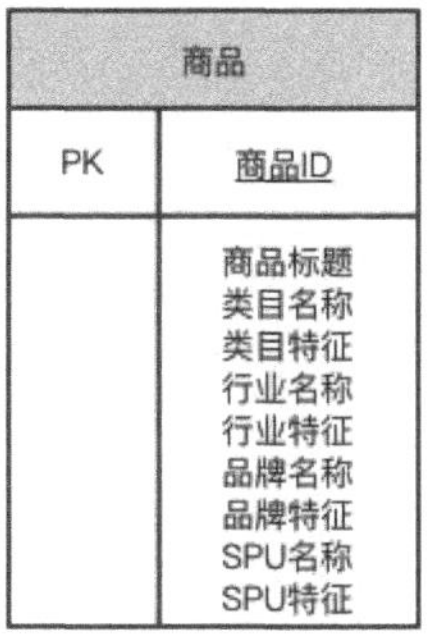

图 15-5　反规范化处理的淘宝商品维度表

15.3.2　事实明细表

作为数据仓库维度建模的核心，事实明细表要紧紧围绕着业务过程来设计，通过获取描述业务过程的度量来表达业务过程，其中包含了引用的维度以及与业务过程有关的度量。

与维度表相比，事实明细表通常要细长得多，行的增加速度也比维度表快很多。比如，交易事实表比商品维度表更宽，且增长速度更快。

在淘宝交易事务事实表的设计过程中，针对经常用于统计分析的场景，确定维度包含买家、卖家、商品、商品类目、发货地区、收货地区、父订单、子订单维度，以及店铺维度，如图 15-6 所示。由于订单属性较多，比如订单的业务类型、是否无线交易、订单的 attributes 属性等，因此对于这些使用较多却又无法归属到上述买卖家或商品维度中的属性，要新建一个杂项维度进行存放。

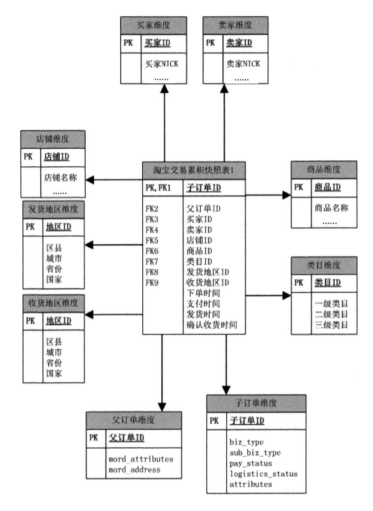

图 15-6　淘宝交易事务事实表

　　作为过程度量的核心，事实明细表应该包含与其描述过程有关的所有事实。以淘宝交易事务事实表为例，选定 3 个业务过程——下单、支付和成功完结，不同的业务过程拥有不同的事实。比如，在下单业务过程中，需要包含下单金额、下单数量、下单分摊金额；在支付业务过程中，包含支付金额、分摊邮费、折扣金额、红包金额、积分金额；在完结业务过程中包含收货金额等。由于粒度是子订单，所以一些父订单上的金额需要分摊到子订单上，比如父订单邮费、父订单折扣等。

　　在确定维度时，包含了买卖家维度、商品维度、类目维度、收发货维度等，Kimball的维度建模理论建议在事实明细表中保存这些维度表的外键。然而，**维度属性也可以存储**

到事实明细表中，这种存储到事实明细表中的维度列被称为**退化维度**。淘宝交易事实表就是这样做的，它将买卖家星级、标签、店铺名称、商品类型、商品特征、商品属性、类目层级等维度属性都冗余到事实明细表中，从而提高对事实明细表进行过滤查询、统计聚合的效率，如图 15-7 所示。

淘宝交易事实表	
PK	子订单ID
度量	支付金额 分摊金额 折扣金额 ……
父订单维度	父订单ID 父订单属性
买家维度	买家ID 买家Nick
卖家维度	卖家ID 卖家Nick
商品维度	商品ID 商品名称 商品类型 商品属性
类目维度	类目ID 一级类目 二级类目
日期维度	下单时间 支付时间 确认收货时间
物流维度	发货地区 收货地区
杂项维度	业务类型 是否无线 ……

图 15-7　冗余维度的淘宝交易事实表

15.3.3　事实汇总表

在阿里巴巴，事实表包含事实明细表（Data Warehouse Detail，DWD）和事实汇总表（Data Warehouse Summary，DWS）。上文介绍的淘宝交易事实表属于 DWD，然而以 DWD为基础的 DWS 也经常会被用到。

数据仓库的性能好坏是数据仓库建设是否成功的重要标志之一。DWS 主要通过汇总

DWD 来获得改进查询性能的效果。通过访问聚集数据，可以减少数据库在响应查询时必须执行的工作量，从而快速响应用户的查询，同时有利于减少不同用户访问明细数据带来的结果和口径不一致问题。尽管聚集数据能带来良好的收益，但要实现对它的加载和维护，会给 ETL 带来更多的挑战。

阿里巴巴将使用频繁的公用数据通过聚集的方式进行沉淀，比如，卖家最近 1 天的交易汇总表、卖家最近 N 天的交易汇总表、卖家自然年交易汇总表等。这类聚集汇总数据，被叫作"公共汇总层"。

建立汇总表一般分为以下 3 个步骤。

第一步：确定聚集维度。在原始明细模型中，**存在多个描述事实的维度，如日期、商品类别、卖家等**。这时需要确定根据什么维度进行聚集，如果只关心商品的交易额情况，那么可以只根据商品维度来聚集数据。

第二步：确定一致性上卷。这时要关心是按月汇总，还是按天汇总；是按照商品汇总，还是按照类目汇总。如果按照类目汇总，那么进一步还需要关心按照大类汇总，还是小类汇总。当然，要做的只是了解用户需要什么，按照用户的需求进行聚集。

第三步：确定聚集事实。在原始明细模型中可能会有多个事实的度量，比如，在交易中有交易额和交易数量，这时要明确是对交易额进行汇总，还是按照成交数量汇总。

汇总表的命名要能说明数据的统计周期，比如 _1d 表示最近 1 天，_td 表示截止到当天，_nd 表示最近 N 天。在阿里巴巴，有一个 OneData 的数据规范体系，严格定义了表名和指标名的命名规范。比如，汇总表的命名规范是这样定义的：

{project_name}.dws_{业务 BU 缩写/pub}_{数据域缩写}_{数据粒度缩写}[_{自定义表命名标签缩写}]_{统计时间周期范围缩写}[_刷新周期标识][_单分区增量全量标识]

再比如，对于汇总表 dws_tb_trd_slr_ord_1d，其中 tb 代表 taobao 部门，trd 代表交易域（trade 的缩写），slr 代表商家粒度（seller 的缩写），ord 代表订单（order 的缩写），1d 代表最近一天。所以**通过这个表名可知，这个汇总表存储的是 taobao 交易域——最近一天——商家订单的汇总数据**。

关于统计实际周期范围缩写，在默认情况下，离线计算应该包括最近一天（_1d）、最近 N 天（_nd）和历史截至当天（_td）这 3 个表。如果出现 _nd 的表字段过多而需要拆分时，只允许以一个统计周期单元作为原子拆分。也就是说，一个统计周期拆分为一个表，比如最近 7 天（_1w）拆分为一个表，不允许拆分出来的一个表存储多个统计周期。

完整的时间周期命名规范如表 15-1 所示，规范的命名规范非常重要，严格遵守此规范能够大幅降低认知和沟通成本。

表 15-1　汇总表中的时间周期命名规范

中文名	英文名	中文名	英文名
最近 1 天	1d	自然月	cm
最近 3 天	3d	自然季度	cq
最近 7 天	1w	截至当日	td
最近 14 天	2w	年初截至当日	sd
最近 30 天	1m	0 点截至当前	tt
最近 60 天	2m	财年	fy
最近 90 天	3m	最近 1 小时	1h
最近 180 天	6m	准实时	ts
180 天以前	bh	未来 7 天	f1w
自然周	cw	未来 4 周	f4w

15.4　数据产品平台

作为大数据公司，阿里巴巴在推动**业务数据化**的同时，也在不断地帮助商家实现**数据业务化**。在对外产品方面，阿里巴巴主要以"生意参谋"作为官方统一的数据产品平台，为商家提供多样化、普惠性的数据赋能。

生意参谋诞生于 2011 年，早期只应用于阿里巴巴 B2B 市场的数据产品，2013 年 10 月才正式进入淘系。当时，阿里淘系的数据产品曾一度多达 38 个，不同产品的统计方式不同，同一指标在不同产品中的数据也有差异，这给商家带来了不少的困扰。

为了保证用户体验，从 2014 年起，阿里巴巴开始 OneData 体系的建设，并在 2015 年年底将其升级为官方统一的商家数据产品平台。由此，商家只要通过生意参谋这一个平台，就能体验统一、稳定、准确的官方数据服务。

生意参谋的数据来自阿里巴巴大数据公共层 OneData。OneData 可以对集团内外数量繁多的数据进行规范化和数据建模，从根本上避免了数据指标定义不一致、重复建设的问题，从而确保生意参谋对外数据口径标准统一，计算全面、精确。商家不用再纠结从多个数据产品中看到的数据不一致，也不会再遇到运营人员看到的数据和自己看到的不一样的情况。

在技术层面，数据中台的实时数据计算技术可以保障生意参谋中众多数据指标的实时性和准确性。商家在这一秒就能看到上一秒的数据，一旦店铺出现异常，可以马上发现问题并进行处理。

在用户洞察方面，基于阿里大数据团队全力打造的 OneID 体系，商家可以在生意参谋上更好地洞察消费者画像。

以真人识别为例，顾客 A 白天在电脑上打开了淘宝某旗舰店的店铺页，浏览并看中了店内的某款商品，将其加到购物车中；晚上躺在床上用手机打开淘宝 App，购买并支付了购物车中的商品。在这个案例中，顾客 A 分别使用电脑和手机浏览了某旗舰店，在很多数据工具中，顾客 A 可能会被识别成两个人，而生意参谋会将这个访客的行为轨迹（包括跨屏的行为）串联起来，识别出独立的用户个体，而非简单的用户行为次数。

目前生意参谋共有 7 个板块，除首页外，还有事实直播、经营分析、市场行情、自助取数、专题工具、数据学院。不同板块的数据不尽相同，但又彼此联系。从商家的实际应用场景来看，这些数据服务可以划分为 3 个维度，即看我情、看行情和看敌情。

15.4.1 看我情

一般情况下，不管是哪一层级的商家，在看数据时都会优先关注自己的店铺。如果连自己的数据都不关注，那么了解再多的行业数据和竞争对手的数据也无济于事。在一定程度上，分析"我情"是店铺数据化运营的根本。

在生意参谋上，"我情"的数据主要基于店铺经营全链路的各个环节进行设计。如图15-8 所示，以"经营分析"为例，这个板块依次为商家提供支付、流量、展现等不同环节的数据服务，不同服务还能再往下细分，如在"流量"环节下，还会再提供浏览次数、访客数、点击转化率等更细粒度的数据。一个访客从未进店到进店，再到店内流转，最终交易转化，转化后的评价和物流情况基本都可以通过"经营分析"一站式获取。

图 15-8 生意参谋中经营分析样例

15.4.2 看行情

在线上零售环境竞争程度还不十分激烈的时候，店铺埋头苦干，修好内功，或许就能独辟蹊径，脱颖而出。但现在，随着线上、线下的不断融合，有实力者不断入局，线上竞争日益加剧。在这个过程中，要想运营好店铺，就不得不经常关注行业动态了。只有知道外界在关注什么、在发生什么变化，才有可能把握市场动态，挖掘先机。

基于此，生意参谋通过"市场行情"模块为商家提供了行业维度的大盘分析服务，包括行业洞察、搜索词分析、人群画像等。其中，行业洞察可以从品牌、产品、属性、商品、店铺等粒度对行业数据进行分析；通过搜索词分析可以了解不同关键词的近日表现，从而反推消费者偏好；人群画像能从人群的维度入手，直接提供买家人群、卖家人群、搜索人群三大人群的数据洞察信息。

15.4.3 看敌情

商场如战场，知己知彼才能百战百胜，因此关注"敌情"十分重要，这也是很多店铺发展到一定阶段后的迫切需求。

但是，竞争对手的数据十分敏感，生意参谋的产品设计原则之一是确保商家的数据安全，要如何权衡两者的关系呢？生意参谋的解决方案是推出"竞争情报"这一专题工具，在保障商家隐私和数据安全的前提下提供竞争分析服务。需要强调的是，在生意参谋中，凡是涉及其他商家核心数据均作指数化处理（这一"可用不可见"的方法同样被应用在整个生意参谋平台中），而非赤裸裸地呈现；在分析竞争群体时，则以群体均值的形式进行呈现，且"群体"一般是 10 个以上的店铺，这样既满足商家了解竞争环境的需求，又能避免店铺核心数据被"窥探"。

15.5 用数据说话

在日常工作中,你是如何与产品经理、业务经理进行合作的呢?是把自己定位成资源,还是业务对等的伙伴关系?

如果你不知道问题的答案,可以先做一个简单的判断:如果所有的产品决定都是业务方说了算,作为技术方的你只做执行,那么你在公司的角色就是资源;如果很多产品方案是你和业务方一起讨论、共创的结果,那么你们就是伙伴。

当然,伙伴关系要好于被动的资源关系。**在阿里巴巴,技术人员被要求具有思辨的执行力。这是为了发挥员工的主观能动性,从被动执行变为主动思考。**

我在工作中需要经常和产品经理讨论产品方案。我发现,对于有争议的问题,如果我们只是争论逻辑、争论人性、争论价值观,那么很容易陷入谁也不服谁的尴尬局面中。然而如果有数据作为佐证,情况就会大不一样。

2018 年,我们需要做一款给 B2B 商家使用的 CRM 产品时,打算增加一个给潜在客户打分的功能。因为我们沉淀了很多买家的数据,再加上全网的买家数据画像,因此我们给出的"潜力分"还是比较客观的。对于做 B2B 的商家而言,"潜力分"可以帮助他们更高效地筛选客户,从而提升工作效率。

这是一个商家期盼已久的功能。只是在这个功能上线之前,产品经理担心因为"潜力分"过于好用,导致有些客户会被商家重复骚扰,所以要求一定要附带一个防骚扰的功能。

初看起来,这个产品功能在逻辑上完全没问题,只是实现起来会非常复杂,我们要从零搭建一个防骚扰体系。对于当时的项目里程碑来说,即使 996 也很难把这个功能做出来。

怎么办?我和产品经理沟通了几次,但是效果并不理想,因为当时他很笃定地认为这个功能十分重要,并表示如果不上"防骚扰",那么"潜力分"功能也不能上。

这样僵持下去终究不是办法,于是我提出,防骚扰的前提是同一个高分客户要在多个商家的库中,这样才有可能产生被骚扰的情况。如果这个数据实际是很稀疏的,那么防骚扰的前提也就不成立了。

得益于阿里巴巴强大的数据处理工具 ODPS,我做了一个相关的数据分析,即关联查询了商家客户关系表和客户潜力分表,然后做了一个潜力分排序。如图 15-9 所示,其结果显示,潜力分高的客户和商家关联的关系相对比较稀疏,还不足以构成骚扰的情况。基于这样的数据事实,大家争议的问题也就迎刃而解了。

序号	customer	country	type	numberofrelation	score	ordernum
1	17300150379	CA	1	263	0.9399642245845771	911
2	133215207553	PK	1	214	0.9405438720787259	809
3	133165599791	UK	1	189	0.9410645537971831	712
4	133275059578	AU	1	165	0.9401349835505051	878
5	133167853197	US	1	165	0.941682775322191	620
6	133356116310	US	1	153	0.9435298826011546	395
7	133152993708	CA	1	127	0.9416708953566395	623
8	133144159212	US	1	121	0.9397312628528073	950
9	133152705258	RU	1	117	0.9399069916599825	922

图 15-9 客户潜力分相关性分析

类似的案例还有很多,但是无一例外,最后都是"用数据说话"的效果最好,最有说服力。

15.6 精华回顾

- 一切业务数据化,一切数据业务化。数据是公司的重要资产,工程师必须了解公司的数据体系。

- 整个大数据体系很庞大,对于应用开发者来说,不一定要面面俱到,非常精通,但至少要做到能理解、会使用。

- 典型的企业的大数据解决方案包括数据仓库、ETL、元数据、分布式数据存储、流式计算等。

- 数据库关注的是 OLTP,数据仓库关注的是 OLAP,数据仓库中对数据的操作通常包括切片切块、上卷下钻等。

- 数仓建模通常采用 Ralph Kimball 提出的维度模型,其中针对维度表和事实表,为了提升查询性能和响应速度,通常采用大宽表代替雪花模型,用空间换时间的方式。

- 阿里巴巴的生意参谋是数据业务化的典型代表和成功案例,通过大数据赋能商家,既让商家更好地在平台做生意,同时平台也实现了数据变现,可谓双赢。

16

产品思维

产品就是用来解决某个问题的东西。

——苏杰《人人都是产品经理》

工程思维和产品思维是不一样的。工程师追求技术至上，产品经理追求商业价值和用户体验；工程师关注细节，产品经理关注全局；工程师关注 How（如何做），产品经理关注 Why（为什么）。结合两种思维方式，可以让思考更全面和系统化。

比如，要改进一款拍照软件，工程师与产品经理会有不同的思路。工程思维在于如何提升防抖功能、如何提升相机像素等；而产品思维在于如何轻松美图、如何分享炫耀等，更多关注的是用户体验，以及用户深层次的本质需求。

准确地说，产品经理并不是一个专业，所谓"人人都是产品经理"是有一定道理的。在这个"鱼龙混杂"的队伍中，牛人很多，"传话筒"也很多。"传话筒"产品经理自己不思考，只会传老板的话、传客户的话、传运营的话，就是不用产品说话，导致有很多"劳民伤财"的伪需求被直接传送到开发人员这边。这样做不仅伤害了用户，也辜负了技术人员的付出。

作为技术人员，我们必须要具备一定的产品思维，这样才能辨别产品需求的真伪，把伪需求挡在外面，从而可以把时间放在真正有价值的项目上，少做一些无效的投入。对于团队的技术负责人来说，这种把关尤为重要。

另外，产品思维是工具化思维的进阶，对于一些好用的技术工具，我们可以通过产品化、平台化让其更易用，发挥更大的价值。

16.1 产品的三要素

产品的目的是帮助我们解决问题,产品化思维就是站在用户的视角去解决用户的问题。产品力代表了企业的竞争力,如图 16-1 所示,**产品对上要承接客户价值,对下要负责业务功能的实现和质量属性**(稳定性、可用性、安全性等)。了解产品思维,关键要理解产品的三个核心要素:用户、需求、场景。

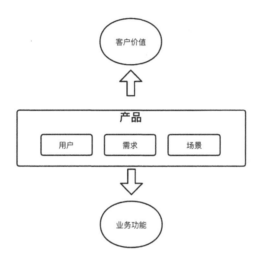

图 16-1 产品的价值

16.1.1 用户

用户是产品要服务的对象,即使用产品的人。用户是"上帝",产品成功的关键在于是否能够满足用户的需求,产品化思维的关键也正在于此。**这里需要注意的是,客户(Customer)和终端用户(End User)可能不是一个人。**

对于玩具来说,成年人购买玩具(比如游戏机)时,客户和终端用户这两个角色是重叠的,背后是同一个自然人;但成年人给小朋友购买玩具时,角色就分离了——客户是小朋友的父母,是为产品买单的人,而终端用户是小朋友。

16.1.2 需求

需求即产品要解决的核心问题是什么。需要注意的是,需求是分层次的,最浅一层是需求的表象;第二层是观点和背后的目的;最深一层是人性,每个需求挖到最后,都可以归结到人性层面。

以做技术培训的极客时间为例。

第一层，需求的表象是学员想学技术。

第二层，背后的目的是学员希望提升技术能力，这也是极客时间对课程质量要求这么高的原因，其目的是让学员有获得感，能真正提升技术能力。

第三层，是人性的东西。比如，提升技术能力的动机可能是为了挣更多的钱、获得他人的尊重、提升社会地位、实现个人价值。

从第三层需求的层面出发，如果我是极客时间的产品经理，我会考虑做一个证书产品。比如，将 3 门 Java 相关的课程打包起来，对于学完这 3 门课程的学员，给其颁发一个 "Java 专家" 的认证。不管是纸质版，还是电子版认证，都必须提供本人真实照片，目的是方便学员在拿到证书以后在朋友圈中 "展示" 一下。

16.1.3 场景

场景即用户何时何地需要使用产品。以知识付费产品为例，为什么几乎所有的知识付费产品（包括极客时间）都会做音频内容呢？这是因为大部分的用户会选择在上下班的途中给自己 "充电"，而这段时间，无论是自己开车，还是坐公共交通工具，最方便的当然就是听音频了。

总结一下，产品思维的关键是要站在用户的视角思考问题，想办法挖掘用户的真正需求，真正的需求往往是在表象之后的，所以我们要聆听客户的想法，但不要完全照着做。最后，产品功能和场景是密切相关的，只有符合场景需要的产品才是好产品。

16.2 产品的分类

《淘宝十年产品事》这本书中有一节内容的标题是 "产品经理都是分类控"。关于分类的重要性，本书第 6 章中已经充分说明，分类是认识和理解世界最常用的方式之一。通过产品分类，我们可以了解各种产品有什么特点。对于互联网和 IT 类产品，其分类的角度包括用户关系、用户需求、用户类型、产品形态和其他。

16.2.1 用户关系角度

从产品与用户关系的角度，可以把产品分为 3 类：单点、单边、多边。其中，多边又可以分为双边、三边等。

举例来说，计算器是典型的单点用户型产品，只要有一个用户使用，就能产生完整的用户价值；电话是典型的单边用户型产品，需要一群人同时使用，只有一个人有电话是没有意义的，使用这个产品的用户越多，价值越大，产品也就有了网络效应；多边用户型产品一般是平台级产品，需要几群不同的人一起使用才能产生价值，最典型的如知乎——由提问者、回答者、围观者构成三边，其中沉淀了很多内容和关系。

16.2.2 用户需求角度

从用户需求角度，可以把产品分为 6 类：工具、内容、社交、交易、平台、游戏。这个分类的界限并没有那么严格，很多产品是多个分类的混合体。

（1）**工具：解决单点问题**。工具用来解决特定的单点问题，可以"用完即走"。计算器、词典、解压软件，以及常用的支付和天气的应用都是典型的工具。大多数工具是典型的单点产品，启动容易，可以快速解决流量问题，但弱点在于黏性低。

（2）**内容：价值观过滤器**。我们必须提供有价值的信息，如果用户想打发时间，那么"可打发时间"也算一种价值。

（3）**社交：彼此相互吸引**。用户与用户彼此吸引并建立关系，最终因此而留下来。

（4）**交易：做生意卖东西**。线上的交易就是电商和 O2O 概念下的各种收费服务。交易产品是天然有现金流的，看到了现金，离盈利模式就更近一步。

（5）**平台：复杂的综合体**。这是一种同时满足多种角色的产品形态，也可以说是"生态"。如今，很少有只单纯满足一种用户需求的产品，而平台产品就是最典型的综合体之一，其中可能有工具、内容、社交、交易、游戏等各种元素。

（6）**游戏：打造平行世界**。可大可小，一切皆可包容，是真实世界的副本。游戏中可以融合社交、交易等元素，甚至可以将游戏理解为被创造出来的"平行世界"，其目的是释放人类富余的生产力。

16.2.3 用户类型角度

产品的用户多种多样，但我们最常听到是 2B 和 2C 这两类，它们分别是英文 to Business

与 to Customer 的缩写。最典型的,百度的产品经理就分两大类:2B 的商业型产品经理和 2C 的用户型产品经理,因为这两种产品区别真的很大;还有些小众的,比如 2G(to Government)即面向政府部门、2D(to Developer)即面向开发者,其实它们也都可以归类到 2B 或 2C 中。

16.2.4　产品形态角度

在互联网和 IT 行业中,常见的产品形态有手机 App、网站、智能硬件等。按照技术实现的不同,可以分为两种形式:BS 结构和 CS 结构。

BS 结构,即 Browser-Server 结构。研发团队的大部分工作在服务器端,客户端借助一个浏览器来做展示,各种 PC 网站都采用这种模式。用户端可以做到无知觉升级,所以这种产品特别敢于尝试新功能,有问题只需要在服务器端修改即可。但是在目前移动互联网的大背景下,2C 的产品基本都需要支持无线客户端,很少有纯的 BS 结构。

CS 结构,即 Client-Server 结构。它有一个需要安装的客户端,比如手机里的 App、电脑里安装的软件。当然,也有一种无服务器端的纯客户端应用,但现在能见到的相对较少,而且也很不"互联网"。

16.3　产品架构

产品架构是一张概念图,它将可视化的具象产品功能抽象成信息化、模块化、层次清晰的架构,并通过不同分层的交互关系、功能模块的组合、数据和信息的流转,来传递产品的业务流程、商业模式和设计思路。

产品的核心要素是用户、需求和场景,为了实现客户价值,我们需要用产品功能去满足用户在不同场景下的需求。因此,从产品实现的视角来看,一个产品架构至少应该包含以下 3 个层次。

(1)**用户感知层**:在何种场景下通过何种方式触达用户。

(2)**功能模块层**:通过哪些功能模块实现产品的核心功能,以及哪些外部平台功能有信息交互。

(3)**数据层**:产品的数据从哪里来,产品的数据沉淀到何处去。

假如小张是产品经理,老板给他分配了一个任务:"为了做新零售,我们打算做一款智能互联网 POS 机，由你先做一下产品设计。"

小张通过调研发现，POS 机的核心功能是收银和经营管理，所以在产品设计中，至少需要包含收银、服务核销、商品管理、库存管理等功能。但如果仅仅满足这些功能，那和传统的 POS 机并没有多大的区别。为了满足"智能"和"互联网"的要求，通过深入研究，小张发现，智能 POS 机大致应该包含以下功能。

- 刷脸支付。

- 支持品牌商营销。

- 支持自主营销。

- 智能定价。

- 外卖对接。

- 彩票对接。

- 虚拟充值等。

在问题分析阶段，我们可以尽量多地收集信息，多进行头脑风暴，发散思维。不过，7.4 节中提到的"解决问题的黄金三步"告诉我们，问题分解之后还需要进行综合。

对于产品架构，我们首先可以把整个架构划分为用户感知、功能模块和数据 3 个层次。在这 3 个层次的基础上，我们再对每个层次内的模块进行分组。例如在功能模块层，我们要对功能进行分类，让分散的功能点内聚合成更大的产品模块（体现在用户界面上，往往是一级菜单和子菜单的关系）。

比如，对于 POS 机的收银产品模块，我们可以提供以下的产品功能。

- 支付宝收银。

- 现金收银。

- 微信收银。

- 刷脸支付。

- 记账等。

通过层次划分和模块划分，我们可以得到一个相对清晰的产品架构。以智能 POS 机为例，可以画出如图 16-2 所示的产品架构。

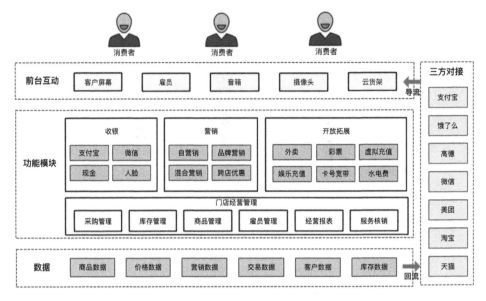

图 16-2　智能 POS 机产品架构

综上，一个好的产品架构应该具备以下特点。

- 清晰的模块功能边界。

- 功能经过抽象，做到标准化、互相独立。

- 上下游产品功能边界清晰，架构分层明确合理。

16.4　产品化

产品化是指把一种技术、一种服务通过标准化、规范化的流程形成可大规模复制生产和发布的能力。它主要体现的是一种能力的复用性和可移植性。一种技术或一种成果一旦产品化，就可以真正转化为生产力，并实现规模效益，通过效率最大化实现利润和回报的最大化。

产品化诉求的核心要点是将一种技术能力或一种服务能力与个体（独立的人）分开，形成不依托于个体存在的能力，这样才能体现可复制和可移植的特点。

举例来说，丁某编写了一套高水平的 Web 邮件系统，这套系统的所有核心部分和配置操作全部掌握在丁某手中，依托于个体存在，这就不符合产品化的准则。在没有丁某在场的情况下，其他人无法配置和复制这样的系统。这样的系统只能被称为样品，无法满足规模效益和持续发展的需求。

一种技术能力只有实现产品化，才有可能通过大规模复制的手段实现规模效益，从而将这种能力的效率最大化。

假如我们需要做一个配置工具，按照工程师思维，只要实现一个功能——存储 key-value pair 的数据，然后通过 key 可以找到 value 即可。但这个工具我们自己用用还可以，如果想要服务更多的人，就需要对其进行产品化，而作为一个产品，我们至少需要考虑以下需求。

（1）可靠性和稳定性需求。当配置管理变成一个产品的时候，与一个简易工具相比，产品无疑对可靠性和稳定性的要求更高。我们需要考虑如何对用户的配置进行分区、如何保证用户的配置数据不丢失、如何应对高并发的访问等问题。

（2）易用性和文档。在产品化过程中，**我们需要必须通过合适的文档、培训及规范管理手段将技术和能力从"个人经验"中剥离出来**，形成一种可以复制，并且可以让公司所有相关的技术人员掌握并操控的规范，从而形成一种产品化氛围。这时才能体现真正的商业软件系统产品或基于该系统的产品化/标准化服务。

仍然以应用配置管理为例，以前在阿里巴巴，该功能由中间件团队开发的 Diamond 来支持内部使用，阿里云将其做成一个产品——应用配置管理（Application Configuration Management，ACM）（见链接 16-1）。如图 16-3 所示，产品有了自己的门户，其在稳定性和扩展性上都有更严格的改良，此外，为了更好地方便用户使用，产品配备有更完善的文档（见链接 16-2）。

图 16-3　产品化之后的配置管理

实际上，除了 ACM，阿里巴巴早已将自身的技术能力通过产品化包装整合到了阿里云上，并对外输出。比如，承载了技术中台能力的 Aliware、承载了数据中台能力的 MaxCompute，以及承载了研发效能能力的云效。

16.5 平台化

平台也是一种产品，即平台型产品。在介绍平台化之前，我们先来看平台的定义。在不同的语境中，对"平台"至少有以下 5 种解释。

（1）供人们施展才能的舞台。

（2）为操作方便而设置的工作台。

（3）计算机硬件或软件的操作环境。

（4）进行某项工作所需要的环境或条件。

（5）通常高于附近区域的平面，如楼房的阳台、景观平台、屋顶平台、晾晒平台等。

在商业的语境下，平台是指**进行某项工作所需要的环境或条件**。例如，平台经济是一种虚拟或真实的交易场所，平台本身不生产产品，但可以促成双方或多方供求之间的交易，通过收取恰当的费用或赚取差价而获得收益。

我们平常说的"平台化战略"，是指建立机制连接，利用数字系统连接不同的个体、组织、企业和平台，使之高效协同合作，形成"点—线—面—体"立体式的平台架构模式。**同时，建立各种平台机制，促使全局利益优化，使平台上的每个组织和个体实现自我价值，达成广泛连接，形成网络效应**，这也是企业对平台化趋之若鹜的原因。

在产品的语境下，平台是指**能容纳多角色共建的"生态"系统**。例如，新浪门户是一个媒体，但今日头条是一个平台型产品，因为它包含了内容创作者、内容运营者、内容消费者等多个角色。

在技术的语境下，平台是指**可复用的硬件或软件的操作环境**，其目的只有节约成本及提升软件研发效率。比如，云计算平台为广大企业提供了公共的基础设施和计算资源。

16.5.1 企业平台化

在企业 IT 建设中，**所谓的平台化，是指抽取公共模块，解决技术复用问题**。企业的平台化建设无外乎以下两种。

（1）基于快速开发目的的技术平台。

（2）基于业务逻辑复用的业务平台。

对于稍具规模的互联网企业来说，其整体技术架构在宏观上会呈现出烟囱的形式（类似图 4-7）。即在云基础设施之上，有多个前台业务，每个前台业务都会用到一些技术中间件，比如服务治理中间件、消息中间件、分布式数据库中间件、缓存中间件、配置管理中间件等；也会涉及大量的数据处理问题，比如第 15 章中介绍的 ETL、元数据管理、数据仓库等。

其中，中间件和大数据处理可以做到业务无关，是比较纯粹的技术问题。建设统一的技术平台（中间件和大数据处理）有利于企业技术栈的统一，减少重复造轮子，可以有效地提升企业整体的研发效率。

图 16-4 所示是阿里巴巴的平台化企业技术架构——数据平台（有时也叫数据中台）和中间件平台（有时也叫技术中台），我认为这是阿里巴巴做得最好的地方之一，我也切实感受到了这些技术平台在业务研发中所起到的助力作用。

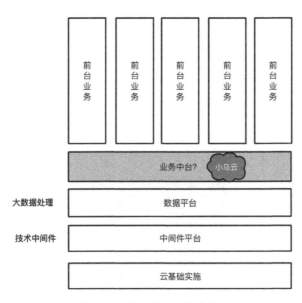

图 16-4　平台化企业技术架构

然而，在业务中台旁为什么飘着一朵小乌云呢？这是因为业务的抽象复用要比技术的抽象复用难得多，不同业务面临的业务问题的差异是巨大的，而不同业务面临的技术问题要比业务问题稳定得多。对于业务中台的"批判"，第 4 章中已有所介绍，这里就不赘述了。

16.5.2 平台化建设

关于企业内部平台化建设，关键在于**抽象和复用**。如图 16-5 所示，有两个系统 I 和 II，其中系统 I 中具有模块 M，系统 II 中具有模块 N。通过分析发现，模块 M 和 N 的功能高度相似，完全可以进行抽象合并，避免重复建设。

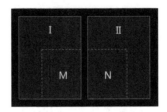

图 16-5　识别共性模块

现决定将模块 M 和 N 分别从系统 I 和 II 中剥离出来，如图 16-6 所示。

图 16-6　抽离共性模块

将模块 M 和 N 剥离出来后，我们对其功能进行抽象合并，如图 16-7 所示。将模块 M 和 N 合并后，得到模块 A+B+C，其中，A 是 M 和 N 中共有的功能，B 和 C 分别是针对系统 I 和 II 提供的一些定制化功能。

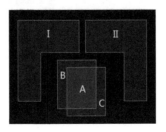

图 16-7　合并共性模块

以上案例演示了系统功能如何被合并、抽象、下沉，这种设计思路节约了软件研发成本，是一种非常经典的平台设计思路。

对软件功能模块进行抽象复用是极具挑战性的工作，如果分析不当或经验不足，就有可能做出错误的抽象方案。我们总是希望能够对软件和功能进行正确的抽象决策，让抽象出的系统和模块具有高度重叠的特性，如图 16-8 所示。

图 16-8　期望的抽象结果

然而，由于经验不足或掌握的信息不足，我们很可能做出错误的判断和设计，导致错误的抽象决策，最后被抽象的系统模块并不能被充分复用，而只是制造了一个畸形的、别扭的模块，生硬地把一堆毫无关联的功能强行捏在一起，反倒给研发工作带来更大的麻烦，如图 16-9 所示。

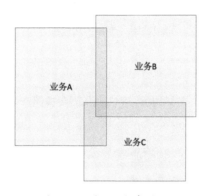

图 16-9　错误的抽象结果

这就是技术中台容易建设，而业务平台很难成功的本质原因。**因为技术领域的问题相对比较稳定、共性强、复用性高，而业务领域的问题非常不稳定、差异性大，很容易造成抽象不当。**不过，这并不代表业务平台建设是错误的，比如在阿里巴巴有大大小小几十个电商业务，每个业务都需要会员、商品、商家、营销、订单、交易、支付。完全"烟囱式"的重复建设当然是不可取的，所以我们要努力找到那个交集。

总结一下，企业的平台化建设的路径大概如下。

（1）最初，各条业务线都是相对独立的，大家都用"烟囱式"的方式来支撑业务，平台建设的第一步是将这些同质的需求整理出来。

（2）对各条业务线的需求进行业务抽象，抽象出具有共同性质、可以被共享的领域模型。接下来，在领域模型的基础上构建领域能力，对外透出领域服务。

（3）最后将这些领域能力整合起来，进行产品化包装，打造一个可以被上层业务复用的平台系统。

如图 16-10 所示，平台化建设大体上要经历抽象化、服务化、平台化的路径。如果要对平台进行开放，还要引入产品化。

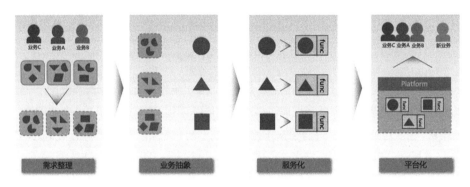

图 16-10　平台化建设路径

16.5.3　平台产品化

如图 16-11 所示，作为一名架构师，我们如果需要按照产品化的思维去打造这个平台，应该怎样去做呢？

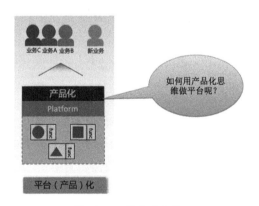

图 16-11　平台产品化

我们可以用产品的三要素（用户、需求、场景）来思考这个问题，不妨站在用户的角度，尝试问自己以下问题。

（1）平台的愿景是什么？

（2）平台的用户是谁？

（3）为用户解决什么问题？

（4）如何验证产品价值？

（5）如何保证服务质量？

1. 平台愿景

作为产品，平台需要有自己的愿景定位，不一定需要满足所有前台客户的需求，这也意味着前台可以选择不使用平台的某些能力，而选择自建。

我个人认为，平台只定位成满足部分客户的需求可能更合适。拿阿里巴巴的中台来说，不同的业务属性和差异实在太大了，如果强制要求所有的业务都上业务中台，那是不切实际的。比如，在中台整合的过程中，因为差异性太大，盒马的交易就出现了很多问题，最后出于稳定性的考虑，又不得不从中台迁出去了。

2. 平台用户

在大部分情况下，平台用户应该是前台业务部门的工程师。考虑到工程师的体验，我们要思考中台的 SDK 是否易用、部署方式是否轻便、测试是否方便等问题。如果产品经理也是平台用户，那么我们就要考虑平台是否要让需求结构化，以及业务功能可视、可编辑等功能了。

作为产品，平台需要有自己清晰的用户定位和用户划分。前台用户不再是平等的，VIP前台用户的需求要优先于免费前台用户的诉求，通过划分产品用户的等级来解决需求膨胀、排期、优先级和冲突问题。

3. 解决什么问题

作为产品，平台需要想方设法体现自身的价值，真正为前台客户解决实际问题，并关注前台用户体验，通过营销和售前等手段获取前台客户，通过清晰的用户定位和产品力吸引前台客户，让其主动选择使用平台产品。

4. 验证产品价值

产品的建设过程可以借鉴精益创业的思路，尽快体现其商业价值。如果一定时期内无法获取相应的前台用户（前台不用），或者前台用户不愿意使用，再或者其他考核指标不合格，则需要对平台建设进行止损。

5. 保证服务质量

为了用户留存，产品需要为前台客户提供产品级的服务级别协议（Service Level Agreement，SLA），提供完善的产品文档、客户运营、客户售后服务，保持产品平滑更新，并关注用户满意度，实现客户留存与转化。

"话说天下大势，分久必合，合久必分"，战略在不断调整，组织就会不断调整，IT架构也会不断调整。凡事没有完美，没有完美的战略和完美的组织，自然也没有完美的 IT架构，所有这些都在持续地演进中。所以我们要将关注点从试图找到完美的解决方案转换到提升调整能力上来，无论是对于战略、组织，还是 IT 架构，这点都是适用的。

聚焦到平台建设的过程中，引入产品化的思路可以让我们换个视角来思考平台的边界、责任及其核心的建设价值，从而更好地解决平台建设过程中出现的各种矛盾与问题。

使用产品化的思路来建设平台还有一个明显的好处：平台作为一个产品，除产品形式（可能就是 API）和用户（内部前台团队）外，在其他方面与其他产品没有什么不同。这意味着在产品构建上，我们过去已经积累的大量成熟的方法和工具都可以平移应用到平台的建设上来！

16.6 精华回顾

- 产品就是用来解决某个问题的东西。产品无处不在，每个人都需要具备一些产品思维，人人都是产品经理。

- 产品对上支撑业务价值，对下要求业务功能和质量属性的实现。产品的核心要素包括用户、需求和场景。

- 产品有多种视角的分类，按照用户需求可以分为工具型产品、社交型产品、交易型产品、平台型产品；按照用户类型可以分为 2C、2B 和 2G 产品等。

- 产品架构主要分为用户感知层、功能模块层和数据层 3 个层次。

- 产品化是把一种技术、一种服务通过标准化、规范化的流程形成一种可大规模复制生产和发布的能力。

- 平台也是一种产品形态，在不同的语境下，平台的含义不一样。在技术的上下文中，平台是指可复用的硬件或软件的操作环境，其目的是节约成本、提升软件研发效率。

- 用产品思维去建设平台，我们可以从价值的角度出发，更多地关注用户体验，从而有机会做出不错的平台型产品。

第三部分

这部分会结合我在商品技术团队的落地实践过程，以及 COLA 架构的演化过程，进一步讲解如何综合运用上述思维能力来解决工作中的问题，力求做到知行合一。

思维能力的综合应用

17

我的商品团队之旅

> 人是能够习惯于任何环境的生物，之前你认为自己难以克服的困难，慢慢都
> 会适应了。
>
> ——维克多·弗兰克《活出生命的意义》

商品管理系统属于电商产品中最基础且最核心的系统，是支撑整个电商产品的核心，基本上所有的系统都离不开商品数据，商品贯穿整个电商平台。品类规划、商品采购、到达仓库、商品上架、前台展示、下单、物流配送、收货、售后服务等，整个流程都离不开商品。

我在阿里巴巴工作期间，做过两年零售通商品技术的负责人。从一个商品小白到对商品有全面的认知，我深感商品管理是一件非常复杂且具有挑战的事情。面对复杂性，我和团队不得不想出各种应对之策，很多关于思维能力的沉淀正是在解决各种问题的阶段形成的。

比如，我们在面对复杂业务时，要在流程复用（reuse）和流程重复（duplication）之间做一个选择，因而发展出了基于维度思维的矩阵分析方法（详见 5.3 节）。

又比如，因为商品上架的业务非常复杂，之前尝试用的流程引擎解决复杂性的方案并不理想，问题不但没有得到解决，反倒引入了更高的复杂性，而结构化分解正好可以化繁为简，很好地解决这个问题，因而发展出了基于结构化思维的业务逻辑分解法。

本章将以我在零售通商品技术团队的工作为背景，详细介绍当我们面对一个新业务时，要如何落地开展工作，以及如何运用前文介绍的思维能力去应对工作中的各种挑战和问题。

17.1 落地新团队

是的，你没有看错，我遇到的第一个挑战就是落地新团队。落地新团队可不只是到新团队上班这么简单，要不然也不会出现第 8 章中提到的 2014 年我入职阿里巴巴时的"坠机"事件了。

实际上，落地新团队不仅是对我个人的挑战，我在职业生涯中曾目睹很多新入职的同事因无法适应新环境而选择离开，其中不乏一些高职位。作为程序员，每当我们步入一个新环境，首先要面对的问题就是：**作为一名技术人，该如何落地开展工作呢？**

在去零售通之前，我已经经历过 3 次这样的场景，因为零售通是我在阿里巴巴的第三份工作。回想起来，我之前的落地是完全没有章法的，或者说是缺乏经验的。

在转岗到零售通之前，为了不重蹈覆辙，我仔细研究了"落地新团队"这个问题，也咨询了很多有经验的同事。直到我看到《刻意练习：如何从新手到大师》这本书，才恍然大悟："落地新团队"实际上和"如何从陌生到熟悉"这个问题是等价的；**而熟悉新事物的过程与打游戏点亮地图、获得新技能建立心理表征的过程是一样的**，如图 17-1 所示。所谓的高手，就是那些能快速理解业务、抓住事物本质、点亮地图的人；而没有经验的新手往往是一通乱抓，找不到重点。

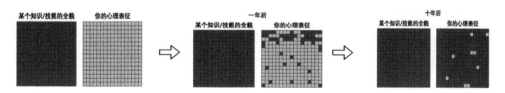

图 17-1 心理表征的点亮过程

咨询公司的人之所以厉害，是因为他们都接受过系统的结构化思维方面的训练，因此可以快速建立对陌生领域的心理表征能力。同理，对于技术人员落地新团队，我认为正确的做事方式肯定不是一头扎进新业务或新系统中，而是应该和咨询公司一样，借助结构化思维，好好地梳理一下落地新团队（进入陌生领域）需要做哪些事情。

我们知道，对于一个企业来说，**其核心要素无外乎是人、业务、技术和文化**。要解决新人落地的问题，也就是要解决如何从"陌生"到"熟悉人、业务、技术和文化"的问题。这是一个典型的自上而下的结构化拆解问题，接下来，我们需要继续对其进行拆解，最终形成一个如图 17-2 所示的金字塔结构。

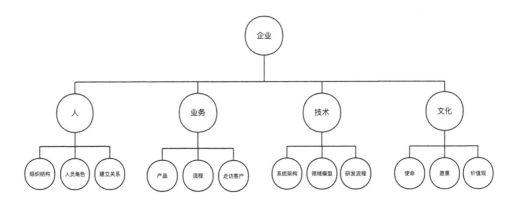

图 17-2　结构化落地新团队后的金字塔结构

17.1.1　熟悉人

熟悉人就是要熟悉这个企业的组织结构、人员分工,并和这些人建立良好的工作关系。

(1)组织结构:查看公司的组织树,知道公司大概是如何运作的,以及有哪些关键人物(Key Person,KP)。比如,一个典型的电商公司会包括产品部、运营部、销售部、技术部、人力资源部、财务部、法务部等。

(2)人员分工:了解公司有哪些岗位及各岗位的职责范围。比如价格运营、商品运营、类目运营分别负责什么,项目经理和架构师的职责范围分别是什么。

(3)建立关系:找到和自己工作息息相关的岗位人员,比如产品和运营人员,并积极和他们沟通交流,向他们请教业务问题。这样一方面可以建立更好的人际关系,另一方面也可以更快地熟悉业务。

在我初到零售通的一个月中,基本上每天都会带上两杯咖啡,约上一个关联岗位(产品、运营、测试、技术等)的同事,带上提前准备好的问题找他们聊天,虚心地向他们请教各种业务、产品和技术的问题,并且一边聊天,一边做记录,晚上再做整理。比如,面对商品运营人员,我会问他总部运营和区域运营的区别是什么,运营人员一天的工作包含哪些内容,工作中的难点和痛点是什么……

这种面对面的交流,不仅让我快速地和相关人员建立起联系,也加速了我熟悉业务的过程。如图 17-3 所示,是我对业务人员进行访谈之后绘制的零售通组织结构和业务全景图。

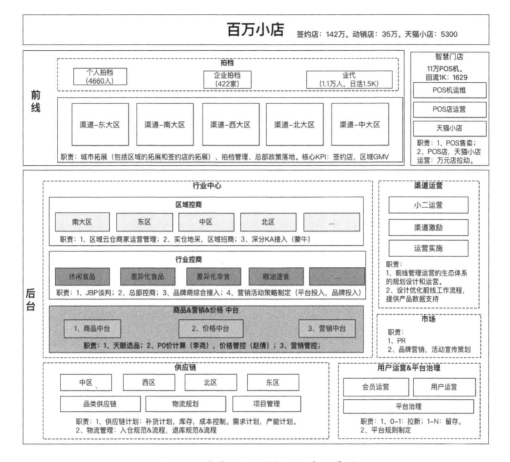

图 17-3 零售通组织结构和业务全景图

17.1.2 熟悉业务

业务主要由产品（业务功能）和业务流程组成，我们可以通过以下方式去熟悉业务。

（1）**了解产品**：任何一个团队都有自己负责的产品，我们可以申请一个测试账号去试用产品，这是熟悉产品比较快的方式。通过试用产品，我们可以了解现有产品有哪些功能模块。当然也可以超越当前的产品，了解一下整个行业的情况，以及竞争对手的情况、价值链是什么、行业发展前景如何。这样可以拓展我们的视野，从而更深入地理解业务。

（2）**了解流程**：任何业务都有自己的业务流程，而业务流程中最核心的是信息流。我们可以通过采访相关人员来了解关键节点的信息输入和信息输出。如图 17-4 所示，业务流程是由业务中的一个个业务活动组成的，业务活动又是由角色（大部分时间是人，也可能是系统）完成的。

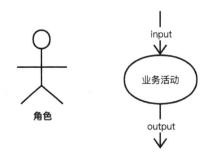

图 17-4　业务活动

因此，我们可以通过找到业务中的关键角色和关键业务活动、梳理输入和输出信息来快速了解业务。如图 17-5 所示，通过对运营和采购人员的采访，我们可以获取运营人员在做运营活动的时候都需要做哪些业务活动、需要用到哪些系统和产品、所需要的数据来自哪里、最后的产出是什么，等等。

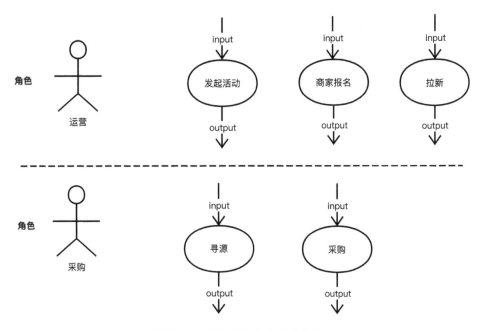

图 17-5　按角色收集业务活动信息

将这些活动节点串联起来，即可得到比较完整的业务流程。我们可以借助泳道活动图来梳理系统的主要角色及其之间的交互关系。如图 17-6 所示，将行业控商小二和区域控商小二的主要业务活动串联起来，就能得到日常工作的业务流。

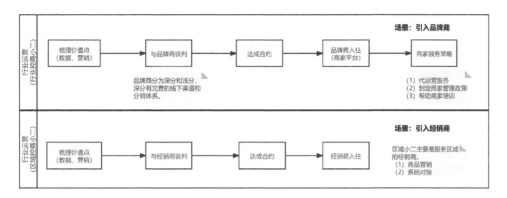

图 17-6 不同角色的业务活动串联

（3）**走访客户**：通过走访客户，我们可以获得业务的第一手资料，更加贴近业务和客户诉求。比如，虽然供应链是商品系统的下游系统，但是货品的信息都来自商品，所以供应链和商品是相关联系统。其中，仓库作业依赖扫码枪进行拣货，这要求一个商品只能有一个供应商，否则扫码就会出现问题。为了把这个问题弄清楚，我先后两次走访了仓库并跟车送货，了解物流和供应链的详情，如图 17-7 所示，整个过程让我对供应链从一个抽象概念的感知到形成了具象画面。至此，供应链中原来很多难以理解的问题就变得更容易理解了。

图 17-7 仓库走访调查"一码多品"情况

17.1.3 熟悉技术

对于技术人员来说，技术是我们的根本。不管你是一线程序员，还是技术 TL，都不应该脱离技术、脱离代码。我们可以从系统架构、领域模型、代码结构 3 个方面了解一个团队的技术现状。

（1）**系统架构**：可以让团队的技术人员介绍他们当初系统设计和架构的思路，包含产品架构、系统架构、应用架构、业务流程图等。根据功能步骤找到系统对外的接口列表，了解系统的 L0 业务流程。

（2）**领域模型**：看关键的核心表结构，这样可以快速了解系统的领域模型。**数据结构是一个系统的核心，看了再多的代码，但不看数据结构，还是无法理解系统是如何运转的。**数据模型并不一定与领域模型是一一对应的关系，详见 12.4 节，但这并不妨碍数据库是我们获取系统信息的重要来源，数据库比代码逻辑要稳定得多。

数据库是根据需求来的，那些表和字段不会无缘无故冒出来，要相信以前的程序员也是费了一些心思并且根据需求设计的。代码的实现方式多种多样，但数据库是比较固定的，各种逻辑功能都以它为基础建立。厘清这些表的结构关系及每个字段的意义，你也就大概了解了整个系统。

（3）**代码结构**：下载系统工程，熟悉整个工程结构和模块职责；从一个最重要的流程入手，阅读代码，厘清核心的执行逻辑，可以边看逻辑边画时序图；制造一个 debug 场景，以 debug 方式走一遍流程，这样可以真正加深对系统的理解；做一个小需求，掌握相关的流程和权限。

17.1.4 熟悉文化

每个企业的文化不尽相同，只有理解并认同一个企业的文化，才能更好地融入这个团体。对于一个企业而言，其核心的文化包括使命、愿景、价值观。**使命**解决的是其对自身存在的困惑，往往超越于赚钱之上，这对公司的发展方向和人员气势具有极强的引导性。**愿景**则可以理解为该组织在现实中的目标。**价值观**是员工共同遵循的行为规范。

由于我在阿里巴巴的时间比较长，所以也比较熟悉它的文化。整体上而言，我还是比较喜欢阿里巴巴的企业文化的。阿里巴巴的企业文化比较开放、包容，有点江湖文化的感觉。阿里巴巴的使命、愿景、价值观分别如下。

（1）**使命：让天下没有难做的生意**。阿里巴巴开疆拓土都是围绕这个核心使命展开的。核心电商业务解决做生意的问题，而云计算、菜鸟物流、蚂蚁金服是这个商业帝国的基座，是整个商业操作系统的底层和基础设施。

（2）**愿景：构建未来的商务生态系统，让客户相会、工作和生活在阿里巴巴，并持续发展最少 102 年**。阿里巴巴集团创立于 1999 年，持续发展最少 102 年就意味着将横跨 3 个世纪，能够与少数取得如此成就的企业匹敌。文化、商业模式和系统都经得起时间的考验，让阿里巴巴得以持续发展。

（3）**价值观：客户第一、团队合作、拥抱变化、诚信、激情、敬业**。在阿里巴巴，价值观考核是一件很严肃的事情。曾经发生过一名 P8 级员工因虚报了一杯咖啡而被视为诚信问题，因此被开除的事情。基于这个价值观，员工被分为以下 5 类。

- 没有业绩和价值观的被比喻为"狗"。阿里巴巴会辞退这样的员工。

- 业绩好，但没有价值观的被比喻为"野狗"。如果不改变价值观，阿里巴巴同样会予以辞退。

- 没有业绩，但有价值观的被比喻为"小白兔"。公司会帮助这类员工提升业绩，若没效果，也将被辞退。

- 业绩一般，价值观也一般的被比喻为"牛"。大部分人都是如此，阿里巴巴将着力培养他们。

- 业绩好，价值观也好的是"明星"。他们在阿里巴巴会得到最多的利益。

17.2　深入商品领域

经过上面的"落地"过程，我对整个零售通业务有了初步的认知，也大概知道商品领域在业务中的位置。简单来说，零售通是给线下小店供货的 B2B 平台模式，业务的出发点是希望通过数字化重构传统供应链渠道，提升供应链效率，为新零售助力。阿里巴巴在中间是一个平台角色，提供的是 Bsbc（B：商家；s：平台服务；b：零售店；c：消费者）中的平台服务功能。如图 17-8 所示，商品几乎贯穿整个 Bsbc 的始终。

（1）商家入驻平台之后，若要销售商品，要在平台进行建品、报价。

（2）运营人员会对商品内容和价格进行审核，如果通过，则可以上架销售，否则会退回。

（3）审核通过后，商家如果需要阿里巴巴做仓储配送，则要把商品送到阿里巴巴的仓库。

（4）至此，商品便可以上架销售了，同时，商家和运营人员可以设置各种营销活动，帮助商品销售。

（5）线下零售店（包括天猫小店）通过 App 浏览商品、下单、支付，以及包括逆向的退款、退货。

（6）小店验收之后，将商品摆到货架上销售，供终端消费者在店内购买。

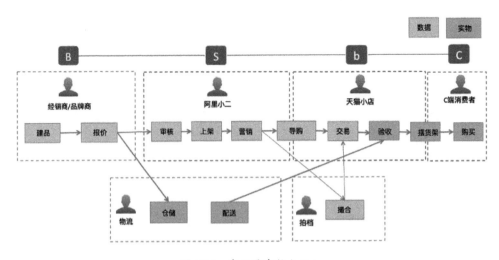

图 17-8　商品贯穿整个 Bsbc

作为商品技术的负责人，接下来我必须要更深入地理解商品领域，以便更好地指导团队的工作。对于任何一个领域都是一样的，深入理解的前提是把领域的核心概念弄懂、弄透。

17.2.1　领域概念

商品是整个商业活动的核心要素，其本质是可以用来交换的劳动产品。整个商品领域涉及很多关键概念，深入理解这些概念可以帮助我们深入理解商品领域和商业。

1. SKU 和 SPU

SKU 是商品领域中最核心的概念，SKU 的全称是 Stock Keeping Unit，表示最小库存单元。SKU 是物理上不可分割的最小存货单元。也就是说，一款商品可以根据 SKU 来确定具体的货物存量，买家购买、商家进货、供应商备货、工厂生产都是依据 SKU 进行的。

SPU 的全称是 Standard Product Unit，表示标准化产品单元。SPU 是商品信息聚合的最小单位，是一组可复用、易检索的标准化信息的集合，该集合描述了一个产品的特性。

举个例子，来看 SPU 和 SKU 的对比：

```
iPhone XS — SPU
iPhone XS 金色 64G — SKU
```

iPhone XS 是一个 SPU，它集合了"电子产品—手机—苹果手机—iPhone XS"下的所有商品属性信息。只要提到 iPhone XS，人们就知道是这个型号的手机。

在 Apple Store 购买 iPhone 时，我们可以说："我想买 iPhone XS。"接着，导购一定会问你："你要什么颜色的？内存多少？"你说："金色、64G。""金色、64G"的 iPhone XS 就是 SKU。所以，在实际的交易行为中，必须要有一个最小购买单位来对应一件商品——这就是 SKU，在商家端也称库存单位。

除了 SPU 和 SKU 这两个业界通用的概念，阿里巴巴还有一个特有的概念——CSPU（Child SPU），这是因为在阿里巴巴，产品（Product）管理和商品（Item）管理是分开的。SPU 属于产品域，SKU 属于商品领域，为了在产品域找到一个和 SKU 粒度对应的概念，就发明了 CSPU 这个新概念。图 17-9 所示为 SPU、CSPU 和 SKU 之间的关系。

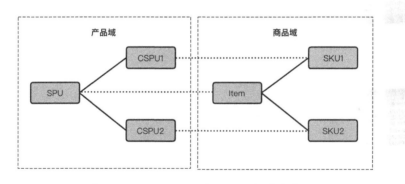

图 17-9 SPU、CSPU 和 SKU 之间的关系

2. 标品和非标品

所谓标品，即有明确的规格、型号的标准产品。比如苹果手机就是标品，有 iPhone XS、11、12、13 等型号，每个型号下又有 64G、128G、256G 等不同的子型号。标品、半标品价格透明，利润空间较小。因为标品类目的特殊性，产品规模化生产，所有的原材料成本、生产成本差异较小，产品附加值不高，导致相同规格的成品价格差异不大。就像手机、洗衣机、电视等标品价格竞争很大，卖家利润空间有限。此外，品牌性的产品是纯标品！

非标品，指不按照国家颁布的统一行业标准和规格制造的产品或设备，而是根据自己的用途需要，自行设计制造的产品或设备，其外观或性能不在国家设备产品目录内。例如，服饰、鞋品行业，款式相同，但做工质量不一样，价格也可以具有很大差异。非标品对于产品自身的款式、创意、服务等附加值很高。

在零售通的业务中，主要经营的是小店的快消品，所以标品通常是指有条形码（Bar Code）的商品。条形码可以表示商品的生产国、制造厂家、商品名称、生产日期、分类号、类别、日期等信息，因而在商品流通、图书管理、邮政管理、银行系统等许多领域都得到了广泛的应用。

如图 17-10 所示，通过 6920476664183 这个条形码，我们可以知道这是由广东太古可口可乐有限公司生产的 24 听装的 330ml 的可口可乐。

图 17-10 有条形码的标品示例

3. 商品属性

在电商系统中，商品系统需要负责商品关键信息的存储和输出，包括商品标题、类目、类目属性、商品特征、扩展属性、媒体信息（主图、多图、声音等）、宝贝描述、商品关系、商品价格、商品库存、商品 SKU、商品 SPU 等。

商品数字化后，信息就是一系列属性的叠加。**属性分为属性项和属性值两个部分。**

- 属性项（Property）：是一类商品本身所固有的性质，比如品牌、颜色、型号、容量等。

- 属性值（Value）：属性项对应的值，比如，品牌有苹果、三星，颜色有红色、蓝色，尺码有 L、S 等。

阿里巴巴的商品中心有一个属性库，属性库是属性对（PV 对）的集合，即相同属性 ID 的属性值的集合。在属性库中约有 4 亿个属性值、5000 万个属性对。

商品信息内容繁多，因此有必要利用分类思维对这些属性进行分类。在阿里巴巴，我们把商品属性分为关键属性、绑定属性、商品属性、销售属性。

（1）关键属性：是唯一确定一个 SPU 的属性。比如，手机类目下的品牌和型号就是关键属性。

（2）绑定属性：指在关键属性确定后，也能附带被确定的属性。比如，当我们得知手机是 iPhone X 后，那么其屏幕尺寸、摄像头的分辨率也都能被确定，因此屏幕尺寸和分辨率就是绑定属性。

（3）商品属性：是指除关键属性外，能唯一确定一个 SKU 的属性。比如，手机的颜色、内存大小就是商品属性。

（4）销售属性：除上述 3 个属性外，其他的属性都归为销售属性。比如，商品的标题、图片、价格、商家信息等。

4．商品分类

商品分类有以下 5 种划分方式。

（1）无分类

当产品量级非常小的时候，那就把所有商品直接摆出来展示，不需要分类。比如，2003年淘宝刚刚上线时是没有分类的，所有商品直接展示。

（2）一级类目

当商品越来越多时，用户查找变得不方便，就需要有分类了。在电商领域，把这种分类叫作类目，最简单的是一级类目，比如小米商城的首页类目如图 17-11 所示。

图 17-11　小米商城的首页类目

从图 17-11 中可以看到，每种商品就一个分类（一级类目），没有子分类，这个分类下挂靠了该类目下的所有商品。

（3）多级类目

当商品的数量继续增加，达到千级、万级，甚至更多的时候，一级类目就无法满足需求了，这时就出现了多级类目的概念，即"类目树"。

类目树一般以三级左右为宜，尽量不要超过五级。因为在电商行业有一个公认的定律叫作"漏斗模型"，就像漏斗一样，越往下出口越小，所以类目层级不能太深，层级越深，流失量越大。

（4）类目+属性

当商品的量级达到百万级、千万级甚至亿级时，新的问题又出现了。比如，服装可以分为男装和女装，男装、女装下面又分为 T 恤、裤子等，而 T 恤又分为长袖 T 恤、短袖 T 恤，裤子又可以分为九分裤、七分裤等。这样的类目树一直分下去，交叉和重合是不可避免的，这就变成了一张难以管理的网。

随着商品越来越多，分类越来越细，用户搜索越来越个性化，单纯靠类目树已经不能满足商品管理的需求了。这时就出现了另一个维度的分类方法——属性。如图 17-12 所示为天猫平台的商品按属性分类的例子。

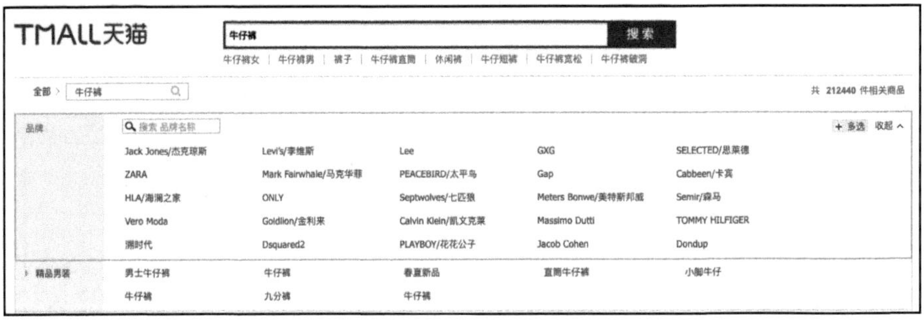

图 17-12　天猫平台的商品按属性分类

按照类目分类，就好比微信的通讯录中联系人按照 26 个英文字母归类排序。按照属性分类，就好比根据联系人的不同特征，给他们打标签，比如"家人""高中同学""大学同学"。

5. 前台类目和后台类目

在阿里巴巴，对于商品的类目设计，最初只有前台分类，分类的标题在前端展示，但这种方式存在以下缺点。

（1）不利于营销，如果我们只有一个分类，这个分类要考虑到后台的操作性，还要兼顾用户的体验，这是非常困难的。对于用户，这个分类可以叫"漂亮的衣服"，但是对于后台录入来说，"漂亮的衣服"这个说法太模糊了。

（2）不利于管理，当需要删掉某一个分类，但是这个分类下又有很多商品时，会很让人头大。

（3）不利于检索，用户总是希望用最便捷的方式找到自己想要的商品。设置丰富的前台类目可以便于用户找到自己想要的分类。除此之外，还可以利用大数据分析用户喜欢搜索什么，然后给分类起更恰当的名字。

问题的本质在于，前台类目和后台类目是两个产品，二者的用户群不一样，前台类目的用户是网站顾客，后台类目的用户是商家或运营人员。如果不加以区分，而只使用一个类目进行管理，那么就无法很好地满足两个截然不同的用户群体的需求，因此**我们需要对前台类目和后台类目两套逻辑进行解耦**。

2008 年，淘宝的一位产品经理最早提出了解决方案，他在逛沃尔玛时仔细观察了传统超市的商品分类逻辑：超市中的商品在货架上的陈列方式是经常改变的，随着季节、节日、销售状况等因素的变化，商品的陈列方式会经常做出调整。但大超市还有一个地方是仓库，仓库中商品的摆放是相对固定的，食品就在食品区，洗护用品就在洗护区。所以说，超市中的商品其实放在了两个地方——前台货架和后台仓库，两处使用的分类方法是截然不同的。

因此他受到启发，提出了"前台类目+后台类目"的架构设计方案——把一个产品一分为二，一个用于满足买家，另一个用于满足卖家。**卖家通过后台类目发布商品，买家通过前台类目选购商品**，如图 17-13 所示。

图 17-13　超市的前台类目和后台类目

17.2.2 概念模型

基于以上对商品领域概念的抽象和理解，我们不难得到一个如图 17-14 所示的商品领域的概念模型。为了更加灵活地支撑业务，我们将类目分为前台类目和后台类目。类目是有层级结构的，顶层为一级类目，没有子类目的类目叫作叶子类目。

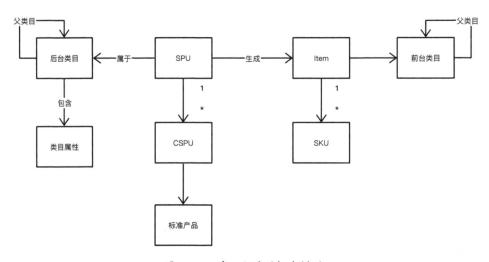

图 17-14　商品领域的概念模型

每个 SPU 都要归属到一个类目中，一个 SPU 可以分化出多个 CSPU。当 CSPU 是标品时，CSPU 可以关联一个或者多个标品。当 CSPU 被上架销售时，就会产生 SKU。SKU 和 CSPU 是相对应的概念，与 SPU 相对应的概念是 Item。Item 可以理解为多个 SKU 的聚合，每个 Item 在前台销售时都会关联一个或多个前台类目。

下面以手机为例展示概念模型的推演过程，如图 17-15 所示。这些概念模型表达的意思是，手机的类目属性中的关键属性是品牌（brand）和系列（series），通过关键属性可以唯一确定一个 SPU，比如 iPhone X 就是一个 SPU，CSPU 是对 SPU 的细化，所以 64G 白色的 iPhone XS 和 128G 银色的 iPhone XS 是两个不同的 CSPU。当产品进入销售环节就变成了商品，所以一个 Item 在原有 SPU 的基础上多了卖家属性（sellerId），而对应的 SKU 也比 CSPU 增加了更多的销售属性，比如价格和库存。

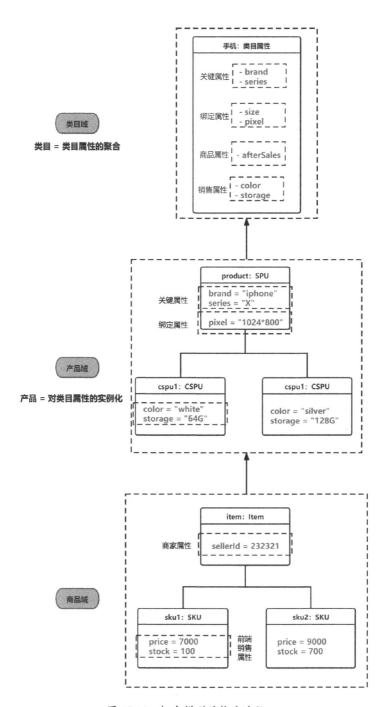

图 17-15　概念模型的推演过程

有一点需要说明的是，并不是所有的电商系统都会采用 Item-SKU 的两级模型，有些电商系统就没有 Item，只有 SKU。比如天猫、淘宝和 eBay 采用的是 Item-SKU 的两级模型，而京东、亚马逊及零售通采用的是单 SKU 模型。

实际上，这两种模型各有利弊，当时零售通决定采用单 SKU 模型主要出于以下考虑。

（1）供应商的供品粒度是单品的，供应链的管理是单品粒度的。采用 CSPU-SKU 的商品模型符合业务特性。零售通是类自营的，以 SKU 为核心能够方便商品和货品的管理。

（2）代码逻辑的简化，不需要关心 Item 和 SKU 两层关系，因为每个 SKU 都是 Item，处理逻辑简单。

（3）商品表达更灵活，不同的 SKU 可以有不同的 title、图片、详情等。在淘系，SKU 被定为 Item 的扩展信息，Item 的信息被多个 SKU 共享。正因为这种共享带来的耦合性，所以对不同的 SKU 不能使用不同的 title、描述等差异表达信息。

单 SKU 模型也会带来一些问题，比如可能会出现较多的信息冗余，同样的商品信息会存放在每一个 SKU 身上。如果按照 Item 聚合，那么商品详情、商品图片、商品描述的信息都在 Item 上，是被多 SKU 共享的。

零售通经改造后单 SKU 的商品概念模型如图 17-16 所示，它实际上弱化了 SPU 和 Item 的概念，真正起作用的只有 CSPU 和 SKU。

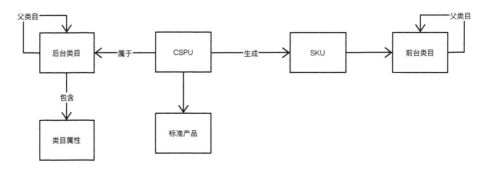

图 17-16　单 SKU 的商品概念模型

17.2.3　产品架构

介绍了核心概念和概念模型之后，下面整体看一下商品管理系统都有哪些产品功能，以及提供什么服务。

第 16 章中提到，**产品架构的 3 个层次分别是用户感知层、功能模块层和数据层**。电商的商品管理系统也不例外，在阿里巴巴的电商业务中，商品管理系统的产品架构都类似于图 17-17 所示的形态。

图 17-17　商品管理系统产品架构

在数据层，电商商品系统主要包含以下数据。

（1）**商品数据**：商品数据主要包含 Item 数据、SKU 数据及扩展数据，扩展数据对商品来说非常重要。因为不同品类的商品差异性很大，我们很难清晰定义每个商品的属性字段。对数据模型来说，扩展性显得尤为重要，我们总不能每来一个新业务就改动数据库的 schema。

（2）**产品数据**：产品数据主要包括 SPU、CSPU、标品和条码库，主要用于提供统一、标准的商品信息。

（3）**品牌数据**：品牌是制造商或经销商在商品上的标志，由名称、符号、象征、设计或它们的组合形式构成。品牌数据一般包括两个部分，分别是品牌名称和品牌标志。

（4）**基础数据**：商品的前台类目、后台类目，以及属性库都属于基础数据，它是用来管理商品分类的重要手段。

在数据层之上是应用层，应用层主要包含商品相关系统的功能，包括商品的检索和展示、商品的发布和管理、商品的运营和管控等。

应用层之上是用户层，商品系统涉及的用户主要有消费者、商家和运营人员，他们通常会用到以下产品功能。

（1）消费者：主要用到商品检索和商品展示功能。消费者进入网站是为了找到他们想要的商品，他们通常会使用商品搜索，有时也会像逛街一样随处看一看。这就需要网站有很强的"人货"匹配和导航能力，能够把优质的商品推荐给消费者。商品详情会尽量详尽地把商品的全貌（图片、视频、评价）展示给消费者，以帮助他们决策和选购。

（2）商家：主要用到商品的发布、编辑、下架、设置营销活动、修改价格等功能。如果是标品，那么商家不用从头填写所有商品信息，直接从标品库中选择商品即可。比如，一个商家想要上架 iPhone XS 手机，倘若 iPhone XS 的图片及各种参数在产品库和属性库中已经存在了，那么直接选用就可以，省时省力。

（3）运营人员：主要负责商品的运营。运营动作包括类目和类目属性的管理、产品和商品信息的管理、商品上架的审核、标品库的信息审核、商品的合规管理，以及设置商品的营销活动信息等。

17.3 商品上架重构

在加入零售通商品技术团队一个月后，按照新人落地的方法论，我基本上对零售通的业务和商品领域的产品、业务和技术有了比较全面的了解，接下来是时候进入系统看看代码了。

17.3.1 复杂的商品上架流程

整个商品管理系统是相当复杂的，在查看系统代码的时候，我发现关于商品上架那一部分的业务逻辑特别复杂。在商品领域，运营人员会操作一个"上架"动作，然后商品就能在零售通上面对小店进行销售了。这是零售通业务非常关键的业务操作之一，因此涉及很多的数据校验和关联操作。

梳理了全部代码后，我绘制了一张简化的商品上架的业务流程图，如图 17-18 所示。

这么复杂的业务，应该没有人会将它写在一个 service 方法中吧。一个类解决不了，那就分而治之，其实能想到分而治之的工程师已经做得不错了，至少比没有分治思维要好得多。我甚至见过与此复杂程度相当的业务，其中连分解都没有，就是一些方法和类的堆砌。

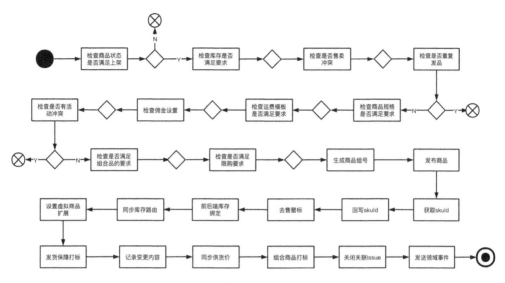

图 17-18　商品上架的业务流程图

17.3.2　无用的流程引擎

在查看原有技术团队的业务代码时，我发现一个问题，大家特别偏爱流程引擎，喜欢把流程编排作为技术卖点。然而现实情况是，并没有几个流程可以被编排，该动代码的时候还是得动代码。除了开源的流程引擎，还有的技术人员喜欢依赖工具或辅助手段来实现流程分解。比如，在零售通的商品系统中，类似的业务过程分解工具至少有 3 种以上，有自制的 DSL 流程脚本，也有依赖于数据库配置的流程处理，如图 17-19 所示。

自制DSL流程脚本

数据库Pipeline配置

app_name	biz_name	service_name
productcenter	myCspuCreateExecuteChain	myCspuSaveRequiredParamValidator
productcenter	myCspuCreateExecuteChain	myCspuBaseCodeValidator
productcenter	myCspuCreateExecuteChain	myCspuCreateBrandCategoryValidator
productcenter	myCspuCreateExecuteChain	myCspuSaveLifeCycleValidator
productcenter	myCspuCreateExecuteChain	myCspuBarcodeImgListValidator
productcenter	myCspuCreateExecuteChain	myCspuSaveBarcodeValidator
productcenter	myCspuCreateExecuteChain	myCspuSaveExecutor
productcenter	myCspuCreateExecuteChain	myCspuSaveLogExecutor
productcenter	myCspuCreateExecuteChain	myCspuCoverPreCreateExecutor
productcenter	myCspuCreateExecuteChain	afterSaveMyCspuExecutor

图 17-19　业务过程分解工具

实际上，这些辅助手段既没有实现运行时（runtime）的流程编排能力，也未能提升系统的扩展性，它们只是做了一个类似于管道（pipeline）的处理流程。因此，我建议此处最好保持 KISS 原则，即最好什么工具都不要用，次之是用一个极简的 Pipeline 模式，最差的是使用类似流程引擎的重量级工具。

除非应用有极强的流程可视化和编排的诉求，否则我非常不推荐使用流程引擎等工具。第一，它会引入额外的复杂度，特别是那些需要保持持久化状态的流程引擎；第二，它会割裂代码，导致阅读代码的不顺畅。在软件领域，对于这种可有可无、看似有点用，但并没有解决实质问题的做法，我们完全用奥卡姆剃刀将其剔除，让系统尽量保持简单。

17.3.3 问题的本质在于结构

就商品上架这个问题而言，问题的核心是工具吗？是设计模式带来的代码灵活性吗？都不是，问题的核心应该是如何对复杂业务进行结构化分解，**再复杂的业务逻辑都可以利用结构化思维对其进行有层次、有逻辑的分解**。这个分解的过程需要利用前文介绍的抽象思维、结构化思维、逻辑思维、分类思维等一系列思维能力。

要想成为一个工作高效的程序员，我们必须熟谙这些思维能力，并进行"刻意练习"，建立强大的心理表征能力。这样在碰到类似问题的时候，当他人还在挠头的时候，你凭"直觉"就能搞定。

回到商品上架的问题，其实在做业务流程图的时候，分解工作已经完成得差不多了，还记得 7.4 节介绍的"解决问题的黄金三步"吗？只有分解，没有合并，问题仍然会显得很零散，所以我们有必要按照逻辑把这些零散的步骤进行归类分组，构建一个有层次的金字塔结构，这样更有利于理解和记忆。在实际的重构工作中，我发现这些步骤可以分为三大类，分别是初始化、校验和执行，进而得到了一个如图 17-20 所示的 3 层金字塔结构。

金字塔的层次取决于问题的复杂程度。如果问题变得更复杂，比如在执行阶段中，"同步供货价"这个步骤是非常复杂的，那么可以按照同样的思路将其继续往下拆解，形成一个 4 层的结构。对于当前这个问题，3 层就足够了。

接下来，我们要做的是把这个结构照搬到代码中，让其和代码结构一一对应，使用 1.5.4 节中提到的组合方法模式（CMP），即可在很大程度上改善原来混乱无序的复杂业务代码。

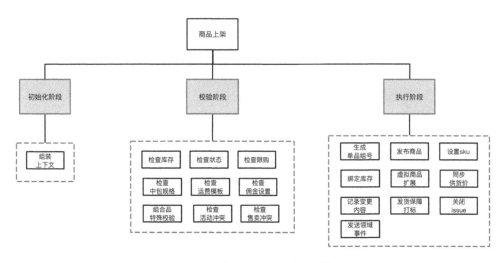

图 17-20 商品上架的金字塔结构

　　重构之后，承载上架业务的类是 OnSaleItemCommandExe，它由初始化、校验和执行 3 个阶段（Phase）组成。

```java
public class OnSaleItemCommandExe {

    @Resource
    private OnSaleContextInitPhase onSaleContextInitPhase;
    @Resource
    private OnSaleDataCheckPhase onSaleDataCheckPhase;
    @Resource
    private OnSaleProcessPhase onSaleProcessPhase;

    @Override
    public Response execute(OnSaleItemCmd cmd) {

        OnSaleContext onSaleContext = init(cmd);

        checkData(onSaleContext);

        process(onSaleContext);

        return Response.buildSuccess();
    }

    private OnSaleContext init(OnSaleNormalItemCmd cmd) {
        return onSaleContextInitPhase.init(cmd);
    }

    private void checkData(OnSaleContext onSaleContext) {
        onSaleDataCheckPhase.check(onSaleContext);
```

```
    }

    private void process(OnSaleContext onSaleContext) {
        onSaleProcessPhase.process(onSaleContext);
    }
}
```

每个阶段又可以拆解成多个步骤（Step），以上架执行阶段（OnSaleProcessPhase）为例，它是由一系列 Step 组成的。

```
@Phase
public class OnSaleProcessPhase {

    @Resource
    private PublishOfferStep publishOfferStep;
    @Resource
    private BackOfferBindStep backOfferBindStep;
    //省略其他 Step

    public void process(OnSaleContext onSaleContext){
        SupplierItem supplierItem = onSaleContext.getSupplierItem();

        // 生成 OfferGroupNo
        generateOfferGroupNo(supplierItem);

        // 发布商品
        publishOffer(supplierItem);

        // 前后端库存绑定 backoffer 域
        bindBackOfferStock(supplierItem);

        // 同步库存路由 backoffer 域
        syncStockRoute(supplierItem);

        // 设置虚拟商品拓展字段
        setVirtualProductExtension(supplierItem);

        // 发货保障打标 offer 域
        markSendProtection(supplierItem);

        // 记录变更内容 ChangeDetail
        recordChangeDetail(supplierItem);

        // 同步供货价到 BackOffer
        syncSupplyPriceToBackOffer(supplierItem);

        // 如果是组合商品打标，写扩展信息
        setCombineProductExtension(supplierItem);
```

```
    // 去售罄标
    removeSellOutTag(offerId);

    // 发送领域事件
    fireDomainEvent(supplierItem);

    // 关闭关联的待办事项
    closeIssues(supplierItem);
  }
}
```

这样的代码是足够清晰的，具有更强的可读性和可理解性，完全可以面对类似商品上架这样的复杂业务。需要流程引擎吗？不需要。需要设计模式支撑吗？也不需要。对于这种业务流程的表达，简单朴素的组合方法模式再合适不过了。

因此，在做复杂业务的过程分解时，我建议程序员不要把太多精力放在辅助工具和实现手段上。如果对扩展性要求很高，那么可以考虑使用 7.1.1 节中介绍的管道模式，最好不要引入像流程引擎这样的"重型武器"，因为这既不满足 KISS 原则，也不符合简单思维的要求。

我们应该把更多的精力花在对问题的分析和理解上，想办法构造一个逻辑清晰、层次合理、粒度合适的结构，并通过 CMP 方法，尽量在代码实现上映射这个结构，最终形成合适的阶段和步骤，如图 17-21 所示。如果需要更多的层次，也可以额外加上 SubPhase（子阶段）或 SubStep（子步骤）。

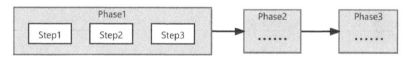

图 17-21　阶段和步骤

17.3.4　结构化分解后的问题

使用结构化分解之后的代码，的确比以前的代码更清晰、更易于维护。有的读者可能会有疑问，这不是在面向过程编程吗？没错，如果只采用过程分解，的确会丢失很多面向对象带来的好处。这正是过程分解之后留下的 3 个问题，具体如下。

1. 领域知识被割裂和肢解

领域知识被割裂和肢解是指，假如我们做的都是过程化分解的工作，会导致没有一个聚合领域知识的地方。每个用例（Use Case）的代码只关心自己的处理流程，领域知识和领域能力会散落在各个用例中，既没有沉淀，也没有复用。

相同的业务逻辑会在多个 Use Case 中被重复实现，导致代码重复度高，即使有复用，最多也是抽取一个 util，代码对业务语义的表达能力弱，从而影响代码的可读性和可理解性。

2. 代码的业务表达能力弱

试想，过程式的代码所做的事情无外乎是取数据、做计算、存数据，在这种情况下，要如何通过代码来显性化地表达业务呢？这其实很难做到，因为缺失了模型及模型之间的关系，脱离模型的业务表达是缺少韵律和灵魂的。

举个例子，在上架过程中，有一个校验是用于检查库存的，其中对于组合品（CombineBackOffer）库存的处理和普通品不一样。原来的代码如下：

```
boolean isCombineProduct = supplierItem.getSign().isCombProductQuote();

// supplier.usc warehouse needn't check
if (WarehouseTypeEnum.isAliWarehouse(supplierItem.getWarehouseType())) {
// quote warehosue check
if (CollectionUtil.isEmpty(supplierItem.getWarehouseIdList())
&& !isCombineProduct) {
    throw ExceptionFactory.makeFault(ServiceExceptionCode.SYSTEM_ERROR, "亲, 不
能发布 Offer, 请联系仓配运营人员, 建立品仓关系! ");
}
// inventory amount check
Long sellableAmount = 0L;
if (!isCombineProduct) {
    sellableAmount =
normalBiz.acquireSellableAmount(supplierItem.getBackOfferId(),
supplierItem.getWarehouseIdList());
} else {
    //组套商品
    OfferModel backOffer =
backOfferQueryService.getBackOffer(supplierItem.getBackOfferId());
    if (backOffer != null) {
        sellableAmount =
backOffer.getOffer().getTradeModel().getTradeCondition().getAmountOnSale();
    }
}
if (sellableAmount < 1) {
    throw ExceptionFactory.makeFault(ServiceExceptionCode.SYSTEM_ERROR, "亲, 实
仓库存必须大于 0 才能发布, 请确认已补货.\r[id:" + supplierItem.getId() + "]");
}
}
```

然而，如果我们在系统中引入领域模型，并采用面向对象技术，让对象封装其数据和行为，将对应领域的能力挂载在领域对象自己身上，那么对于同样的业务逻辑，其代码会

简化为如下形式：

```
if(backOffer.isCloudWarehouse()){
    return;
}

if (backOffer.isNonInWarehouse()){
    throw new BizException("亲，不能发布Offer，请联系仓配运营人员，建立品仓关系！");
}

if (backOffer.getStockAmount() < 1){
    throw new BizException("亲，实仓库存必须大于0才能发布，请确认已补货.\r[id:" +
backOffer.getSupplierItem().getCspuCode() + "]");
}
```

3. 代码的扩展性低

　　除了封装，面向对象还有两个有用的特性，分别是继承和多态。我们平时基于面向对象的扩展性设计都要利用继承和多态这两个特性。

　　仍以库存校验为例，除了面向对象的封装性带来的业务语义表达能力的提升。我们还可以看到在原来的代码中，用来判断组合商品的代码 if (!isCombineProduct) 没有出现在重构后的代码中，这里就用到了多态特性。因为我们抽象了一个货品模型（BackOffer），组合商品是货品的一种特殊形式，因此可以继承 BackOffer，这样代码就有了更好的可扩展性。比如，如果增加了赠品（GiftBackOffer），那么我们只需要通过增加一个 GiftBackOffer 来实现，外面使用 BackOffer 的地方都可以保持不变，如图 17-22 所示。

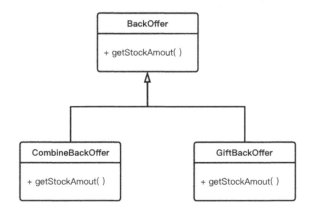

图 17-22　BackOffer 的面向对象设计

17.4 复杂业务应对之道

从商品上架重构的案例中，相信你已经感受到了结构化分解和面向对象设计带来的代码可维护性的提升。**有结构化分解要好于没有分解，结构化分解+抽象建模要好于单纯的结构化分解**。对于商品上架重构的案例，如果采用结构化分解+抽象建模的方式，最终我们会得到一个如图 17-23 所示的治理方案。

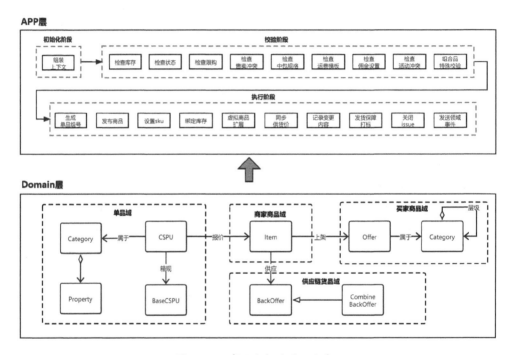

图 17-23　商品上架的治理方案

由此，我们可以得到一个重要的结论：**结构化分解+抽象建模可以有效地应对复杂业务**。接下来，让我们把上面的案例进一步抽象，形成一个可落地的方法论，从而可以泛化到更多的复杂业务场景。用 8 个字来形容这个方法论就是"上下结合，能力下沉"。

17.4.1 上下结合

上下结合，是指**通过自上而下的结构化分解+自下而上的抽象建模，螺旋式地构建应用系统**。这是一个动态的过程，很少能一次分解或抽象到位，两个步骤既可以交替进行，也可以同时进行。

这两个步骤是相辅相成的，上面的分解过程可以帮助我们厘清模型之间的关系，而下面的建模过程可以提升代码的复用度和业务语义表达能力，从而使上层的代码表达更清晰。

其整个过程如图 17-24 所示，App 层主要关注的是业务逻辑的编排，Domain 层主要关注的是领域模型和领域能力；构建 App 层需要的是结构化思维能力，构建 Domain 层需要的是抽象思维能力，但其底层基础都是逻辑思维能力。

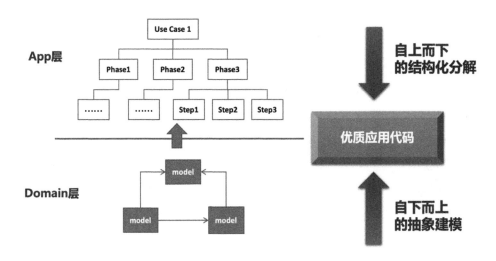

图 17-24 结构化分解（上）+抽象建模（下）

17.4.2 能力下沉

一般来说，实践 DDD 有两个层次。

第一个层次是套概念，大部分初学者属于这一层次。他们了解一些 DDD 的概念，然后会在代码中想方设法地用上 Aggregation Root、Bonded Context、Repository 这些概念，也会使用一些分层的策略，然而这种做法一般对复杂度治理并没有多大作用。

第二个层次是融会贯通。这时概念术语已经不再重要，就像《领域驱动设计：软件核心复杂性应对之道》这本书的副标题一样，不管是 DDD，还是 COLA 架构，抑或是"上下结合，能力下沉"的方法论，衡量其是否值得使用的标准只有一个，那就是"是否有助于降低复杂度"。

在践行 DDD 的过程中，有一个问题一直困扰着我：哪些能力应该放在 Domain 层？是不是应该按照传统的做法，将所有的业务都收拢到 Domain 层？这样做合理吗？这个问题我一直没有想清楚。因为在现实业务中，很多的功能是用例特有的，如果盲目地使用 Domain 收拢业务，未必能带来多大的益处。相反，这种收拢会导致 Domain 层膨胀过厚，不够纯粹，反而会影响复用性和业务表达能力。

鉴于此，我认为我们应该承认模型和领域能力的不确定性，并循序渐进地使用迭代的方式去下沉能力，而不是尝试一次性地把所有能力都设计好。

能力下沉，就是指我们不强求一次就能设计出 Domain，也不需要强制把所有的业务功能都放到 Domain 层上，而是采用实用主义的态度，只对那些需要在多个场景中需要被复用的能力进行抽象下沉，而不需要复用的能力暂时放在 App 层的 Use Case 中就好了。

通过实践，**我发现这种循序渐进的能力下沉策略，应该是一种更符合实际、更敏捷的方法。我们必须承认，模型不是被一次性设计出来的，而是迭代演化出来的。**

能力下沉的过程如图 17-25 所示，假设在两个 Use Case 中，我们发现 Use Case1 的 Step3 和 Use Case2 的 Step1 有类似的功能，这时就可以考虑让该功能下沉到 Domain 层，从而增加代码的复用性。对于有共性的业务能力，我们可以将其下沉到 Domain 层；如果是有共性的技术问题，比如分布式锁、通用的异常处理、状态机等，则可以将其沉淀为公用的技术组件，从而让更多的应用可以复用这些技术组件。

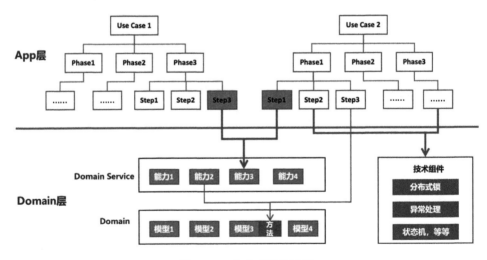

图 17-25　能力下沉的过程

能力下沉有两个关键指标：代码的复用性和内聚性。

复用性会告诉我们何时应该下沉——即有重复代码的时候。内聚性会告诉我们要下沉到哪里，功能是否内聚到了恰当的实体上、是否放到了合适的层次上。Domain 层的能力也有两个层次，一个是 Domain Service，是相对比较粗的粒度；另一个是 Domain 的 Model，是最细粒度的复用。

比如，在商品系统中，我们经常需要判断一个商品是最小单位，还是中包商品。这种能力就非常有必要直接挂载在领域对象上，其代码如下：

```java
public class CSPU {
    private String code;
    private String baseCode;

    /**
     * 单品是否为最小单位
     *
     */
    public boolean isMinimumUnit(){
        return StringUtils.equals(code, baseCode);
    }

    /**
     * 针对中包的特殊处理
     *
     */
    public boolean isMidPackage(){
        return StringUtils.equals(code, midPackageCode);
    }
}
```

这和 1.4.3 节中提到的 Domain Primitive 是一个道理，都要充分发挥面向对象技术的作用，让行为和数据更加内聚，提升代码的复用性和可理解性。

之前，在零售通老商品系统中既没有领域模型，也没有 CSPU 这个实体。判断单品是否为最小单位的逻辑是以 StringUtils.equals(code, baseCode)的形式散落在代码的各个角落的，这种代码的可理解性和可维护性都很差。

首先，当看到 StringUtils.equals(code, baseCode)这段代码的时候，我们根本不知道它想表达什么意思，而相比之下，isMinimumUnit()这个表述更清晰易懂。其次，倘若有一天判断最小单位这个逻辑有变化，那么之前的做法会出现"散弹式修改"（Shotgun Surgery）[1] 的问题，而采用能力内聚（封装成 CSPU 对象的一个方法）只需要修改 isMinimumUnit()这一个方法就好。

17.5 精华回顾

- 看起来很困难的事，刻意练习多了，也就不困难了。我从一开始进入新团队的不知所措，到后来的从容谈定，就经历了刻意练习的过程。

- 落地新团队，要抓住企业的核心要素——人、业务、技术和文化，可以做到事半功倍。

- 再复杂的业务也可以进行结构化分解，一旦把业务的结构梳理清楚，工作就完成一半了。实现方式最好采用简洁朴素的 CMP 或管道模式，复杂的流程引擎通常不仅帮不上忙，还会增加额外的复杂度。

- 复杂业务的应对之道是结合自上而下的结构化分解+自下而上的抽象建模，同时要在过程中随时调整、重构结构和模型，将可复用的能力下沉，从而提升系统的可维护性。

参考文献

[1] FOWLER M. 重构：改善既有代码的设计[M]. 熊节, 译. 北京：人民邮电出版社, 2010.

18

COLA 的演进过程

Software's primary technical imperative: managing complexity.（软件的首要技术使命：管理复杂度。）

——Steve McConnell

COLA 的全称是 Clean Object-Oriented and Layered Architecture，于 2017 年开源，读者可以在链接 18-1 中获取 COLA 的源码及更多的信息。

我设计 COLA 的初心是想提供一套简洁的、实用的架构规范，以应对混乱无序的应用系统。软件工程虽然已经发展了几十年，但相比于其他的工程领域（比如土木工程、建筑工程等），软件工程算不上严谨，甚至可以说是有点随意的工程学。这和软件的特性有关系，软件是纯粹的思维抽象，在功能实现上有很高的自由度，任何一段业务逻辑都有无数种实现方式。

我们心目中理想的程序应该像拼图一样结构清晰、便于理解，然而现实中呈现出来的软件往往是"一个泥潭"，如图 18-1 所示。就像第 11 章中提到的，**写代码是自由的，但无往不在规则之下**。要想控制软件复杂度的增长，我们必须在一定程度上限制程序员的"自由"，使其遵循一定的规范和一致性，这样可以降低复杂度和认知成本。

架构的要义在于约束。比如，团队制定了一个分层架构，但是有人偏偏不按照这个分层架构去构建应用，仍然随心所欲地设置层次，那么这个架构自然也失去了意义。然而，人总是向往自由的，没有人喜欢被约束，因此约束也不是越多越好，切忌多余的约束。

图 18-1　程序的理想和现实对比

因此，虽然 COLA 自诞生之后得到了广泛的应用和认可，但我一直没有停止对应用架构的持续思考。自 COLA 1.0 之后，我对其进行优化并先后迭代了多个版本，直到最新的版本 COLA 4.0，才算接近我心目中比较理想的应用架构。

本章将详细讲解 COLA 的设计思想和演进过程。**如果用一句话来总结这个演化过程，那就是：我用奥卡姆剃刀砍了又砍，剪了又剪，直到没有多余。**

18.1　COLA 1.0

在设计 COLA 1.0 的过程中，我首先分析了复杂度是如何产生的。从业多年，我接触过很多类型的应用，包括国企（交通银行）、硅谷公司（Apple、eBay、Facebook）和互联网大厂（阿里巴巴、字节跳动）的应用等。这些应用虽然分属于不同的公司，使用不同的架构及编程语言，但它们有一个共同点，就是很复杂。

18.1.1　复杂度来自哪里

通过分析，我总结了业务应用的复杂度主要来自以下 4 个方面。

1. 随心所欲

随心所欲的原因在于缺少规范和约束。规范相当重要，架构设计的要义就在于规范和约束。比如，一个 REST 风格的架构，就应该是基于 HTTP 协议的面向资源（Resource Oriented）的系统架构，如果不遵循 HTTP 和面向资源的指导和约束，那么它就不是 REST 架构了。

关于应用架构，有的读者会说，这不就是分层、分包和命名的问题吗？只要功能可以运行，这些问题都是小问题。实际上，这些并不是小问题，正是不合理的分层、毫无逻辑的分包、随心所欲的命名导致了系统熵增。就像有一句话：**Just because you can, doesn't mean you should**（你能，不代表你应该）。

以分包（Package）为例，它不仅是一个容纳一堆类的地方，而且是一种表达机制。当我们将一些类放到 Package 中时，相当于告诉此设计的下一位开发人员：要把这些类放在一起考虑，它们是因为有逻辑关联性，所以才会被放在一起的。

如图 18-2 所示，一个随心所欲的系统就像左边的玩具堆一样混乱不堪，而一个遵循架构规范约束的系统则会被整理得井井有条。我经常和团队成员说："**在一个架构良好的系统中，评估代码改动点不应该是线性地按图索骥，而是应该像散列查找一样，直接定位到需要改动的地方，它们之间是 $O(n)$ 和 $O(1)$ 的差别。**"而这个散列查找的索引就是架构规范，因为有了规范，我们可以直接定位到对应模块（Module）或 Package 中的某个特定的类，而不是到"一团乱码"中去慢慢翻。

随心所欲　　　　　　　　　　　　规范约束

图 18-2　随心所欲和规范约束对比

2. 面向过程

不管你承认与否，很多时候，我们都在使用面向对象的语言干着面向过程的"勾当"，却忽视了作为一门技术的面向对象，其在封装性、多态性带来的各种好处。现在的技术环境比较浮躁，很多技术人员在追逐云计算、深度学习、区块链等技术热点，却很少有人静下心来问问自己是不是真正掌握了 OOD（面向对象设计）。我有时会问自己："我们在强调工程师需要具备业务 Sense、产品 Sense、数据 Sense、算法 Sense、xx Sense 的时候，是不是忽略了对其工程能力的要求？"

其实，大部分技术人员的面向对象能力还远没有达到精通的程度，这种面向对象能力的欠缺主要体现在两个方面，一是很多人不了解 SOLID 原则、不懂设计模式、不会画 UML 图，或者只是知道这些但从来不会将其运用到实践中；二是不会进行面向对象分析、不会做领域建模，导致产出了过多的"面条式代码"，可读性差，难以维护。

3. 分层不合理

"计算机科学领域的任何问题都可以通过增加一个间接的中间层来解决"，**分层最大的好处就是分离关注点，让每一层只解决该层关注的问题，从而将复杂问题简单化，达到分而治之的效果。**

我们平时看到的 MVC、过滤器（filter）、管道（pipeline），其背后都是分而治之的道理。那么，是不是层次越多越好呢？

当然不是，过多的层次不仅不能带来好处，反而会增加系统的复杂度，降低系统性能。比如我在苹果公司工作时，曾维护一个 Directory Service 的应用，整个系统有 7 层之多，把 validator、assembler 都当成一个层次来对待，其结果就是增加了系统的复杂度。由此可见，分层太多或没有分层都会导致系统更复杂度，因此我主张**不可以没有分层，但只分有必要的层。**

4. 扩展性差

大部分的系统是从单一业务开始的，对于只有一个业务的简单场景，并不需要扩展，问题也不突出，这也是扩展经常被忽略的原因。但随着支持的业务越来越多，代码中开始出现大量的 if else 逻辑，这时代码开始有"坏味道"。没意识到问题的技术人员会将代码重构一下，但因为系统没有统一的扩展机制，重构的技法也各不相同，导致各种奇形怪状的设计，反而增加了系统的复杂度。

比如，我曾做过一个 CRM 系统，其中有 N 个业务方，每个业务方又有 N 个租户，如果都用 if else 判断业务差异，那简直太复杂了。其实这种扩展点（Extension Point）和插件（Plug-in）架构设计传达的是同一个意思，即利用面向对象的多态先定义抽象，然后"插入"不同的实现，比较成功的案例有 Eclipse 的 Plug-in 机制、Chrome 的 Plug-in 机制等。但是在业务系统中，还没有特别成功的案例，主要原因在于技术共性和业务共性不同，详见 4.2 节。

18.1.2 COLA 1.0 的设计

针对以上造成复杂度的原因，我在 COLA 1.0 中主要做了架构规范设计、分层设计、扩展框架设计，以及提倡用 DDD 代替事务脚本（见链接 18-2），接下来重点进行讲解。

1. 规范设计

在 COLA 1.0 中，主要制定了结构和命名规范，从而减少我们在一些通用表达上的理解成本。如果其他人都遵循 COLA 规范，那么你只要熟悉一个 COLA 应用，就可以很快理解另一个 COLA 应用。让架构具备可复制性，是传承架构的重要保障措施之一。

在我过去所在的技术团队中，每个团队设计的应用长得都不一样，有的是 1 个模块①，有的是 3 个或 5 个模块，而且命名也不一样。至于分包架构和命名，就更是千奇百怪了。架构设计相对合理还好，最可怕的是大部分的技术团队没有架构约束和规范，技术人员大多是照葫芦画瓢，整个架构给人的感觉就是凌乱、不专业。

所以，COLA 在规范上做的第一件事情就是统一 Module 和 Package 的架构和名称。为了做到架构风格上的一致，我们开发了创建应用的 Maven Archetype（基模），这样只要执行一行命令就可以生成一个基于 COLA 框架的应用框架。

其次是命名规范。命名直接影响着代码的可读性，好的代码应该是自明的，好的类名应该能显性化地体现自己的含义。在日常工作中，我们常常为一个名字斟酌很久，发觉命名很困难的原因主要在于对问题的理解不够深入，以及抽象不够合理。

所以，在 COLA 架构中，我们预定义了一些类的命名规范，以便团队对架构的规范达成共识，通过类名就能知晓该类的作用和职责范围，从而显著提升代码的可理解性及维护效率，还可以提升 Code Review 的效率。如果某个人将不属于职责范围的代码放在某个类中，那么阅读代码的人很快就可以看出来。

COLA 1.0 中对于类的命名规范如表 18-1 所示。

表 18-1　COLA 1.0 的命名规范

规　　范	用　　途	解　　释
xxxCmd.java	Client Request	Cmd 代表 Command，代表一个用户请求
xxxCO.java	Client Object	客户对象，用来传递数据，等同于 DTO
xxxServiceI.java	API Service	API 接口类
xxxCmdExe.java	Command Executor	命令模式，每个 Command 对应一个执行器
xxxInterceptor.java	Command Interceptor	拦截器，用来处理切面逻辑
xxxExtPt.java	Extension Point	扩展点
xxxExt.java	Extension	扩展实现

---

① 这里的模块是 Maven 中 Module 的概念。

规　范	用　途	解　释
xxxValidator.java	Validator	校验器，用来校验类
xxxConvertor.java	Convertor	转化器，实现不同层级对象互转
xxxAssembler	Assembler	组装器，组装外部服务调用参数
xxxE.java	Entity	代表领域实体
xxxV.java	Value Object	代表值对象
xxxRepository.java	Repository	仓储接口
xxxDomainService.java	Domain Service	领域服务
xxxDO.java	Data Object	数据对象，用来持久化
xxxTunnel.java	Data Tunnel	数据通道，DAO 是最常见的通道，也可以是其他通道
xxxConstant.java	Constant class	常量类
xxxConfig.java	Configuration class	配置类
xxxUtil.java	Utility class	工具类

这里需要注意的是，在 COLA 1.0 中还没有引入 Gateway 的概念，直到在 COLA 2.0 才引入。

2. 面向对象设计

对于面向对象设计，作为一个架构思想和框架结构，COLA 并不能直接给出解决方案，只能给出一些指引和架构设计上的支持。比如，Domain 层就是专门为面向对象设计预留的设计空间，我们可以充分利用 DDD 的指导思想和各种面向对象的设计原则，用面向对象（高内聚、封装好、低耦合）的方式在 Domain 层实现领域模型和领域能力。

比如，在 CRM 领域中，公海和私海是非常重要的领域概念，主要用于做领地划分，每个销售人员只能对私海（自己领地）内的客户销售商品，不能越界。但是代码中却没有公海和私海的实体（Entity），也没有相应的语言，这就导致了领域专家描述的内容、我们日常沟通的内容与模型和代码呈现的内容之间是相互割裂的，没有关联性。这给负责系统维护的人员造成了极大的困扰，因为所有关于公海、私海的操作都是散落在各处的、不断重复的代码片段，他们既看不懂，也无法维护。

采用领域建模后，我们在 Domain 层显性化地定义了机会（Opportunity）、公海（PublicSea）和私海（PrivateSea）的 Entity，相应的行为和业务逻辑也被封装到了对应的领域实体上，让代码充分展现业务语义，并让曾经散落在各处的业务代码找到了它们应该

在的地方。这种代码可读性的提升，绝对会让之后接手系统的同事对你心怀感激。以下是
经过重构后 Opportunity 实体的代码，即使你对 CRM 领域并不了解，也很容易看懂它。

```java
public class OpportunityE extends Entity{
    private String customerId;
    private String ownerId;
    private OpportunityType opportunityType;

    //是否可以捡入
    public boolean isCanPick(){
        return "y".equals(canPick) && opportunityStatus ==
OpportunityStatus.NEW || opportunityStatus == OpportunityStatus.ACTIVE;
    }

    //是否可以开放
    public boolean isCanOpen(){
        return (opportunityStatus == OpportunityStatus.NEW ||
opportunityStatus == OpportunityStatus.ACTIVE)
            && CommonUtils.isNotEmpty(ownerId);
    }

    //捡入机会到私海
    public void pickupTo(PrivateSeaE privateSea){
        privateSea.addOpportunity(this);
    }

    //开放到公海
    public void openTo(PublicSea publicSea){
        publicSea.addOpportunity(this);
    }

    //机会转移
    public void transfer(PrivateSeaE from, PrivateSeaE to){
        from.removeOpportunity(this);//从一个私海移出
        to.addOpportunity(this);//添加到另一个私海中
    }
```

　　整个系统都采用 DDD，不仅会大幅提升代码的可读性和系统的可维护性，也会使系
统之间的边界和交互更加清晰。图 18-3 所示是 CRM 领域边界模型，基本上可以完整地表
达 CRM 领域的核心概念。

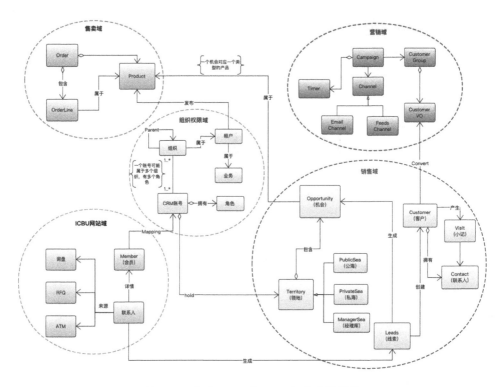

图 18-3 基于 DDD 的 CRM 领域边界模型

3. 分层设计

COLA 的分层架构与经典的三层架构最大的不同之处在于，COLA 引入了领域层，如图 18-4 所示。这是因为经典的三层架构中，业务逻辑层承担了太多的职责，这是导致后续应用持续恶化的重要原因之一。

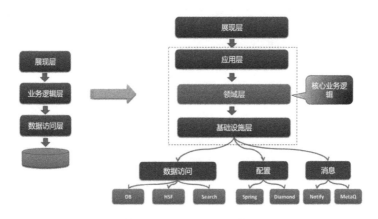

图 18-4 COLA 的分层架构

　　实际上，"业务逻辑"是一个非常宽泛的定义，通过分析发现，我们可以将业务逻辑进一步拆分为核心业务逻辑和周边业务逻辑，如图 18-5 所示。在《架构整洁之道》一书中，Robert C.Martin 将周边业务逻辑称为技术细节（Details）。他表示，核心业务逻辑不应该依赖任何的技术实现细节。

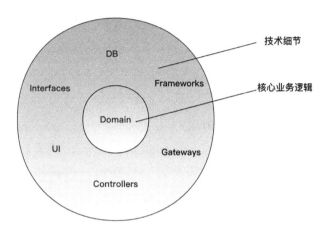

图 18-5　分离核心业务逻辑和技术细节

　　核心业务逻辑是指具体业务，比如订单库存是否充足、如何计算订单价格等；技术细节是指每一次业务请求要做的事情，比如输入参数校验、对象之间的转换、调用数据库、发送消息等。这些"常规"操作就是我们说的"变化中相对不变的东西"，通过层次将它们分离，可以减轻核心业务逻辑的负担，从而降低应用代码的复杂度。

　　因此，我们将经典的三层架构中的业务逻辑层分解为应用层、领域层和基础设施层，其中每层的职责都有明确定义，只允许处理该层应该处理的问题，并分离了关注点。各层的职责范围如下。

　　（1）应用层（Application Layer）：主要负责获取输入、组装上下文、做输入校验、调用领域层做业务处理，也可以发送消息通知（如有需要）。

　　（2）领域层（Domain Layer）：主要通过领域服务（Domain Service）和领域对象（Domain Object）实现业务逻辑，对应用层提供服务，并通过应用层传递过来的输入参数，调用基础设施层获取业务处理所需要的数据。

　　（3）基础设施层（Infrastructure Layer）：主要包含 Repository、Config 和 Common。Repository 负责数据的 CRUD 操作，这里借用了盒马的数据通道（Tunnel）的概念，通过Tunnel 的抽象概念来屏蔽具体的数据来源，来源可以是 MySQL、NoSQL、Search，以及

SOA 服务数据等；Config 负责应用的配置；Common 是通用的工具类。

4. 扩展设计

扩展点的设计思想主要借鉴了阿里巴巴业务中台的设计。TMF 是阿里巴巴业务中台架构的缩写，如何用一套中台系统支撑阿里巴巴上百个线上零售业务，是 TMF 要解决的首要问题。**TMF 提出了两个重要概念，一个是业务身份，另一个是扩展点。**

每个业务在系统中都有唯一的身份标识。对于单个业务，既可以选择使用默认的业务实现，也可以选择通过扩展点来扩展自己特有的业务实现，然后通过一套机制确保不同的业务之间是相互隔离的。

在具体的实现过程中，我们使用 BizCode 表示业务身份， BizCode 采用类似 Java 包名命名空间的方式。比如， "ali.tmall.car.aftermarket" 表示这是阿里天猫的汽车后市场业务，"ali.tmall.car" 表示阿里天猫的汽车业务，以此类推，"ali.tmall" 表示阿里天猫业务。

每个业务都可以实现一个或多个扩展点（ExtensionPoint），也就是说一个业务身份加上一个扩展点，就唯一确定了一个扩展实现。所以我们抽象了一个扩展坐标（ExtensionCoordinate）的概念，用来标识唯一的扩展实现，如图 18-6 所示。

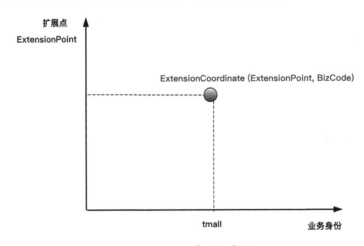

图 18-6　COLA 中的扩展坐标

TMF 在此主要做了两件事情，一是在系统启动时，扫描注册标记有 @Extension 的扩展实现；二是在系统 Runtime 时，根据业务身份选择对应的扩展实现并执行。

注册扩展实现如下：

```
public void doRegistration(Class<?> targetClz) {
    ExtensionPointI extension = (ExtensionPointI)
```

```
applicationContext.getBean(targetClz);
      Extension extensionAnn =
targetClz.getDeclaredAnnotation(Extension.class);
      String extPtClassName = calculateExtensionPoint(targetClz);
      ExtensionCoordinate extensionCoordinate = new
ExtensionCoordinate(extPtClassName, extensionAnn.bizCode());
      ExtensionPointI preVal =
extensionRepository.getExtensionRepo().put(extensionCoordinate, extension);
      if (preVal != null) {
          throw new ColaException("Duplicate registration is not allowed for :"
+ extensionCoordinate);
      }
   }

   private String calculateExtensionPoint(Class<?> targetClz) {
      Class[] interfaces = targetClz.getInterfaces();
      if (ArrayUtils.isEmpty(interfaces))
          throw new ColaException("Please assign a extension point interface for
"+targetClz);
      for (Class intf : interfaces) {
          String extensionPoint = intf.getSimpleName();
          if (StringUtils.contains(extensionPoint,
ColaConstant.EXTENSION_EXTPT_NAMING))
              return intf.getName();
      }
      throw new ColaException("Your name of ExtensionPoint for "+targetClz+" is
not valid, must be end of "+ ColaConstant.EXTENSION_EXTPT_NAMING);
   }
```

通过业务身份（BizCode）定位扩展实现如下：

```
@Override
   protected <C> C locateComponent(Class<C> targetClz, Context context) {
      C extension = locateExtension(targetClz, context);
      logger.debug("[Located Extension]:
"+extension.getClass().getSimpleName());
      return extension;
   }

   protected <Ext> Ext locateExtension(Class<Ext> targetClz, Context context)
{
      Ext extension;
      checkNull(context);
      String bizCode = context.getBizCode();
      logger.debug("Biz Code in locateExtension is : " + bizCode);

      // 1、first try
      extension = firstTry(targetClz, bizCode);
      if (extension != null) {
```

```
            return extension;
        }

        // 2、loop try
        extension = loopTry(targetClz, bizCode);
        if (extension != null) {
            return extension;
        }

        // 3、last try
        extension = tryDefault(targetClz);
        if (extension != null) {
            return extension;
        }

        //4、
        throw new ColaException("Can not find extension with ExtensionPoint:
"+targetClz+" BizCode:"+bizCode);
    }

    private <Ext> Ext firstTry(Class<Ext> targetClz, String bizCode) {
        return (Ext)extensionRepository.getExtensionRepo().get(new
ExtensionCoordinate(targetClz.getName(), bizCode));
    }

    private <Ext> Ext loopTry(Class<Ext> targetClz, String bizCode){
        Ext extension;
        if (bizCode == null){
            return null;
        }
        int lastDotIndex =
bizCode.lastIndexOf(ColaConstant.BIZ_CODE_SEPARATOR);
        while(lastDotIndex != -1){
            bizCode = bizCode.substring(0, lastDotIndex);
            extension =(Ext)extensionRepository.getExtensionRepo().get(new
ExtensionCoordinate(targetClz.getName(), bizCode));
            if (extension != null) {
                return extension;
            }
            lastDotIndex =
bizCode.lastIndexOf(ColaConstant.BIZ_CODE_SEPARATOR);
        }
        return null;
    }

    private <Ext> Ext tryDefault(Class<Ext> targetClz) {
        return (Ext)extensionRepository.getExtensionRepo().get(new
ExtensionCoordinate(targetClz.getName(), ColaConstant.DEFAULT_BIZ_CODE));
    }
```

假如当前上下文中的业务身份是"ali.tmall.car"，那么寻找定位扩展实现的过程如下。

（1）尝试匹配业务身份为"ali.tmall.car"的扩展实现。

（2）如果没有匹配到，则尝试循环匹配，直到根节点"ali"。

（3）尝试该扩展点的默认实现。

（4）如果仍没有匹配到，则抛出异常。

这里需要说明的是，在 COLA 1.0 中，扩展点是一个必选项，是 COLA 架构的"核心卖点"之一，然而在使用过程中，我发现频繁使用扩展点的场景并没有想象的那么多，所以在后续的版本迭代中，这里会有较大的变化。在 COLA 4.0 中，我已经将扩展点从 COLA 架构中剥离出去，将它变成一个普通的、可选的技术组件。

18.1.3　COLA 1.0 的整体架构

以上基本上是 COLA 1.0 的设计思路，遵循的原则是**高内聚、低耦合、可扩展、易理解**，其定位是一个整洁的、面向对象的、分层的、可扩展的应用架构，可以有效降低复杂应用场景的系统熵值，提升系统开发和运维效率。COLA 1.0 的整体架构如图 18-7 所示。

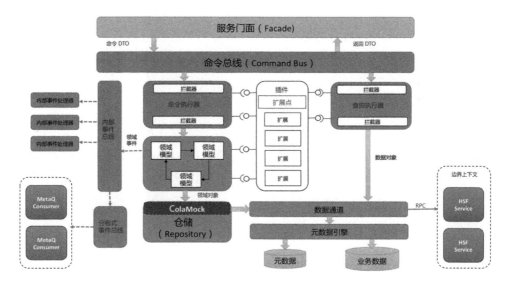

图 18-7　COLA 1.0 的整体架构

关于 COLA 1.0 的更多细节，可以在链接 18-3 中查看。

从图 18-7 中可以看到，除了前面介绍的扩展点、插件、仓储、数据通道等概念，还有 Command Bus（命令总线）、Event Bus（消息总线）、Interceptor（拦截器）等一系列概念。之所以没有进一步介绍这些概念，是因为它们是被剃刀剔除的部分。回过来看，这些概念虽然造就了比较漂亮的架构图，但它们的使用价值有限，有过度设计之嫌，所以我必须要勇敢地进行"自我批判"，剔除它们。

18.2　COLA 2.0

COLA 2.0 在 1.0 的基础上做了很多优化，其中不乏一些关键架构理念的变化。然而，变化并不意味着正确，COLA 2.0 也走了一些弯路，导致我们在实践中出现了不少问题。犯错是最好的学习方式，因此我也会毫不隐藏地把这个错误呈现出来，供读者借鉴。

相比于 COLA 1.0，COLA 2.0 主要有如下的改动点。

- 新架构分层：Domain 层不再直接依赖 Infrastructure 层。

- 新组件划分：对组件进行了重新定义和划分，加了新组件，去除了一些老组件（Validator、Convertor 等）。

- 新扩展点设计：引入了新概念，让扩展更加灵活。

- 新二方库定位：二方库不仅是 DTO，也是 Domain Model 的轻量级表达和实现。

18.2.1　新架构分层

在 COLA 1.0 中，我们定义了 Application 层、Domain 层和 Infrastructure 层。在 COLA 2.0 中，大体上还是这些层次，只是针对 Web 服务增加了 Controller 层，用来负责接受 Web 请求，然后调用 Application 层处理后端业务逻辑。除此之外，COLA 2.0 引入了一个新概念 Gateway，其主要作用是利用依赖倒置的思想，反转了 Domain 层和 Infrastructure 层的依赖方向。从 COLA 1.0 到 COLA 2.0 的分层架构变化如图 18-8 所示。

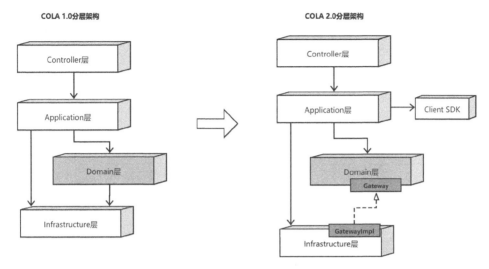

图 18-8　从 COLA 1.0 到 COLA 2.0 的分层架构变化

这样的设计会让 Domain 层变得更纯粹，完全摆脱对技术细节（以及技术细节带来的复杂度）的依赖，只需要安心处理业务逻辑就好了，好处主要有以下两点。

（1）并行开发：只要在 Domain 层和 Infrastructure 层约定好接口，就可以有两位技术人员并行编写 Domain 层和 Infrastructure 层的代码。

（2）可测试性：没有任何依赖的 Domain 层中都是 POJO 的类，单元测试将变得非常方便，也非常适合测试驱动开发（Test-Driven Development，TDD）。

18.2.2　新组件划分

6.5.2 节中给出了对软件构建的分类，下面简单回顾一下模块和组件。

- **模块（Module）**：和 Maven 中 Module 定义保持一致，简单理解就是 Jar，用长方体表示。
- **组件（Component）**：和 UML 中的定义类似，简单理解就是 Package，用 UML 的组件图表示。

在 COLA 2.0 中，我们重新设计了组件，引入了一些新的组件，也去除了一些旧组件。这些变动旨在让应用结构更清晰，组件的职责更明确，从而更好地提供开发指导和约束。新的模块和组件结构如图 18-9 所示。

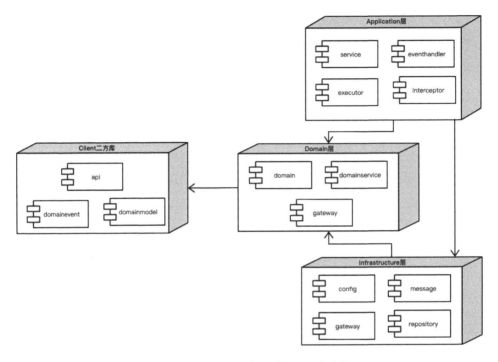

图 18-9　COLA 2.0 中的模块和组件结构

组件各自有自己的职责范围，组件的职责是 COLA 的重要组成部分，也就是前文所说的"指导和约束"。

这些组件的详细职责描述如下。

（1）Client 二方库中的组件

• api：存放应用对外的接口。

• domainmodel：用来做数据传输的轻量级领域对象。

• domainevent：用来做数据传输的领域事件。

（2）Application 层的组件

• service：接口实现的 facade，没有业务逻辑，可以包含对不同终端的 adapter。

• eventhandler：处理领域事件，包括本域的和外域的。

• executor：用来处理命令（Command）和查询（Query），针对复杂业务，可以包含 Phase 和 Step。

- interceptor：COLA 提供的对所有请求的 AOP 处理机制。

（3）Domain 层的组件

- domain：领域实体，允许继承 domainmodel。

- domainservice：领域服务，用来提供更粗粒度的领域能力。

- gateway：对外依赖的网关接口，包括存储、RPC、Search 等。

（4）Infrastructure 层的组件

- config：配置信息相关。

- message：消息处理相关。

- repository：存储相关，是 gateway 的特化，主要用来做本域的数据 CRUD 操作。

- gateway：对外依赖的网关接口（Domain 层中的 gateway）的实现。

在使用 COLA 的时候，请尽量按照组件规范约束去构建应用，这样可以让应用结构清晰、有章可循，代码的可维护性和可理解性也会得到大幅提升。

18.2.3　新扩展点设计

在 COLA 1.0 的扩展点设计中，对于业务身份，我们只是笼统地使用了 BizCode，但是在很多情况下，业务的差异不仅体现在不同的业务身份上，不同的用例和不同的场景也有可能带来业务身份上的差异。

首先我们要明确 3 个新概念：业务、用例、场景。

- **业务（Business）**：就是一个自负盈亏的财务主体，比如天猫、淘宝和零售通就是 3 个不同的业务。

- **用例（Use Case）**：描述了用户和系统之间的互动，每个用例提供了一个或多个场景，比如支付订单就是一个典型的用例。

- **场景（Scenario）**：场景也被称为用例的实例（Instance），包括用例所有的可能情况（正常的和异常的）。比如，对于"订单支付"这个用例，就有"可以使用花呗""支付宝余额不足""银行账户余额不足"等多个场景。

简单来说，一个业务是由多个用例组成的，一个用例又是由多个场景组成的。用淘宝做一个简单示例，其业务、用例和场景的关系如图 18-10 所示。

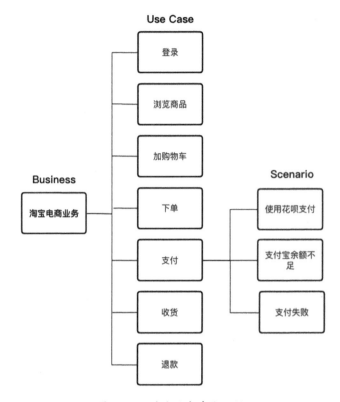

图 18-10　淘宝业务身份示例

在 COLA 2.0 中，扩展的实现机制没有变化，主要变化就在于上述的 3 个新概念。因为在实际工作中，能像阿里巴巴业务中台这样支撑多个业务的场景并不常见，更多的是对不同用例或对同一个用例下不同场景的差异化支持。比如"创建商品"和"更新商品"是两个用例，但是大部分的业务代码是可以复用的，只有一小部分需要进行差异化处理。

所以在引入了新的用例和场景概念之后，原来的 BizCode 变成了 BizScenario，这样可以更好地实现更细粒度的扩展支持。新的扩展定位设计如图 18-11 所示。

可以看到，在新的扩展框架下，原来只能支持到"业务身份"的扩展，现在可以支持到"业务身份""用例""场景"的三级扩展，无疑比以前要灵活得多，并且在表达和可理解性上也比以前更好。

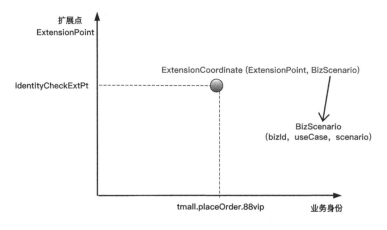

图 18-11　新的扩展定位设计

在新的扩展框架下，假设我们要实现这样一个扩展：对天猫这个业务下——的下单用例——的 88VIP 场景——的用户身份校验进行扩展，那么只需要声明一个如下的扩展实现（Extension）就可以了。

```
@Extension(bizId = "tmall", useCase = "placeOrder", scenario = "88vip")
public class IdentityCheck88VipExt implements IdentityCheckExtPt{

}
```

18.2.4　新二方库定位

从表面上来看，关于二方库的定位是一个简单问题，因为服务的二方库就是用来暴露接口和传递数据的 DTO。不过，往深层次思考，这并不是一个简单的问题，因为它涉及不同界限上下文（Bounded Context）之间的协作问题，是在分布式环境下的不同服务（SOA、RPC、微服务，叫法不同，本质一样）之间如何协作的有关架构设计的重要问题。

在大部分情况下，二方库是用来定义服务接口和数据协议的，但是二方库与 JSON 的不同之处在于，它不仅是协议，还是一个 Java 对象、一个 Jar 包。

既然是 Java 对象，就意味着我们有可能让 DTO 承载除 getter、setter 之外的更多职能。这个问题以前没有引起我的重视，直到在思考 Domain Model 时，我才意识到：是否可以让二方库承担更多职责，发挥更大作用？

实际上，在阿里巴巴，有些团队已经这样实践了，而且我觉得效果还不错。比如，中台的类目二方库就做了较好的示范，类目是商品中比较复杂的逻辑，其中涉及很多计算。

我们先看一下类目二方库的代码：

```
public class DefaultStdCategoryDO implements StdCategoryDO {
    private int categoryId;
    private String name;
    private DefaultStdCategoryDO parent;
    private ArrayList<StdCategoryDO> children ;

    @Override
    public boolean isRoot() {
        return this.parent == null;
    }

    @Override
    public boolean isLeaf() {
        return this.getChildren().isEmpty();
    }

    @Override
    public List<? extends StdCategoryDO> getChildren() {
        return this.children;
    }

    @Override
    public String getCategoryNamePath(String sep) {
        List<? extends DefaultStdCategoryDO> m = this.getPathList();
        StringBuilder sb = new StringBuilder();
        for (DefaultStdCategoryDO c : m) {
            if (sb.length() > 0) {
                sb.append(sep);
            }
            sb.append(c.getName());
        }
        return sb.toString();
    }

//省略部分代码
}
```

从上面的代码中，我们可以发现它已经远远超出 DTO 的范畴了，这是一个 Domain Model（有数据、有行为、有继承）。这样做合适吗？我认为是合适的，主要有以下两个理由。

（1）DefaultStdCategoryDO 用到的所有数据都是自恰的，即这些计算不需要借助外面的辅助，自己就能完成。比如，判断是否是根类目、是否是叶子类目、获取类目的名称路径等，都可以依靠 DefaultStdCategoryDO 自己的数据来完成。

（2）这是一种共享内核，比如我把自己领域的知识（语言、数据和行为）通过二方库暴露出去了，假如有 100 个应用需要使用 isRoot() 做判断，那么它们都不需要自己去实现。

也许有的读者会有疑问，12.3.2 节中不是说不推荐共享内核的做法吗？事实上，我认为此处的共享内核是有积极意义的，**特别是对类目这种轻数据、重计算的场景**。不过共享带来的紧耦合也的确是一个问题，所以我如果是类目服务的 Consumer，会选择用一个 Wrapper 对 Category 进行包装复用，这样既可以复用它的领域能力，又可以起到隔离防腐的作用。

说实话，对上面这种充血（指将数据和行为放在一起的对象模式）二方库做法的肯定，在一定程度上激发了我另一个思考：既然二方库也可以承载部分领域能力，那我是不是也可以让领域模型直接继承二方库呢？基于这样的判断，我做了如图 18-12 所示的二方库耦合设计。

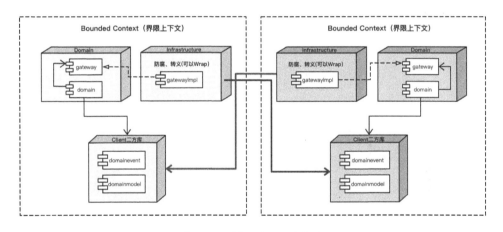

图 18-12　错误的二方库耦合

这种二方库和领域模型的错误耦合，在实践中给我们带来了不少的麻烦，改动二方库会牵扯到 Domain Model，也许会产生我们无法预料的副作用。因此，最后我发现：即使是复制代码，也要好于这样的耦合。DO、Entity 和 DTO 之间的界限一定要清晰，不要为了节省一点代码而纠缠于耦合。三者的定位及它们之间的边界如下。

- 数据对象（Data Object，DO）：DO 是我们在日常工作中最常见的数据模型。但是在 DDD 的规范中，DO 应该只作为数据库物理表的映射，不能参与到业务逻辑中。

- 实体对象（Entity）：实体对象是业务应用中的业务模型，它的字段和方法应该和业务语言保持一致，和持久化方式无关。也就是说，Entity 和 DO 很可能有着完全不同的字段命名和字段类型，甚至是嵌套关系。Entity 的生命周期应该仅存在于内存中，不需要可序列化和可持久化。

- 数据传输对象（Data Transfer Object，DTO）：主要作为 Application 层的入参和出参，比如 CQRS 中的 Command、Query、Event，以及 Request、Response 等都属于 DTO 的范畴。DTO 的价值主要在于传输数据，但也可以承载部分领域能力，比如前文介绍的 Category 二方库。

上述三者之间的转换关系如图 18-13 所示，DTO 和 Entity 之间可以通过 Convertor（转换器）进行转换，而 Entity 和 DO 需要通过 Gateway 进行防腐和转义。**切记不要图省事而让它们彼此耦合，复用带来的好处很难抵挡住耦合带来的坏处。**

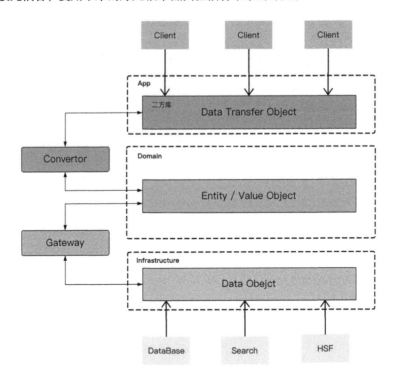

图 18-13　DO、Entity 和 DTO 之间的转换关系

18.3   COLA 3.0

2020 年 6 月，COLA 被入选为阿里云 Java 工程脚手架的选项之一。除了使用 Maven Archetype 的命令生成 COLA 应用，你也可以访问链接 18-4，在页面中选择应用架构中的 "COLA" 选项来生成 COLA 应用，如图 18-14 所示。

图 18-14   阿里云的 Java 工程脚手架工具

在 COLA 影响力不断扩大的同时，我也在进一步思考应用架构要走向何方。因此我准备再次举起奥卡姆剃刀，对一些不合理的设计下手。

在 COLA 3.0 之前，**我犯了一个错误——把过多的框架级别的功能设计到 COLA 中了**，有一种框架功能"绑架"架构的感觉。也就是说，你要使用 COLA，就必须要使用 Command、Command Bus、Interceptor 等框架功能。

18.3.1   去掉 Command

在 COLA 的初始阶段，因为受到 CQRS 的影响，我想到用命令模式来处理用户请求。设计的初衷是希望通过框架，一方面强制约束 Command 和 Query 的处理方式，另一方面把 Service 中的逻辑强制拆分到 CommandExecutor 中，防止 Service 膨胀过快。

采用 Command 模式设计的应用，其服务门面（Facade）代码如下所示：

```
public class MetricsServiceImpl implements MetricsServiceI{

    @Autowired
    private CommandBusI commandBus;

    @Override
    public Response addATAMetric(ATAMetricAddCmd cmd) {
        return commandBus.send(cmd);
    }

    @Override
    public Response addSharingMetric(SharingMetricAddCmd cmd) {
        return commandBus.send(cmd);
    }

    @Override
    public Response addPatentMetric(PatentMetricAddCmd cmd) {
        return  commandBus.send(cmd);
    }

    @Override
    public Response addPaperMetric(PaperMetricAddCmd cmd) {
        return  commandBus.send(cmd);
    }
}
```

这样的代码看起来还挺干净，可是仍然无法直观看出 ATAMetricAddCmd 到底是被哪个 Executor 处理的。技术人员还要去理解 CommandBus，以及 CommandBus 是如何注册 Executor 的，这在无形中增加了认知成本。

既然这样，为何不用奥卡姆剃刀把这个 CommandBus 剔除呢？如下所示，去除 CommandBus 之后，代码明显直观了很多。

```
public class MetricsServiceImpl implements MetricsServiceI{

    @Resource
    private ATAMetricAddCmdExe ataMetricAddCmdExe;
    @Resource
    private SharingMetricAddCmdExe sharingMetricAddCmdExe;
    @Resource
    private PatentMetricAddCmdExe patentMetricAddCmdExe;
    @Resource
    private PaperMetricAddCmdExe paperMetricAddCmdExe;

    @Override
    public Response addATAMetric(ATAMetricAddCmd cmd) {
        return ataMetricAddCmdExe.execute(cmd);
    }
```

```
@Override
public Response addSharingMetric(SharingMetricAddCmd cmd) {
    return sharingMetricAddCmdExe.execute(cmd);
}

@Override
public Response addPatentMetric(PatentMetricAddCmd cmd) {
    return  patentMetricAddCmdExe.execute(cmd);
}

@Override
public Response addPaperMetric(PaperMetricAddCmd cmd) {
    return  paperMetricAddCmdExe.execute(cmd);
}
}
```

18.3.2　去掉 Interceptor

在原来的框架中，通过借鉴 Struts 和 Web 容器，我在 COLA 中引入了拦截器（Interceptor）的设计，而这个设计是基于 Command 才能被实现的。Command 被去除之后，带来的损失是我们会失去框架层面提供的 Interceptor 功能，然而 Interceptor 正是下一个我要动刀的地方。

仔细想一下，Interceptor 真的是必需的吗？本质上，它只提供了一个切面处理功能。**鉴于 Spring 的 AOP 功能已经很完善了，这个设计也有点多余**。事实证明，用户在使用 COLA 框架的时候，很少会用到 Interceptor，包括我自己。既然如此，剔除也罢。

18.3.3　去掉 Validator 等

关于命名的重要性，这里就不赘述了。当时我的考虑是能否从框架层面规范一些常用功能的命名，但在实际使用中，我发现这个想法有些过于理想化了。

在团队实践 COLA 的初期，我们经常为"什么是 Convertor（转换器）、什么是 Assembler（组装器）"的事情而争论不休。后来我仔细想了想，命名虽然很重要，但其作用域最多就是一个团队规范，**校验器是叫 Validator 还是 Checker 并没有什么本质区别，团队自己定义就好了**。尝试从框架层面去解决团队规范性问题的效果不会太好，因此果断挥刀将 Validator 剔除。

18.3.4 优化类扫描

COLA 的扩展机制是通过注解（Annotation）来实现的，因此需要通过类扫描来获取扩展点和扩展实现的信息。扩展机制在某些场景下是很有用的，因此该机制得以在奥卡姆剃刀下幸存。

早期，COLA 的扩展点设计借鉴自业务中台的 TMF，因此在前面的设计中，类扫描方案直接照搬了 TMF 的做法。实际上，TMF 的类扫描方案有点多余。因为 COLA 本身就架设在 Spring 的基础之上，而 Spring 又建立在类扫描的基础之上，因此我们完全可以复用 Spring 的类扫描，没必要自己另写一套。

在原生的 Spring 中，至少有 2 种方式可以获取用户自定义 Annotation 的 Bean，最简洁的方式是利用 ListableBeanFactory.getBeansWithAnnotation()方法，另一种方式是使用 ClassPathScanningCandidateComponentProvider 进行扫包。

在这次改版中，我选用了 ListableBeanFactory.getBeansWithAnnotation()方法，主要是为了获取@Extension 的 Bean，实现扩展点功能，并废弃了原来的 TMF 的类扫描方案。

18.3.5 用 Adatper 代替 Controller

Controller 这个名字主要来自 MVC。MVC 自带了 Web 应用的烙印，然而随着移动端的兴起，现在很少有应用只支持 Web 端，通常的标配是同时支持 Web、Mobile、WAP 三端。

在这样的背景下，狭义的控制层已经不能满足需求了，因为在这一层不仅要做路由转发，还要做多端适配，类似于六边形架构中的 Driving Adapter 的角色。因此，我们使用 Adapter（适配层）替换 Controller，这和六边形架构所倡导的适配器（Driving Adapter）是一致的。

基于这个变化，我重构了 COLA Archetype，把 Adapter 作为一个层次突显出来。实际上，Infrastructure 也是适配器，是对技术实现的适配（或者叫解耦）。比如，我需要数据来辅助构造 Domain Entity，但是我不关心这个数据是来自 DB、RPC，还是 Search。或者说，我可以在这些技术实现中进行自由切换，而不影响 Domain 层和 App 层的稳定性。

改造后的 COLA 3.0 的整体架构如图 18-15 所示，与 COLA 1.0 相比，COLA 3.0 已经变得更简洁、更纯粹。

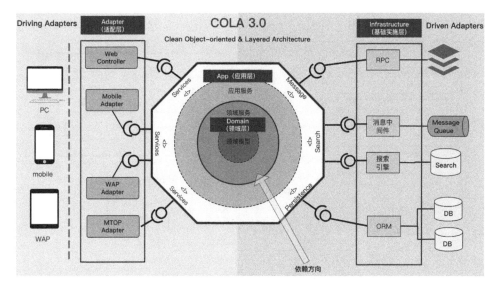

图 18-15　COLA 3.0 的整体架构

18.4　COLA 4.0

自此，COLA 终于迭代到了 4.0 版本。COLA 4.0 是我在应用架构领域的力作之一，它融合了多年来我对应用架构的思考和沉淀，是我心目中的最佳应用架构实践。

18.4.1　架构的顶层设计

《软件架构：架构模式、特征及实践指南》一书的第 8 章组件化思维（Component-Based Thinking）中提到，架构师在做架构决策的时候，第一个要去抉择的问题就是架构的顶层设计是按照技术划分（Technical Partitioning）还是领域划分（Domain Partitioning）。

技术划分和领域划分如图 18-16 所示。所谓的"技术划分"，是指按照技术视角划分组件。以 COLA 为例，按照这种划分方式，在一个典型的项目中，我们会得到 Adapter、Application、Domain 和 Infrastructure 这 4 个模块（Jar 包）。实际上，在 COLA 4.0 之前，我们一直是这么做的。另一种做法是领域划分，这也是 DDD 所提倡的，即按照领域来划分顶层节点。比如，应用中包含订单、商品、库存和支付这 4 个 Domain，那么会得到 Order、Item、Stock 和 Payment 这 4 个模块（Jar 包），当然在每个模块内部，还可以按照 COLA 的架构风格组织代码。

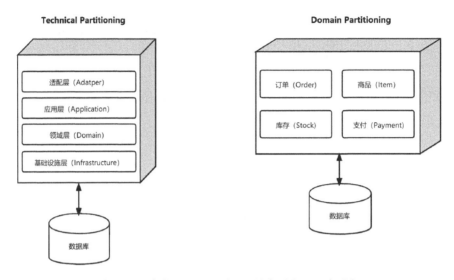

图 18-16　架构的顶层设计——技术划分和领域划分

　　那么，对于技术划分和领域划分，我们要如何做选择呢？关于这个问题，《软件架构》一书中并没有给出选择倾向，而是说两种方式都可以。然而，在 InfoQ 发表的一篇文章《抽象、低内聚、难变更，你还在用"堆栈"组织代码？》（见链接 18-5）中，作者 Kislay Verma 明确表示："实体风格（也就是领域划分）要比技术栈风格（也就是技术划分）更好。"对于堆栈，他给出了以下 3 个角度的评价。

　　（1）**抽象不恰当**。人们不会按堆栈的层次来阅读代码，没有人会说"给我展示一下这个系统所有的 API"或"给我展示一下这个系统触发的所有查询"。堆栈风格暴露的边界是技术层，我们无法从这段代码中理解"名词"及它们之间的关系，必须还得再深挖一层。对于一个刚开始阅读代码的新人来说，这种逻辑结构上的混淆容易导致巨大的分歧点。

　　（2）**低内聚**。堆栈风格组织方式的另一个常见论点是，它将独立的模块放在了技术栈的不同层中。例如，控制器与服务层、服务层与存储层等是明显分离的。当在技术栈的不同层次上查找类时，你需要转到对应的层次包中，这相当于鼓励了不同层之间的解耦。这个论点的问题在于，它只关注了耦合，而忽略了另一个关键属性——内聚。相比之下，**实体风格促进了内聚，同时仍为技术栈风格的解耦留出了空间**。

　　（3）**难变更**。在以堆栈风格组织的代码库中，开发人员进行任何有意义的变更都必须跨越多个包进行编码。例如，如果要在一个实体及其 CRUD API 中添加新字段，那么需要修改所有的包。这会产生认知负载，因为开发人员必须修改许多"事物"，而不是一个单一的逻辑事物。

在实体风格中，如果需要变更某个对象，那么只需在一个逻辑边界内进行更改即可，操作更容易；如果变更的是单个实体，那么只需处理代码库的一小部分即可；如果更改跨越了顶级包，那么就是跨越了其定义的逻辑结构，系统将提醒你代码存在潜在的耦合风险。

18.4.2　技术维度与领域维度的划分

我基本上赞同 Kislay Verma 的上述观点。稍有不同的是，我认为技术划分和领域划分不是二选一的关系，而是我们在做应用架构时必须要面对的两个维度，一个是技术维度，另一个是领域维度（详见第 5 章）。

更好的做法是兼顾这两个维度，即既要在技术上进行分层，又要兼顾领域的内聚性。也就是说，我们要综合考虑技术和领域两个维度，按照技术和领域两个维度做分层、分包策略，如图 18-17 所示，其本质是要解决这两个维度如何共存的问题。

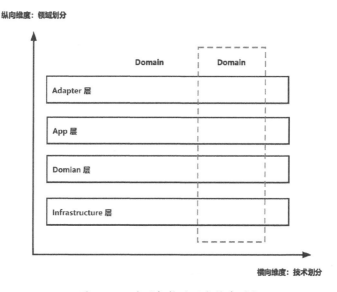

图 18-17　应用架构的两个维度划分

对于两个维度融合的问题，要分两种情况来解决。一种情况是服务应用的粒度本身比较细，一个应用中只包含一个领域实体，这意味着两个维度实际上变成了一个维度，那么继续沿用的 COLA 分层架构就好。另一种情况是一个应用中包含多个领域或领域实体，这是我们真正要解决的问题。

在 COLA 体系中，分层是一种物理分割，即不同的层次是不同的 Module（不同的 Jar 包），因此在领域划分上只能采用逻辑划分的方式。兼顾技术和领域维度的划分策略如图

18-18 所示，应用的 Module 是按照层次划分的，但是在每个 Module 下，其顶层包节点是领域名称，在领域之下再按照功能划分包架构。

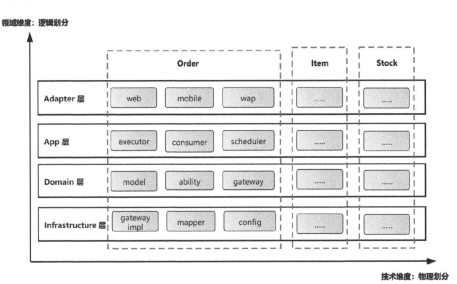

图 18-18　兼顾技术和领域维度的划分策略

例如，曾经在一个云店铺（Cloudstore）项目中，我们按照 COLA 的分包策略，在每一个 Module 下首先按照领域做一个顶层划分，然后在领域内按照功能进行分包，如图 18-19 所示。

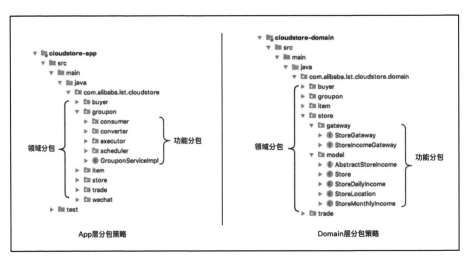

图 18-19　Cloudstore 中的技术和领域划分示例

18.4.3　COLA 组件

在 COLA 4.0 之前的版本中，除架构之外，COLA 还提供了一些框架级别的功能，比如拦截器功能、扩展点功能等。之前这种框架功能和架构混淆在一起，会让人误以为使用 COLA，就必须使用这些功能。实际上二者是完全可以解耦并分开使用的。也就是说，用户可以只使用 **COLA 架构**，而不使用任何 **COLA 组件**提供的功能，这是完全没问题的。

当然，我还是推荐你有选择地使用这些 COLA 组件，毕竟这些组件都是我们在实际工作中的经验总结和沉淀，其复用性和价值是被反复验证过的。

为了便于管理，以及更清晰地把架构和框架区分开来，在对 COLA 4.0 的升级中，我把这些功能组件全部收拢到了 cola-components 下。到目前为止，我们已经在 COLA 中沉淀了如表 18-2 所示的技术组件。

表 18-2　COLA 中的技术组件

组件名称	功　　能	版　　本	依　　赖
cola-component-dto	定义了 DTO 格式，包括分页	1.0.0	无
cola-component-exception	定义了异常格式，主要有 BizException 和 SysException	1.0.0	无
cola-component-statemachine	状态机组件	1.0.0	无
cola-component-domain-starter	Spring 托管的领域实体组件	1.0.0	无
cola-component-catchlog-starter	异常处理和日志组件	1.0.0	exception 组件、dto 组件
cola-component-extension-starter	扩展点组件	1.0.0	无
cola-component-test-container	测试容器组件	1.0.0	无

这些组件是一个良好的开端，我相信未来会加入更多实用的组件。COLA 是一个开源项目，如果你有好的组件，也欢迎你随时为这个组件库添砖加瓦。

18.4.4　COLA 4.0 的改动点

COLA 4.0 的改动点主要体现在 3 个方面，分别是分层架构、分包架构和总体架构。

1. 分层架构

COLA 4.0 的分层架构基本上沿用了 COLA 2.0 的分层架构——将一个应用分为 Adapter 层、App 层、Domain 层和 Infrastructure 层，每一层的职责定义如下。

（1）Adapter 层（适配层）：负责对前端展示（Web、Wireless、WAP）的路由和适配。对于传统 B/S 系统而言，Adapter 层就相当于 MVC 中的 Controller。

（2）App 层（应用层）：主要负责获取输入、组装上下文、参数校验、调用领域层做业务处理，以及发送消息通知（如有需要）等。层次是开放的，应用层也可以绕过领域层，直接访问基础设施层。

（3）Domain 层（领域层）：用于封装核心业务逻辑，并利用领域服务（Domain Service）和领域对象（Domain Entity）的方法对 App 层提供业务实体和业务逻辑计算。领域层是应用的核心，不依赖任何其他层次。

（4）Infrastructure 层（基础设施层）：主要负责技术细节问题的处理，比如数据库的 CRUD、搜索引擎、文件系统、分布式服务的 RPC 等。此外，Infrastructure 层还肩负着领域防腐的重任，外部依赖需要通过 Gateway 的转义处理，才能被 App 层和 Domain 层使用。

2. 分包架构

分层属于大粒度的职责划分，比较粗，因此我们有必要继续细化，细化到分包架构的粒度，才能更好地指导我们的工作。

以一堆玩具为例，分层类似于用一个架子来收纳玩具，分包类似于在每一层架子上又放置了多个收纳盒。所谓的内聚，是把功能类似的玩具放在一个盒子里，这样可以让应用架构更清晰，从而降低系统的认知成本和维护成本。

那么对于一个后端应用来说，应该需要哪些"收纳盒"呢？我在这部分设计上投入了不少心思，基本上每个 COLA 版本的迭代都会涉及分包架构的调整，迭代到 4.0 版本，分包架构才算基本稳定下来，如图 18-20 所示。

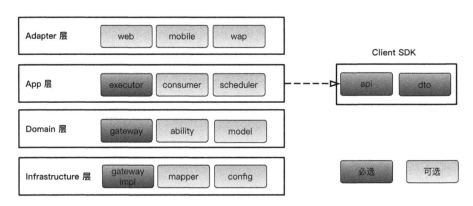

图 18-20　COLA 4.0 的分包架构

各个分包架构的简要功能描述如表 18-3 所示。

表 18-3　COLA 4.0 分包架构的简要功能描述

层　　次	包　　名	功　　能	是否必选
Adapter 层	web	处理页面请求的 Controller	否
Adapter 层	wireless	处理无线端的适配	否
Adapter 层	wap	处理 WAP 端的适配	否
App 层	executor	处理 request，包括 command 和 query	是
App 层	consumer	处理外部 message	否
App 层	scheduler	处理定时任务	否
Domain 层	model	领域模型	否
Domain 层	ability	领域能力，包括 DomainService	否
Domain 层	gateway	领域网关，解耦利器	是
Infra 层	gatewayimpl	网关实现	是
Infra 层	mapper	ibatis 数据库映射	否
Infra 层	config	配置信息	否
Client SDK	api	服务对外透出的 API	是
Client SDK	dto	服务对外的 DTO	是

有的读者可能会有疑问，为什么 Domain 的 Model 是可选的？因为 COLA 是应用架构，不是 DDD 架构。虽然我们提倡使用 DDD，但 DDD 并不是必选项。**实际上，对于在 DDD 上缺乏深刻认知和经验的团队，我并不提倡他们盲目使用 DDD**。在工作中，很多同事会问我领域模型要怎么设计，我的回答通常是"如无必要，勿增实体"。领域模型对设计能力的要求很高，如果没把握把它用好，那么一个错误的抽象还不如不抽象。宁可不要用，也不要滥用，不要为了 DDD 而 DDD。

判断是否要使用 DDD 的时候，我们应该诚实地问自己一些问题：新增的模型是否能给团队带来收益？**比如，有没有帮助系统解耦？有没有提升业务语义表达能力？有没有提升代码的可读性？有没有提升系统的可维护性和可测性？**等等。如果都没有的话，那就不要用。

3. 总体架构

在对 COLA 4.0 的升级中，**最重要的事情就是分离了架构和框架组件，让架构更纯粹，让组件更实用**。COLA 4.0 的整体架构如图 18-21 所示，我们将 COLA 分成了两个部分，分别是 COLA 架构和 COLA 组件。

（1）COLA 架构：关注应用架构的定义和构建，提升应用质量。

（2）COLA 组件：提供应用开发所需要的可复用组件，提升研发效率。

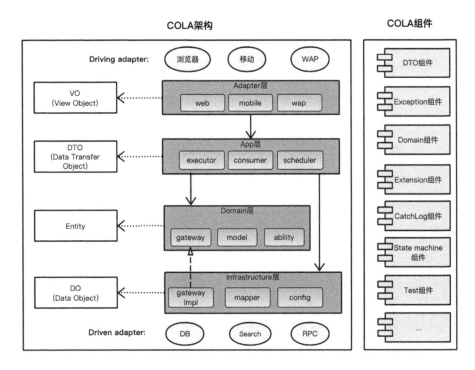

图 18-21　COLA 4.0 的整体架构

18.5　如何使用 COLA

首先，你可以去 GitHub 中获取 COLA 源码，源码地址见链接 18-1，然后按照以下步骤使用 COLA。

第一步：安装 cola archetype。下载 cola-archetypes 的源码到本地，然后在本地运行 mvn install 进行安装。

第二步：安装 cola components。下载 cola-components 的源码到本地，然后在本地运行 mvn install 进行安装。

第三步：创建应用。执行以下 Maven 命令，生成一个 demoWeb 应用：

```
mvn archetype:generate
-DgroupId=com.alibaba.sample \\1
```

```
-DartifactId=demoWeb \\2
-Dversion=1.0.0-SNAPSHOT \\3
-Dpackage=com.alibaba.sample \\4
-DarchetypeArtifactId=cola-framework-archetype-service \\5
-DarchetypeGroupId=com.alibaba.cola
-DarchetypeVersion=4.0.0 \\6
```

其中，各项参数的具体含义如下所示。

- demoWeb：应用在 maven 中的 groupId。

- demoWeb：应用的 artifactId。

- demoWeb：应用的版本号。

- demoWeb：应用的 package 名。

- archetype 的类型：在 COLA 中提供了 cola-framework-archetype-service 和 cola-framework-archetype-web 两种基模。

- archetype 的版本号：最新的版本号是 4.0.1（截至本书写作时）。

如果命令执行成功,那么会看到满足COLA架构的demoWeb应用代码架构,如图 18-22 所示。

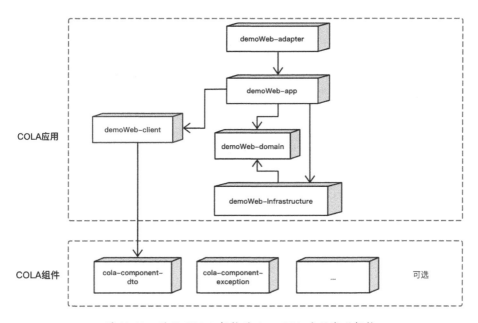

图 18-22　满足 COLA 架构的 demoWeb 应用代码架构

第四步：运行应用。首先在 demoWeb 目录下运行 mvn install（如果不想运行测试，可以加上-DskipTests 参数），然后进入 start 目录，执行 mvn spring-boot:run。如果运行成功，则可以看到 Spring Boot 启动成功的界面。

在生成的应用中，已经实现了一个简单的 Rest 请求，可以在浏览器中输入 http://localhost:8080/helloworld 进行测试。

18.6 精华回顾

- COLA 1.0：COLA 的初衷是治理复杂度，初版的 COLA 尝试从规范、扩展、分层和面向对象 4 个方面去治理复杂度。

- COLA 2.0：在 COLA 1.0 的基础上对分层架构进行了优化，主要是引入了 Gateway 的概念，对领域层和基础设施层进行了解耦。关于二方库的定位问题，COLA 2.0 走了一些弯路，但其探索是有意义的。

- COLA 3.0：COLA 1.0 的初衷是复杂度治理，然而不知不觉，COLA 框架自身也带来了额外的复杂度，COLA 3.0 对其进行了大量简化。

- COLA 4.0：在架构的顶层设计上，存在技术划分和领域划分两个维度，COLA 建议采用 Domain 优先、Domain 内部采用技术划分的方式来融合这两个维度。

- 目前，COLA 在很多互联网大厂得到了非常广泛的应用。COLA 是开源项目，欢迎你的使用，也欢迎你一起参与共建。

后 记

非常感谢你能坚持看到最后一页。希望你在看完本书后，能够把这些底层思维能力内化成自己的"不知道自己知道"。这些底层思维中蕴藏着解决问题的强大力量，当它们与软件设计相遇时，会擦出耀眼的"火花"。希望你能感受到软件设计中所蕴含的思维美学。

在你看到这本书的同时，我已经离开了阿里巴巴这个令我熟悉的环境。在接近不惑之年，我选择走出舒适圈，继续"折腾"，去一个国内知名大厂做软件教练。

很多人不理解我为何这样做，因为在国内一直有一个论断：技术人的 35 岁是一道坎儿，如果继续做技术，自身竞争力将开始下降，无法跟上更年轻的程序员的步伐，体力上也不能适应"996"的工作节奏。

我非常不认同"35 岁现象"，根据成长型思维的观点，人类没有那么脆弱，人类的智力也不会在 35 岁后就停止发展，更不用说 35 岁之后就没有竞争力了。Martin Fowler、Eric Evans、Neal Ford 这些人在 60 多岁时还在写代码，为什么我们中国的程序员在 35 岁时就应该退役了呢？

年龄不是最重要的要素，关键要看你想成为什么样的人。很多程序员抱怨"面试造火箭，入职拧螺丝"，工作没有成就感，没有成长性。实际上，程序员大部分的日常工作的确是在"拧螺丝"，我的职业生涯也是从这样的基础岗位开始的。我还记得我的第一份工作是在交通银行，因为看不惯当时乱糟糟的系统，于是我对照着一本设计模式方面的书开始做重构，重构的工作完全在我的本职工作之外，加上我当时的技术水平也是"半吊子"，结果改出了一堆 bug，我不得不在客户现场随时待命，准备修复问题。然而最后，经过我重构后的系统得到了单位领导和客户的一致认可。

从那时起，我心中就已经埋下了"追求代码的极致和美"这颗种子。因此，周围的环境只是客观存在的一个因素，更重要的在于我们自己的主观想法——有没有一颗追求极致的匠心、永不放弃的恒心、坚定不妥协的决心，以及永不满足的好奇心。如果你只是妥协于外界环境的压力，只会抱怨工作的琐碎，只甘心做一个实现业务逻辑的 if else 程序员，那么你也许只会按照自己选择的路线沉沦下去。

软件开发行业的匠心和传统行业的匠心不一样，不是重复做简单的事情，你就能把它做好。这就好比你即使做了 10 年的收银员，也只是一个收银员，无法成为财务总监。在软件开发行业，你需要不断地学习、不断地思考、不断地积累、不断地尝试、不断地失败、不断地创新，才有可能做得好。

优秀的工程师，心中都有一团火—— 一种对美的追求和渴望。这需要我们经历无数个不眠之夜，承受很大的压力，受很多委屈，看很多的书，尝试很多别人没有实践过的东西，要具有一颗"不妥协、不将就、不放弃"的倔强的心。这样我们才能做出一些不同凡响的东西，才能活成自己所期望的样子。

人生不是百米短跑，而是一场马拉松，拼的是心力、体力和脑力。种一棵树的最好时间是十年前，其次是现在。从今天起，保持好奇心，持续学习，不断丰富自己、提升自己，构建自己的知识体系和核心竞争力。就像我也是在而立之年以后才开始"技术开悟"的，请相信我，一切都为时不晚。

35 岁不应该是技术生涯的终点，也可以是起点。我希望我们这一代技术人能像国内外的软件大师们看齐，在技术这条路上坚持得更久一点，走得更远一点。希望有一天，中国可以涌现出更多的软件大师，产出更多原创的软件理论和方法论，为世界技术发展贡献更多的中国力量！